確率と情報の科学

データ解析のための
統計モデリング入門

一般化線形モデル・階層ベイズモデル・MCMC

甘利俊一　麻生英樹　伊庭幸人　編
確率と情報の科学

データ解析のための
統計モデリング入門

一般化線形モデル・階層ベイズモデル・MCMC

久保拓弥

岩波書店

箱を開いて見ればその内容は確定されるというような単純な事柄に関する真偽の議論の場合を除き，我々が追求する真理は，現在の知識に依存するという意味で相対的な，対象の一つの近似を与えるモデルによって表現されるようなものに過ぎない．

赤池弘次(1927-2009) [2]

まえがき

　この本では統計モデリング——「モデルを作って観測データにあてはめて現象を理解する」方法について説明します．内容は入門的なものばかりですが，初学者むけの普通の統計学教科書とはずいぶんと異なった方向のものです．

この本のねらいと想定している読者
　この本の読者として想定しているのは，いわゆる理系・文系の区別とは関係なく，「数理モデルで現象を表現・説明する」基礎訓練を受けていない人たちです．数理モデリングや解析プログラミングに関する講義・演習などをほとんど，あるいはまったく経験していない[*1]にもかかわらず，複雑なデータ解析に取りくまねばならない研究者が増えています．このような乖離をいくらかでもうめるように書いてみました．

　読者は「確率・統計」も含む高校数学の範囲を理解しているという想定で説明します．高校数学であつかえる範囲をこえた内容については，各章の末尾で基礎的な統計学書籍を紹介しますので，そちらを参照してください．

　この本では，章ごとに異なる例題を解決していく過程で，統計モデルの基本となる考えかたを説明します．あつかう内容は，応用範囲のひろい統計モデルのひとつである，**一般化線形モデル**(generalized linear model, GLM)の基礎と発展だけに限定します．本の前半ではGLM入門的な内容を，後半では実際のデータ解析に使えるようにベイズ統計モデル化する方法を説明します．

　私は生態学[*2]のデータを解析する機会が多いので，各章の例題はそのような分野の大学院生あいてに説明するものを使用しました．とはいえ，これらの例題は本物のデータではなく，現実をかなり単純化した架空データ[*3]を使っ

[*1] たとえば私の専門分野である環境科学や生物学は，いわゆる理系なのでしょうが，現象と対応づけられる数理モデルを研究の道具として使える人は多くありません．

[*2] おもに個体以上のスケールの現象をあつかう生物学．動物・植物などの個体数の変動や空間分布，環境に対する個体の応答などを研究します．

[*3] 実際の生物や観測データを例題としてとりあげると，どうしても統計モデルの説明の本筋から外れた詳細について解説したり検討する必要があって煩雑になるのでさけました．

た，たいへん簡単なものばかりです．つまり，この本を読みすすめるときには，生態学の専門知識はまったく必要ではありません．

使用する統計ソフトウェアとサポート web サイト

現実のデータ解析は複雑な構造をもつデータを処理していく作業であり，統計ソフトウェアによる支援が必要不可欠となります．この本の例題のデータ構造は単純なものばかりですが，データ解析の作業例を示すために，統計ソフトウェア R を使った例題データの図示・要約・統計モデルあてはめの過程を示します．この R 以外のソフトウェアとしては，またこの本の後半に登場する階層ベイズモデルのパラメーター推定のために，WinBUGS も使用します[*4]．

データ解析が必要とされる多くの学術分野において，R は急速に普及しつつある統計ソフトウェア[*5]です．R は誰でも無料で入手できるだけでなく，"free software" でもあり，ソースコードが完全に公開されています．つまり，いろいろな処理の過程でどのような計算をしているのか確認できるので，R は学術研究には適したソフトウェアであると言えます．

これに対して，WinBUGS は R のような free software ではありません．ただし誰でも無料で入手できるソフトウェア (freeware) であり，それなりに性能が良いので，とりあえずこの本の例題の解決に使用します．この点については，本文で WinBUGS が登場するときに，もう少し説明します．

数理モデルのあつかいに慣れている解析者であれば，考えかたの概要と数式で記述されたモデルを示せば，それにもとづいて自分自身でソフトウェアを実装できるでしょう．しかしこの本は，まさにそういったトレイニングを受けていない読者を想定していますので，必要に応じて R と WinBUGS のコードを示しながら具体的に説明を進めます．

各章の例題の架空データと作図・解析用の R と WinBUGS のコードはこの本のサポート web サイト http://goo.gl/Ufq2 からダウンロードできます．この本のまちがいや補足説明なども上記サイトに掲載し，更新していきます．

[*4] なお使用した R の version は 2.14.1，WinBUGS は 1.4.3 です．version に依存して，結果の出力が微妙に異なる場合があるかもしれません．

[*5] データ解析環境とも呼ばれています．

第 2 章以降の説明の流れ

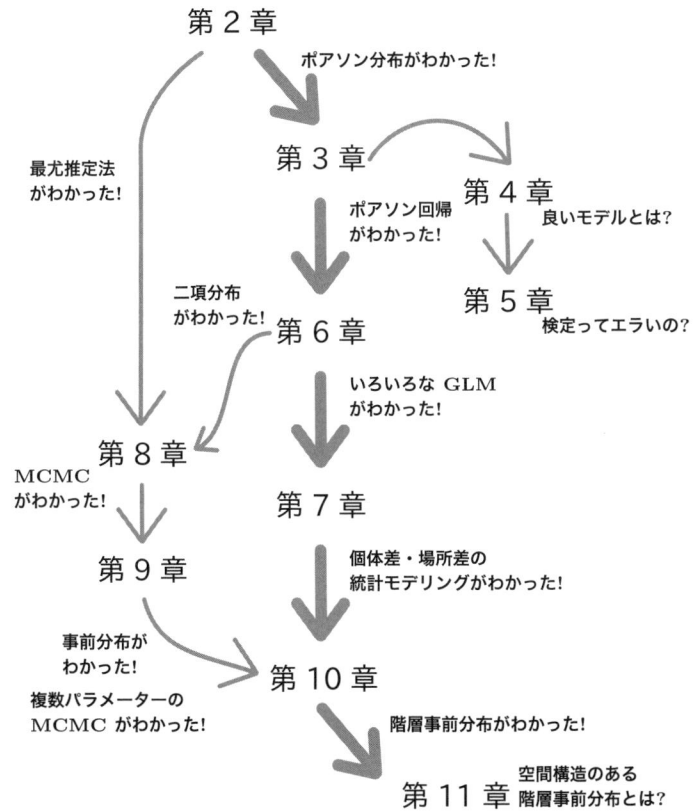

目　次

まえがき

第1章　データを理解するために統計モデルを作る　1
- 1.1　統計モデル：なぜ「統計」な「モデル」？ …………… 2
- 1.2　「ブラックボックスな統計解析」の悪夢 …………… 4
- 1.3　この本の内容：
一般化線形モデルの導入とそのベイズ的な拡張 ………… 5
  - 1.3.1　各章の内容——全体の説明の流れ　7
- 1.4　この本に登場する訳語・記号・記法について …………… 9
- 1.5　この章のまとめと参考文献 …………………………… 11

第2章　確率分布と統計モデルの最尤推定　13
- 2.1　例題：種子数の統計モデリング …………………… 14
- 2.2　データと確率分布の対応関係をながめる …………… 18
- 2.3　ポアソン分布とは何か？ …………………………… 21
- 2.4　ポアソン分布のパラメーターの最尤推定 …………… 24
  - 2.4.1　擬似乱数と最尤推定値のばらつき　29
- 2.5　統計モデルの要点：乱数発生・推定・予測 …………… 30
  - 2.5.1　データ解析における推定・予測の役割　33
- 2.6　確率分布の選びかた ………………………………… 34
  - 2.6.1　もっと複雑な確率分布が必要か？　35
- 2.7　この章のまとめと参考文献 …………………………… 35

第3章　一般化線形モデル（GLM）　39
　　　　　—ポアソン回帰—
- 3.1　例題：個体ごとに平均種子数が異なる場合 …………… 40

x ◆ 目 次

 3.2 観測されたデータの概要を調べる ………………………… 41
 3.3 統計モデリングの前にデータを図示する ………………… 44
 3.4 ポアソン回帰の統計モデル ………………………………… 45
  3.4.1 線形予測子と対数リンク関数 47
  3.4.2 あてはめとあてはまりの良さ 49
  3.4.3 ポアソン回帰モデルによる予測 53
 3.5 説明変数が因子型の統計モデル …………………………… 54
 3.6 説明変数が数量型＋因子型の統計モデル ………………… 57
  3.6.1 対数リンク関数のわかりやすさ：かけ算される効果 58
 3.7 「何でも正規分布」「何でも直線」には無理がある ……… 61
 3.8 この章のまとめと参考文献 ………………………………… 63

第 4 章 GLM のモデル選択 67
―AIC とモデルの予測の良さ―

 4.1 データはひとつ，モデルはたくさん ……………………… 69
 4.2 統計モデルのあてはまりの悪さ：逸脱度 ………………… 71
 4.3 モデル選択規準 AIC ………………………………………… 75
 4.4 AIC を説明するためのまた別の例題 ……………………… 77
 4.5 なぜ AIC でモデル選択してよいのか？ …………………… 78
  4.5.1 統計モデルの予測の良さ：平均対数尤度 79
  4.5.2 最大対数尤度のバイアス補正 81
  4.5.3 ネストしている GLM 間の AIC 比較 86
 4.6 この章のまとめと参考文献 ………………………………… 90

第 5 章 GLM の尤度比検定と検定の非対称性 93

 5.1 統計学的な検定のわくぐみ ………………………………… 95
 5.2 尤度比検定の例題：逸脱度の差を調べる ………………… 97
 5.3 2 種類の過誤と統計学的な検定の非対称性 ……………… 99
 5.4 帰無仮説を棄却するための有意水準 ……………………… 101

5.4.1 方法(1) 汎用性のあるパラメトリック
　　　ブートストラップ法　102
5.4.2 方法(2) χ^2 分布を使った近似計算法　106
5.5 「帰無仮説を棄却できない」は「差がない」ではない …… 108
5.6 検定とモデル選択，そして推定された統計モデルの解釈 ‥ 109
5.7 この章のまとめと参考文献 ………………………………… 110

第6章　GLMの応用範囲をひろげる　113
　　　　　―ロジスティック回帰など―

6.1 さまざまな種類のデータで応用できるGLM …………… 114
6.2 例題：上限のあるカウントデータ ……………………… 115
6.3 二項分布で表現する「あり・なし」カウントデータ …… 118
6.4 ロジスティック回帰とロジットリンク関数…………… 119
　6.4.1 ロジットリンク関数　119
　6.4.2 パラメーター推定　122
　6.4.3 ロジットリンク関数の意味・解釈　123
　6.4.4 ロジスティック回帰のモデル選択　126
6.5 交互作用項の入った線形予測子 ………………………… 127
6.6 割算値の統計モデリングはやめよう …………………… 130
　6.6.1 割算値いらずのオフセット項わざ　131
6.7 正規分布とその尤度 ……………………………………… 134
6.8 ガンマ分布のGLM ……………………………………… 138
6.9 この章のまとめと参考文献 ……………………………… 140

第7章　一般化線形混合モデル(GLMM)　143
　　　　　―個体差のモデリング―

7.1 例題：GLMでは説明できないカウントデータ ………… 145
7.2 過分散と個体差 …………………………………………… 148
　7.2.1 過分散：ばらつきが大きすぎる　148
　7.2.2 観測されていない個体差がもたらす過分散　149

7.2.3　観測されていない個体差とは何か？　150
　7.3　一般化線形混合モデル ………………………………………… 151
　　　7.3.1　個体差をあらわすパラメーターの追加　151
　　　7.3.2　個体差のばらつきをあらわす確率分布　152
　　　7.3.3　線形予測子の構成要素：固定効果とランダム効果　154
　7.4　一般化線形混合モデルの最尤推定 …………………………… 155
　　　7.4.1　Rを使ってGLMMのパラメーターを推定　159
　7.5　現実のデータ解析にはGLMMが必要 ……………………… 160
　　　7.5.1　反復・擬似反復と統計モデルの関係　161
　7.6　いろいろな分布のGLMM …………………………………… 164
　7.7　この章のまとめと参考文献 …………………………………… 165

第8章　マルコフ連鎖モンテカルロ（MCMC）法と ベイズ統計モデル　169

　8.1　例題：種子の生存確率（個体差なし） ………………………… 171
　8.2　ふらふら試行錯誤による最尤推定 …………………………… 173
　8.3　MCMCアルゴリズムのひとつ：メトロポリス法 ………… 176
　　　8.3.1　メトロポリス法でサンプリングしてみる　177
　　　8.3.2　マルコフ連鎖の定常分布　180
　　　8.3.3　この定常分布は何をあらわす分布なのか？　182
　8.4　MCMCサンプリングとベイズ統計モデル ………………… 184
　8.5　補足説明 ………………………………………………………… 188
　　　8.5.1　メトロポリス法と定常分布の関係　188
　　　8.5.2　ベイズの定理　190
　8.6　この章のまとめと参考文献 …………………………………… 191

第9章　GLMのベイズモデル化と事後分布の推定　193

　9.1　例題：種子数のポアソン回帰（個体差なし） ………………… 194
　9.2　GLMのベイズモデル化 ……………………………………… 195

9.3 無情報事前分布 ……………………………………………… 196
9.4 ベイズ統計モデルの事後分布の推定 ………………………… 197
   9.4.1 ベイズ統計モデルのコーディング　198
   9.4.2 事後分布推定の準備　201
   9.4.3 どれだけ長く MCMC サンプリングすればいいのか？　204
9.5 MCMC サンプルから事後分布を推定 ……………………… 207
   9.5.1 事後分布の統計量　211
9.6 複数パラメーターの MCMC サンプリング ………………… 213
   9.6.1 ギブスサンプリング：この章の例題の場合　214
   9.6.2 WinBUGS の挙動はどうなっている？　216
9.7 この章のまとめと参考文献 …………………………………… 219

第 10 章　階層ベイズモデル　223
—GLMM のベイズモデル化—

10.1 例題：個体差と生存種子数（個体差あり） ………………… 224
10.2 GLMM の階層ベイズモデル化 ……………………………… 225
10.3 階層ベイズモデルの推定・予測 …………………………… 228
   10.3.1 階層ベイズモデルの MCMC サンプリング　228
   10.3.2 階層ベイズモデルの事後分布推定と予測　230
10.4 ベイズモデルで使うさまざまな事前分布 ………………… 232
10.5 個体差＋場所差の階層ベイズモデル ……………………… 234
10.6 この章のまとめと参考文献 ………………………………… 239

第 11 章　空間構造のある階層ベイズモデル　241

11.1 例題：一次元空間上の個体数分布 ………………………… 242
11.2 階層ベイズモデルに空間構造をくみこむ ………………… 244
   11.2.1 空間構造のない階層事前分布　245
   11.2.2 空間構造のある階層事前分布　246
11.3 空間統計モデルをデータにあてはめる …………………… 247

11.4 空間統計モデルが作りだす確率場 ………………………… 249
11.5 空間相関モデルと欠測のある観測データ ……………… 252
11.6 この章のまとめと参考文献 ……………………………… 254

あとがきと謝辞　257
参考文献　259
索　引　261

装丁　蛯名優子

1

データを理解するために統計モデルを作る

　統計モデルとは，観測されたデータにうまくあてはめられるような数理モデルです．あてはめによって，観測されたパターンをうまく説明できたり，現象の背後にある法則性を利用した予測が可能になります．

1.1 統計モデル：なぜ「統計」な「モデル」？

最初に，なぜ統計モデル(statistical model)という考えかたがデータ解析に必要とされるのかを考えてみましょう．統計モデルは，

- 観察によってデータ化された現象を説明するために作られる
- 確率分布が基本的な部品であり，これはデータに見られるばらつきを表現する手段である
- データとモデルを対応づける手つづきが準備されていて，モデルがデータにどれぐらい良くあてはまっているかを定量的に評価できる

といった特徴をもつ数理モデルです[*1]．

データ解析においては，「あるデータにもとづいて何を主張してよいのか」を限定するために，データとの対応が明示されている統計モデルが必要です．解析者の意図を明確に表現する統計モデルを作ることによって，他の研究者とのアイデア共有が簡単になります．

データと統計モデルの関係について，少しばかり検討してみましょう．たとえば自然科学では，現象の観測や実験で得られたデータに対して，人間の解釈をあてはめて，そのデータの背後にある「自然のしくみ」を理解しようとします．このときに，図1.1のように，2段階の情報消失が発生すると考えてみます．

第1段階では，観測・実験といった手段で対象からの情報をとりだす——つまり記号の集まりである「観測データ」に変換しています．このとき多くの情報が失われます．観測対象(自然)がもつ情報はあまりにも大きすぎるので，そのすべてを人間が観測・測定してみることはほぼ不可能であるからです．

この第1段階の消失は重要なのですが，この本では具体的にはあつかいません[*2]．これをくわしく議論するためには，研究ごとに異なる目的や観測方

[*1] 統計モデルはデータとの対応づけを考慮しながら設計された数理モデルですが，科学で使われるすべての数理モデルがこのような特徴をもつわけではありません．
[*2] ただし，この本の後半では，対象を観測した方法がデータ構造に反映されている場合に，その効果を統計モデルに組みこむ方法を検討しています．

1.1 統計モデル：なぜ「統計」な「モデル」？ ◆ 3

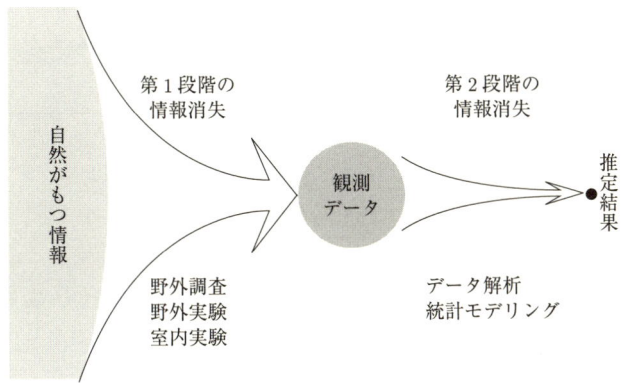

図 1.1 自然科学における 2 段階の情報の消失．この本で
はもっぱら第 2 段階だけをあつかう．

法にまで踏みこまねばならないでしょうから．

この本では，図 1.1 に示している，第 2 段階の部分に集中します．こちらのほうが容易にあつかえるからです．なぜかと言えば，現象を数値と記号の羅列である観測データに変換してしまえば，統計学的な手法という，いろいろな学問分野で共通するわくぐみが適用できるからです．

この第 2 段階では，統計モデルを使ったデータ解析によって，さらに情報が失われます．わざわざこのような情報操作をする理由は，端的に言えば，データ化された自然ですら人間のアタマにはあつかいかねるほど複雑なので，何らかのかたちで要約・整理する必要がある——ということなのでしょう．もう少し肯定的に解釈するのであれば，統計モデルのあてはめによって情報が整理されて，「こういう要因でこう変化する」といった人間に理解しやすい部分と「ノイズ」的にみえる部分に分離できる，などと考えてもよいかもしれません．

それでは，このような情報操作において統計モデルが有効な理由とは，何なのでしょうか．理由をひとつだけあげるなら——統計モデルの基本部品である**確率分布**を使うと，さまざまな「ばらつき」「欠測」などをうまく表現できるということです．データ化という操作において必然的に発生する，さまざまな

種類の「誤差」*3すらもモデル化してみせるには,確率分布を使って現象を表現するほかありません.また,同時にそのモデルの信頼できなさや,モデルによる予測精度の限界なども定量的に示すことができます.

1.2 「ブラックボックスな統計解析」の悪夢

多くのデータ解析では統計モデルが使用されているのですが,自分自身のデータ解析で使っている統計モデルをあまり理解できていない,あるいはそこに統計モデルがあることに気づいていない人をよくみかけます.とはいえ,何をやっているのかよくわからない統計ソフトウェアであっても,データをほうりこめば何やらそれらしい出力が得られたりするので,何も問題はないと考えているのでしょう.

このように「理解しないままソフトウェアを使う」作法を,仮にブラックボックス統計学と呼ぶことにしましょう.これは擬似科学の作法です.私がこれまでに観察した,ブラックボックスな人たちの誤用あるいはおかしな作法としては,以下のようなものがあります:

- 「ゆーい差」が出るまで検定手法をひたすらとりかえる
- データ中の観測値どうしの割算によって新しい「指標」をでっちあげる……「ゆーい差」がでるまで新発明をくりかえす
- R^2 値は「説明力」なので,ひたすら 1 に近ければよい
- 「等分散じゃない」とか文句をつけられたら,データを変数変換して回帰・ANOVA すればよい
- あるいはめんどうになったら観測値どうしで割算値を作って,「ノンパラメトリック検定」をやればよい
- 「検定を何度もやっているので多重比較だ」と文句をつけられれば,何でもかんでも多重検定法による補正をやればよい

---

*3 実験環境を整え,精密な測定をすれば「誤差」など無くなるはずだ——と考える人もいるかもしれませんが,観測データにみられる「誤差」とは人為的な測定ミスだけで生じるものではありません.この本では,人間には制御できないばらつきをもった現象を統計モデルであつかうと考えてください.

- 論文中でデータを示すときには何でも検定して P 値をつける，P 値が小さいほど自分の主張は正しい

われわれは，かなり注意していても，いともたやすくこのようなブラックボックス統計学[*4]，つまり一種の自己欺瞞におちいります[*5]．つまり，理屈にあわない方法が次々と発明されます．さらに，研究者の小集団には共同幻想を胚胎・維持する機能があるので，たとえば，ある学問分野のさらに細分化された領域の「内輪」だけで使われるデータ解析「秘儀」が継承されたりします．

この本のねらいのひとつは，このように奇妙なものになりがちなブラックボックス統計学を避け，解析者がデータをよく見て，解析の目的に添いつつその構造に合致した統計モデルを構築可能である，といった考えかたを納得してもらうところにあります．むろん，ここで紹介するモデル化の方法だけでは，どのようなデータ構造，あるいはさまざまな解析目的においても万全とは言えません．とはいえ，この本であつかっている程度の内容をまず理解して，統計モデリングの出発点とするのがよいでしょう．

1.3 この本の内容：
一般化線形モデルの導入とそのベイズ的な拡張

「まえがき」にも書いたように，この本では，一般化線形モデル (generalized linear model, GLM) とよばれるクラスの統計モデル，そしてそのベイズ化によるモデルの拡張を重点的に説明します (図 1.2)．この本であつかう統計モデルは，統計モデル全体の中のごくわずかな部分にすぎません．しかし，これらは応用範囲が広く，さらにデータ解析を学びはじめた人たちが理解すべき統計モデリングの考えかたが含まれています．

直線回帰や分散分析を使ったことがある読者のために，ここでいったんこれらの手法と GLM の関係を整理してみます[*6]．ただし，直線回帰や分散分析

[*4] つり銭の計算をするときに誰も整数の公理から検討しないように，われわれは何かしらブラックボックスに依存して数理モデルを使っています．ここで問題にしているのは，自分だけあるいは狭い範囲の仲間うちでしか通用しない，ブラックボックスを無自覚に濫用することです．
[*5] 私もこの本を書く過程で多くの自己欺瞞に気づき，また新しい欺瞞の創作もしました．
[*6] 第 3 章の 3.7 節でも，簡単な例題を使って比較しています．

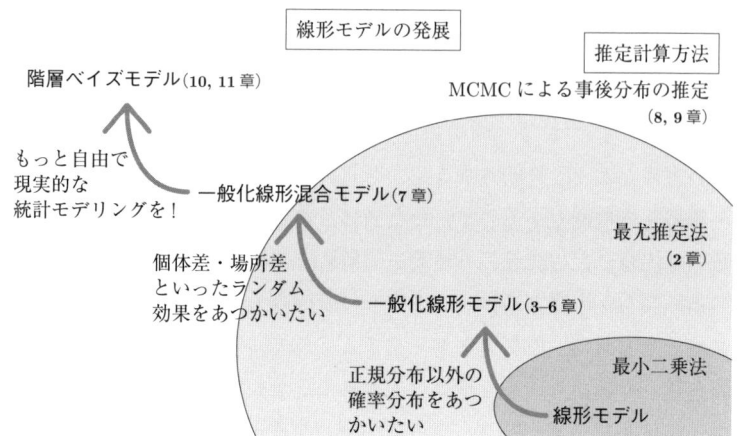

図 1.2 線形モデルを発展させる説明のプラン．まずポアソン分布や二項分布を使った一般化線形モデル (GLM) を導入し，それを現実的なデータ解析に使えるように階層ベイズモデル化する．

などといったことを知らなくても，この本を読むには何のさしつかえもありません．ほぼすべての統計ソフトウェアに搭載されているこれらの分析手法は，データのばらつきが等分散正規分布であることを仮定しています[*7]．そのような統計モデルは，線形モデル (linear model, LM[*8]) とよばれています．「正規分布が前提」の LM に対して，GLM は「何でもかんでも正規分布ってのはおかしいだろう」という方向への拡張であると考えてもよいでしょう[*9]．正規分布を使うのが適切でない例のひとつとして，次の章以降では，**カウントデータ**[*10] (count data) の統計モデリングにとりくみます．

[*7] 最小二乗法の適用範囲は，等分散正規分布を使った統計モデルにとどまるものではないという意見もあります．
[*8] 最近ではあまり使われないようですが，LM のことを**一般線形モデル** (general linear model) としている教科書もあります．
[*9] 逆にいえば LM は GLM の一部分である，つまり確率分布を等分散正規分布と指定した GLM ということです．
[*10] 計数データとよばれることもあります．

1.3 この本の内容：一般化線形モデルの導入とそのベイズ的な拡張 ◆ 7

1.3.1　各章の内容——全体の説明の流れ

この本の各章の内容を簡単に紹介しながら，線形モデルを発展させていく説明のプラン(図 1.2)の全体像をながめてみましょう．まえがき末尾(p. vii)に示している，第 2 章以降の説明の流れをあらわす図も参照してください．

どの章でも架空植物の種子数や個体数についての架空データを使った例題の説明から始まり，そのデータを解析する過程の中で GLM などの章ごとに異なる統計モデリングの概念を説明しています．

まず第 2 章で，統計モデルの主要な部品である**確率分布**(probability distribution)について説明します．この章ではポアソン分布(Poisson distribution)——カウントデータをうまく表現できる確率分布のひとつです——で説明できるようなデータを例題としてあつかいます．また，統計モデルをデータにあてはめてパラメーター(parameter)の推定値を得る方法である，**最尤推定**(maximum likelihood estimation)の考えかたも説明します．

第 3 章から一般化線形モデルをあつかいます．この章では，ポアソン回帰(Poisson regression)で使う GLM の詳細を説明します．ポアソン分布・リンク関数・線形予測子といった部品をくみあわせて統計モデルを構築します．

第 4 章と第 5 章では，第 3 章の例題を材料にして，複数のモデルの良し悪しを比較する方法を説明します．第 4 章では，**AIC** という統計量をつかった**モデル選択**(model selection)の考えかたが登場します．いま手元にあるデータへのあてはまりではなく，次に得られるデータをうまく予測できるかどうかでモデルの良さを評価するのが，AIC の特徴です．

第 5 章では，観測されたデータへのあてはまりの良さである**最大対数尤度**(maximum log likelihood)と，モデル間の最大対数尤度を比較する**尤度比検定**(likelihood ratio test)を紹介します．いくつかの学問分野でみられる，「データ解析なんて何でも検定して『ゆーい差』だせばいいんだ」といった——まあ，一部で見られるような安易な「お作法」に対して批判的な立場をとり，この章では「そもそも検定はそんなにエラいのか？」といった文脈で検定の非対称性などを指摘しています．

この本の目次の前のペイジ(p. vii)に示しているように，モデルの比較をあ

つかう第 4 章と第 5 章は，統計モデルを発展させていく流れのわき道になります．したがって，第 4 章の前半で説明しているモデル選択の手順と，「観測データへのあてはまりではなく，予測の良いモデルを選ぶのが AIC によるモデル選択」という要点だけを押さえて，第 6 章に進んでもよいでしょう．

第 6 章では，二項分布・正規分布・ガンマ分布を使った GLM を紹介します．最初に二項分布を部品とする統計モデルを使って，**ロジスティック回帰** (logistic regression) を説明します．これは N 個の観察対象のうち k 個で注目している事象が生じた，その事象の生起確率を推定する問題をあつかうものです．また，この章では GLM のオフセット項を使ったモデリングについても解説し，統計モデルの応答変数に「観測値の割算値」を使わない方針を強調します．また，正規分布やガンマ分布の性質についても簡単に紹介します．

第 7 章以降では，「個体差」「場所差」などを表現するランダム効果を統計モデルにくみこむ方法を考えます．まず第 7 章では，GLM を**一般化線形混合モデル** (generalized linear mixed model, GLMM) に拡張して，固定効果と同時にランダム効果もくみこみます．これによって GLM より現実的な統計モデリングが可能になります．

しかしながら，より複雑な，たとえば個体差だけでなく同時に場所差も考慮しているような統計モデルでは，パラメーターの最尤推定が技術的に難しくなります．そこで第 8 章では，まずより強力なパラメーター推定方法である，**マルコフ連鎖モンテカルロ法** (Markov chain Monte Carlo method, MCMC method) を導入します．次に，この MCMC を使うためには，**ベイズ統計モデル** (Bayesian statistical model) というわくぐみで考えると便利そうだね——といった流れで話を進めます．

第 9 章では，前の章で登場した MCMC サンプリングとベイズ統計モデルについて理解を進めるために，簡単な GLM をベイズモデル化してみます．また汎用性のある MCMC サンプリングソフトウェアを使って複数のパラメーターを推定する方法を説明します．

第 10 章では，GLMM をベイズモデル化した**階層ベイズモデル** (hierarchical Bayesian model) について説明し，個体差や場所差といった「局所的」なパラメーターのあつかいかたを検討します．

最後の第11章では，階層ベイズモデルの応用例のひとつとして，空間構造を考慮した統計モデルを紹介します．

1.4 この本に登場する訳語・記号・記法について

この本に登場する統計学用語の訳語のうち，まだ定まった訳語がないものを列挙しておきます：
- **逸脱度**(deviance)[*11]，**残差逸脱度**(residual deviance)，**最大逸脱度**(null deviance)
- **固定効果**(fixed effects)，**ランダム効果**(random effects)[*12]
- **リンク関数**(link function)[*13]——これは GLM の応答変数の平均と線形予測子を対応づける関数です

第3章以降では，GLM とその発展版モデルの説明になりますが，このときに現象の結果として観察されるデータを**応答変数**(response variable)，原因であるデータを**説明変数**(explanatory variable)と呼んでいます．これらは近年はよく使われるものですが，少し以前までは多くの教科書でそれぞれ従属変数・独立変数とされていました．

また，この本の GLM の説明では，たとえば応答変数 y_i と説明変数 $\{x_i, f_i\}$ などを，以下のように関連づける式がよく登場します．

$$f(y_i) = \beta_1 + \beta_2 x_i + \beta_3 f_i + \cdots$$

左辺 $f(y_i)$ は応答変数のリンク関数，右辺は**線形予測子**(linear predictor)です．線形予測子の構成要素のとりあえずの便宜的な呼称として，説明変数をともなわない β_1 のような係数を**切片**(intercept)，それ以外の係数 β_2 や β_3 を**傾き**(slope)と区別します[*14]．

[*11] あてはまりの悪さ．第3章以降に登場．乖離度といった訳例もあります．
[*12] 要因が応答変数の平均に与える2種類の効果．第7章以降に登場．それぞれ母数効果と変量効果が訳語ですが，その意味するところが想像しにくいので，この本では使用しません．
[*13] 第3章以降でくわしく説明します．連結関数と訳される場合もあります．
[*14] 直線回帰のアナロジーとして，このような呼びかたをします．また β_1 を「切片」と名づける理由は，統計ソフトウェア R ではそのように呼ばれているためです．

記号や数式の記法などについては，おおむね以下のような単純化・省略をしています*15．

- 誤解される危険が少ない場合には，積の記号や括弧は省略する

  例 $\beta_2 \times x_i \to \beta_2 x_i$, $\log(x) \to \log x$ など

- 指数関数・対数関数：$\exp x = e^x$ で e は自然対数の底（$e=2.71828\cdots$），また $\log x$ は e を底とする対数関数
- この本のほぼすべての例題では，「架空植物の個体」などをあらわす添字 i などが登場し，$i \in \{1, 2, \cdots, 50\}$ といった表記をしていれば「i は個体番号 1 から 50 までをとる」という意味になる
- 例題のデータを示すために y_i といった添字つき変数を使っているときに，この量の予測などを示すため，個体を特定しないために y という表記をすることがある
- 「y_i のどれでもいいから」といったことをあらわすために，y_* と表記することがある
- 和・積の記号の下に i があれば，これらはそれぞれ，その例題であつかっているすべての個体についての和・積であることをあらわす

  例 $\displaystyle\sum_{i \in \{1, 2, \cdots, 50\}} \log L_i^* \to \sum_i \log L_i^*$

  $\displaystyle\prod_{i \in \{1, 2, \cdots, 100\}} L_i^* \to \prod_i L_i^*$

- 丸めた数量を使う数式表記では，それがとくに近似であることを示さず（$\approx$ といった記号を使わない），等号で表記する（ほとんどの場合）

  例 $\hat{\beta}_1 = 3.5126\cdots$ であるときに，$\hat{\lambda} = \exp(\hat{\beta}_1) = \exp(3.51)$

- 比例をあらわす二項演算子 $\propto$ を使うことがある

  例 $p = q \times$(定数) であるときに，$p \propto q$

---

*15 実際のところは，それほど厳格には守っていなかったり，はたまた，その場でまた説明や定義が登場したりします．

- 確率変数[*16]がある確率分布にしたがうときには 〜 記号でそれを表現する場合がある

  例　$y_i \sim$ (平均 λ_i のポアソン分布)

- 事象 A と B が生起する**同時確率**(joint probability)を $p(A, B)$，B が生起したという条件つきのもとで A が生起する**条件つき確率**(conditional probability)を $p(A \mid B)$ と書く[*17]
- x_i 全体の集合 $\{x_1, x_2, \cdots, x_N\}$ (N は例題によって異なる)を $\{x_i\}$ と書く場合がある
- 集合・ヴェクトル・行列など太字表記はしない——ただし，応答変数 y_i または説明変数 x_i の集合については表記を簡単にするために $\boldsymbol{Y}$ あるいは $\boldsymbol{X}$ と書く[*18]

  例　$\boldsymbol{Y} = \{y_i\} = \{y_1, y_2, \cdots, y_{20}\}$

1.5　この章のまとめと参考文献

この章では，データ解析において「統計モデルを理解しながら使う」ことの重要性を指摘し，この本の中で統計モデルを発展させていくプランを説明しました．

- 観測データは自然現象のごく一部を切りとったものであり，そこに見られるパターンを要約したり，未観測の挙動を予測するために統計モデルが必要である(1.1 統計モデル：なぜ「統計」な「モデル」？)
- 研究者は統計モデルを理解しないで進める「ブラックボックス」データ解析におちいりがちであり，外部の者には理解不可能な「うちわだけで通用する解析」が蔓延しがち(1.2「ブラックボックスな統計解析」の悪夢)

[*16]　確率変数を大文字アルファベットであらわす教科書が多いようですが，この本ではとくにそのようなことはしません．
[*17]　事象 C が生起したという条件つきのもとで A と B が生起する条件つき同時確率は $p(A, B \mid C)$．また条件つき確率と同時確率の関係については第 8 章の 8.5.2 項を参照．
[*18]　$\{y_i\}$ と $\{x_i\}$ は登場回数が多いので．

- この本ではもっとも簡単な統計モデルのひとつ，一般化線形モデルを改良していく過程で，さまざまな考えかたを紹介していく（1.3 この本の内容：一般化線形モデルの導入とそのベイズ的な拡張）

さらに，1.4 節では，この本で使う用語・記法について注意しています．

　この本ではまったく説明していない，等分散正規分布を仮定する線形モデルについては，各分野の「定番教科書」に詳しく説明されているでしょう．

　まえがきにも書きましたように，この本では R 利用を前提にしています．R の入門書はあまりにも多数のものが出版されているので，書店にいって自分にあったものを探すのがよいでしょう．関数を網羅したリファレンスとしては間瀬の『R プログラミングマニュアル』[27] が良いでしょう．

　データ解析における作図の重要性はいくら強調しても，強調しすぎるということはありません．R の強力な作図機能を使いこなすときに，参考になりそうな書籍として，包括的かつ詳細な内容の Murrell『R グラフィックス』[30][31]，多変量のデータをうまくまとめて作図できる Lattice 作図について解説した Sarker『R グラフィックス自由自在』[34] や Wickham『グラフィックスのための R プログラミング——ggplot2 入門』[42] などが参考になるでしょう．

　作図にしろ統計モデリングにしろ，R の中にデータを読みこみ，それらを自由自在に加工する必要があります．Spector『R データ自由自在』[35] はこのあたりについて詳しく説明しています．

2

確率分布と
統計モデルの最尤推定

統計モデルの基本部品は確率分布，観測データに見られるさまざまなばらつきを近似する数理的な表現方法です．

14 ◆ 2 確率分布と統計モデルの最尤推定

確率分布(probability distribution)は統計モデルの本質的な部品であり，データにみられるさまざまな「ばらつき」を表現します．この章では，このような「表現の部品としての確率分布」という考えかたを説明するために，簡単な例題データと確率分布の対応づけについて考えます．

2.1 例題：種子数の統計モデリング

図 2.1 のような架空の植物たちがいたとしましょう．このような植物 50 個体からなる集団を調査していて，各個体の種子数を数えたものがデータだとします．このデータを解析しながら確率分布や統計モデルについて説明します．

この種子数データを統計モデルとして表現するために，ふさわしい確率分布は何でしょうか．まず，このデータは 0 個，1 個，2 個，…などと数えられるカウントデータ(count data)です．カウントデータは非負の整数だと考えてください．このようなデータの特徴は，あとで確率分布を選ぶときの手がかりとなります．他の特徴を調べるために，このデータを統計ソフトウェア R[1]で調べることにしましょう．

この例題データが R にすでに格納されていて[2]，架空植物 50 個体ぶんの種子数データは data と名づけられているとしましょう——といった説明ではよくわからないので，実際に R を操作してみることにします．

まず，そのような状況で，R のコマンドラインインターフェイス上で data と入力してみましょう[3]．

---

[1] R については「まえがき」や第 1 章の 1.5 節も参照してください．
[2] R でこの章の例題をあつかう場合には，この本のサポート web サイト(まえがき末尾を参照)から data.RData ファイルをダウンロードしてください．R を起動し，load("data.RData") としてダウンロードしたデータファイルを読みこんでください．すると data という名前のオブジェクトをあつかえるようになります．あらかじめ，R を操作して data.RData ファイルが置かれているディレクトリに移動する必要があります．
[3] これは print(data) という操作をしたことになります．

2.1 例題：種子数の統計モデリング ◆ 15

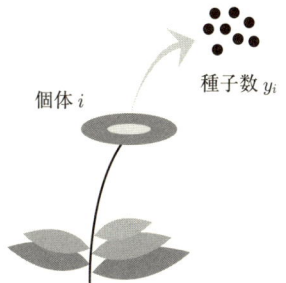

図 2.1 この章の例題の架空データ．個体 i は架空植物の第 i 番目の個体，その種子数を y_i で示す．植物個体ごとの葉数やサイズなどについては，何のデータもない．「個体のもつ種子数をどう表現すればよいか」という単純な問題だけを検討する．

```
> data
 [1] 2 2 4 6 4 5 2 3 1 2 0 4 3 3 3 3 4 2 7 2 4 3 3 3 4
[26] 3 7 5 3 1 7 6 4 6 5 2 4 7 2 2 6 2 4 5 4 5 1 3 2 3
```

このように data の内容が示されます[*4]．たしかに，種子数データは 50 個の整数からなっているように見えますね．さらに，length() 関数[*5]を使えば，この data に含まれるデータ数は 50 個だと確認ができます[*6]．

```
> length(data) # data にはいくつのデータが含まれるのか？
[1] 50
```

また，summary() 関数によって，標本平均や最小値・最大値・四分位数などがわかります．

[*4] 表示の左側の [1] だの [26] だのはそれぞれ「このすぐ右にあるデータは 1 番目のデータです」「このすぐ右にあるデータは 26 番目のデータです」を示しています．
[*5] R の関数とは，length() のように名前のうしろに () がついているオブジェクトです．この () 内で引数(argument)をひとつまたは複数個指定します．ここでの引数は data であり，length(data) と R に指示して length() に仕事をさせることを「length() 関数を呼ぶ」と言います．
[*6] R ではコメントマーク # から行末までは読みとばされます．つまり，その部分に注意や説明をメモできます．

```
> summary(data) # data を要約せよ
   Min. 1st Qu.  Median    Mean 3rd Qu.    Max.
   0.00    2.00    3.00    3.56    4.75    7.00
```

上の summary(data) の読みかたを少し説明してみましょう．Min. と Max. はそれぞれ data 中の最小値・最大値です．また 1st Qu., Median, 3rd Qu. はそれぞれ data を小さい順にならべたときの 25%, 50%, 75% 点の値です[*7]．Median は標本中央値(中位値)とよばれる推定値，そして Mean は標本平均 (sample mean) で，いまの場合には 3.56 です[*8]．

データ解析で最も重要なのは，まず何はともあれ，そのデータをさまざまな方法で図示してみることです．たとえば，「種子を 5 個もつ植物は 50 個体のうち何個体だったのか？」といった度数分布を図示してみると，データ解析の役にたちそうです．

R で度数分布を得る方法はいろいろありますが，ここでは table() を使ってみましょう．

```
> table(data)
 0  1  2  3  4  5  6  7
 1  3 11 12 10  5  4  4
```

これを見ると，種子数 5 は 5 個体，種子数 6 は 4 個体といったことがわかります．これをヒストグラム(histogram)[*9]として図示してみましょう[*10]．

```
> hist(data, breaks = seq(-0.5, 9.5, 1))
```

[*7] これらの値が四分位数です．出力された値は観測値そのものではなく，たいていの場合，補間予測された値です．

[*8] このように標本を加減乗除して得られる統計量の名前にはいちいち「標本〜」と明記すべきなのですが，この本ではそのような厳密さは守られていません．

[*9] 度数分布図とよばれることもあります．

[*10] seq(-0.5, 9.5, 1) は $\{-0.5, 0.5, 1.5, 2.5, \cdots, 8.5, 9.5\}$ という数列を生成します．関数 hist() の breaks 引数にこのような列を与えると，「-0.5 より大 0.5 以下」「0.5 より大 1.5 以下」…といった区間ごとのヒストグラムを作図します．

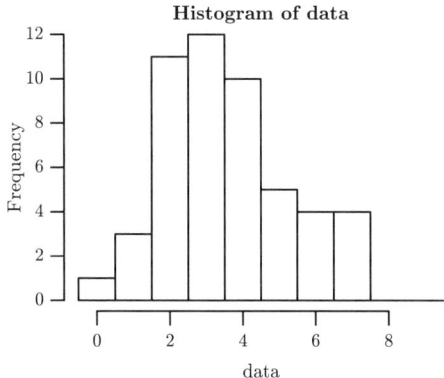

図 2.2 例題の種子数データのヒストグラム(度数分布図).
横軸は種子数, 縦軸は架空植物の個体数. 全個体数は 50.
R の hist() 関数による図示.

R では上のように指示すれば, 図 2.2 に示しているようなヒストグラムがえられます.

あるデータのばらつき(variability)をあらわす標本統計量の例として, **標本分散**(sample variance)があげられます.

```
> var(data)
[1] 2.9861
```

また, **標本標準偏差**(sample standard deviation)とは標本分散の平方根です.
R ではこんなふうに計算できます.

```
> sd(data)
[1] 1.7280
> sqrt(var(data))
[1] 1.7280
```

2.2 データと確率分布の対応関係をながめる

ここまで植物個体ごとの種子数データを調べてみて，以下のような特徴があることがわかりました．
- 1個，2個，…と数えられるカウントデータ
- 1個体の種子数の標本平均は3.56個
- 個体ごとの種子数にばらつきがあり，ヒストグラムを描くとひと山の分布になる

さて，データに見られるこのようなばらつきをあらわすためには，**確率分布**という考えかたを使います．この本では確率分布についての抽象的な検討から始めるのではなく[*11]，この例題データを解析するために必要な確率分布をまず導入し，その性質を説明していきます．

この章の例題である種子数データを統計モデルとして表現するためには，とりあえず**ポアソン分布**(Poisson distribution)とよばれる確率分布が便利である——ということにしておきましょう[*12]．

確率分布とは**確率変数**(random variable)の値とそれが出現する確率を対応させたものです．この例題にあてはめて言うと，ある植物個体 i の種子数 y_i のように，個体ごとにばらつく変数が確率変数です．そして，この確率変数 y_i はたとえば $y_i = 2$ といった値をとるのだとすると，そのように $y_i = 2$ となる確率はどれぐらいなのか，というところに興味があります．

確率変数の値とそのとりうる確率の対応づけ，たとえばこの例題でいうと「個体1の種子数 $y_1 = 2$ となる確率はどれぐらいか？」を表現する確率分布は（後述するように）比較的簡単な数式で定義され，**パラメーター**(parameter)の

[*11] 数理統計学的な確率分布の定義を知りたい人は，章末にあげている文献などを参照してください．

[*12] ここでは，とりあえずカウントデータを近似的に表現するために，便利でお手軽な確率分布としてポアソン分布を使っていると考えてください．この場合は，とくに何か生物現象のメカニズムからポアソン分布が導出されたわけではありません．実際のデータではポアソン分布だけを使った統計モデルではうまく説明できない場合がほとんどです．この問題は第7章以降であつかいます．

2.2 データと確率分布の対応関係をながめる ◆ 19

値に依存して「分布のカタチ」が変わります．

例題データにそって，さらに具体的に説明してみましょう．ポアソン分布で指定できるパラメーターはひとつだけであり，それは分布の平均です．得られたデータとポアソン分布の対応関係とは何なのか，いまだによくわかりませんが——とりあえず，この例題のデータの標本平均は 3.56 でしたから，ここからしばらくは，平均 3.56 のポアソン分布とはどのようなものなのかを調べてみましょう．

数式を使ったポアソン分布の定義などは次の節以降であつかうことにして，ここでは「平均 3.56 のポアソン分布」なるものを，R を使ってグラフとして図示しましょう．平均 3.56 のポアソン分布にしたがって「種子数が y であると観察される確率」を生成させるには，たとえば以下のように R に指示します．

```
> y <- 0:9
> prob <- dpois(y, lambda = 3.56)
```

R では dpois(y, lambda = 3.56) と関数を呼びだすと，prob オブジェクトに「ある個体の種子数が y 個である確率」が格納されます．それを表形式で出力すると図 2.3 のようになります．

これではわかりにくいので図示してみると，

```
> plot(y, prob, type = "b", lty = 2)
```

このように plot() 関数を呼ぶと，図 2.4 のように種子数 y とその確率 prob の関係が示されます．

これらの図表に示している平均 3.56 のポアソン分布とは何なのでしょうか？ここでは，種子数の個体間のばらつきをあらわす近似的な表現手法として，このポアソン分布を導入しています．図 2.3 や図 2.4 に示されているように，ある植物個体の種子数がゼロである確率は 0.03 ぐらい，一番確率が高くなるのは 1 個体に 3 個の種子をもつ場合で，その確率は 0.21 ぐらい，といったことを表現したければ，平均 3.56 のポアソン分布を持ちだせば良いので

```
      y       prob
1     0  0.02843882
2     1  0.10124222
3     2  0.18021114
4     3  0.21385056
5     4  0.19032700
6     5  0.13551282
7     6  0.08040427
8     7  0.04089132
9     8  0.01819664
10    9  0.00719778
```

図 **2.3** 平均 3.56 のポアソン分布の確率分布，$y \in \{0, 1, 2, \cdots, 9\}$. 本文のように R 内で種子数 y と各種子数が観察される確率 $p(y \mid \lambda)$ を計算して prob に格納しておき，さらにコマンドプロンプトで cbind(y, prob) と指示すると得られる出力.

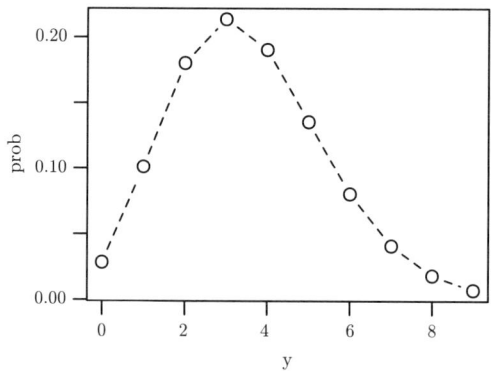

図 **2.4** 平均 $\lambda=3.56$ のポアソン分布. 種子数 y とその確率 prob の関係が示されている. 図 2.3 の表を図にしたもの. R の plot() 関数の引数, type = "b" によって「丸と折れ線による図示」, lty = 2 によって「折れ線は破線で」と指示している.

はないか，というアイデアです.

　統計モデリングにおいてはこのように確率分布を使えば，ばらつきのある事象・現象を記述できるとみなします. つまり，観測データのヒストグラム (図 2.2) に平均 3.56 のポアソン分布 (図 2.4) を重ねたときに，図 2.5 のような

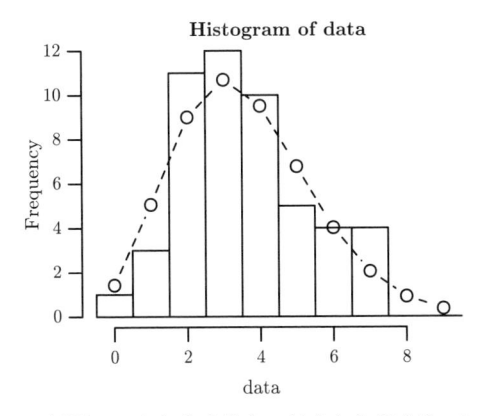

Histogram of data

図 **2.5** 観測データと確率分布の対応をながめる．ヒストグラムは図 2.2 と同じ．それに重ねられている丸と破線は y 個の種子をもつ個体数の予測値．図 2.4 に示した平均 3.56 のポアソン分布の確率分布に全個体数 50 をかけて得られる．

結果[13]が得られたのであれば，観察されたばらつきがポアソン分布で表現できているみたいだなぁと考えます．

それでは次に，この「図の見た目」による納得気分をもう少し定量的に示す方法を検討します．とくに興味があるのは，どのような確率分布，あるいは統計モデルを使って与えられた観測データを説明できるのか，確率分布のパラメーターはどう決めればよいのか，そして観測データを説明できる良い統計モデルとは何か，といった問題です．

2.3 ポアソン分布とは何か？

この章の例題の観測データと確率分布の対応関係を検討するために，前の節で何の説明もなく登場したポアソン分布について，もう少しくわしく説明します．

ポアソン分布の確率分布は以下のように定義されます．

---

[13] 図 2.5 のような図を作るためには，まず hist() 関数でヒストグラムを作図し，次に予測値を描画するために lines(y, 50 * prob) と指示する必要があります．

$$p(y \mid \lambda) = \frac{\lambda^y \exp(-\lambda)}{y!}$$

この $p(y \mid \lambda)$ は平均が λ (ラムダ) であるときに，ポアソン分布にしたがう確率変数が y という値になる確率です[*14]．$y!$ は y の階乗で，たとえば $4!$ は $1\times2\times3\times4$ をあらわしています．

平均 λ はポアソン分布の唯一のパラメーターです．上の定義を使って図2.3や図2.4の確率が評価されています．この他のポアソン分布の性質をあげます．

- $y \in \{0, 1, 2, \cdots, \infty\}$ の値をとり，すべての y について和をとると1になる

$$\sum_{y=0}^{\infty} p(y \mid \lambda) = 1$$

- 確率分布の平均は λ である ($\lambda \geq 0$)
- 分散と平均は等しい：$\lambda =$ 平均 $=$ 分散

ポアソン分布の他の性質，あるいは確率分布一般の性質については[*15]，章末にあげている文献を参照してください．ポアソン分布のパラメーター λ を変化させると，確率分布は図2.6に示しているように変化します．

この本では，この例題の種子数データのようなタイプのデータは，ポアソン分布あるいはポアソン分布と他の分布を混ぜた確率分布で統計モデル化します．なぜ，この種子数のばらついている様子を記述する統計モデルの部品として，このポアソン分布が選ばれたのでしょうか．そのように尋ねられたら，以下のような理由を挙げてみればよいでしょう．

(1) データに含まれている値 y_i が $\{0, 1, 2, \cdots\}$ といった非負の整数である (カウントデータである)

(2) y_i に下限 (ゼロ) はあるみたいだけれど上限はよくわからない

[*14] 教科書によっては，この関数 $p(y \mid \lambda)$ を確率関数あるいは確率質量関数とよんでいます．

[*15] 連続値の確率分布の定義はもう少し複雑であり，まず確率密度関数 (probability density function) を定義する必要があります．この点については，第6章の6.7節なども参照してください．

2.3 ポアソン分布とは何か？ ◆ 23

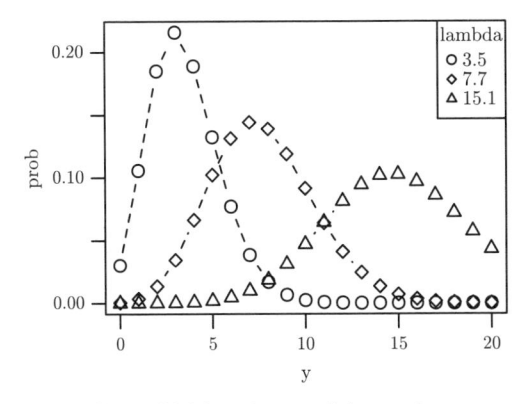

図 2.6 さまざまな平均 (λ) のポアソン分布．$\lambda \in \{3.5, 7.7, 15.1\}$．

(3) この観測データでは平均と分散がだいたい等しい[*16]

この本でいうばらつきとは，統計学用語でいうところの誤差 (error) のことです．誤差とは測定誤差 (measurement error) のことだと考えられがちなのですが，統計学用語でいう誤差とはもっと広い意味をもつものです．

たとえば，この例題のように全 50 個体の架空植物の種子数がひとつの (つまり全個体で共通する 1 個の平均 λ をもつ) ポアソン分布にしたがうとしましょう．このときに，図 2.2 などに見られるようなばらつきは，調査している人間が数えまちがえたために，個体によって種子数が異なるのだ——とは考えていません[*17]．そうではなく，個体ごとの種子数が同一の確率分布にしたがっている場合であっても，なんらかの理由[*18]で個体ごとに異なる種子数になっていると考え，その不確定性も「誤差」とよばれます．この本ではまぎらわしいので，可能なかぎり誤差という語は使わず，ばらつきとよびます．

この例題のように，λ という全個体共通である平均のポアソン分布から，ば

[*16] 分散は 2.99 ぐらいと評価されています (2.1 節)．このような条件が満たされない場合の統計モデリングについては，第 7 章以降で検討します．

[*17] もちろん人間の数えまちがいも含めた統計モデルも構築できますが，この本ではあつかいません．

[*18] この「なんらかの理由」をきちんと特定した上で，それに対応するような確率分布を選べるのか，と問いつめられると——必ずしも可能でないと答えざるをえません．このあとの 2.6 節では，データの外形的な特徴だけをみて確率分布を選び，そこからの逸脱があれば複数の確率分布をまぜて統計モデリングする，といった話をしています．

らつきのある種子データが発生したという統計モデルを作るためには，その他にもいくつかの前提が必要です．たとえば，植物のサイズなどいろいろな条件をそろえている状況では，どの個体でも種子数の平均が同じであり，個体ごとにちがいはないと考えています．

このように説明しても理解できない人もいるので，もう少しだけしつこく記述します．上でのべていることは，

- 個体1の種子数は平均 λ のポアソン分布にしたがうと仮定する → 観測された種子数は2だった
- 個体2の種子数は平均 λ のポアソン分布にしたがうと仮定する → 観測された種子数は2だった
- 個体3の種子数は平均 λ のポアソン分布にしたがうと仮定する → 観測された種子数は4だった
- （以下，同様）

という意味で，このように仮定すると全50個体のデータから全個体に共通する λ は 3.56 ぐらいではないかなぁといった憶測が可能になる——ということです．

このほかにも，植物個体どうしは独立であり，個体間の相関や相互作用はないといった前提も必要です[19]．

2.4 ポアソン分布のパラメーターの最尤推定

それでは，今度は確率分布のパラメーターを，観測データにもとづいて推定する方法について考えてみましょう．ここでは**最尤推定**(maximum likelihood estimation)あるいは最尤推定法というパラメーター推定の方法を紹介します[20]．これはポアソン分布だろうが正規分布だろうが，どのような確率分

---

[19] 現実のデータではこのような条件の成立は疑わしいのですが，統計モデルの説明を簡単にするために，この本の第6章までは，上記のような均質性や独立性が成立していると仮定します．第7章以降では，均質でもなければ独立でもない個体たちの統計モデリングについて検討します．
[20] 「尤も」の訓読みは「もっとも」であり，もっともらしいのもっともです．「最尤」はもっとももっともらしい．

2.4 ポアソン分布のパラメーターの最尤推定

布を使った統計モデルにも適用できます[*21]。

最尤推定について説明する前に、表記方法について少し整理してみましょう。この章では、第i個体の種子数の観測値はy_iとします。つまり $\{y_1, y_2, y_3, \cdots, y_{49}, y_{50}\}=\{2, 2, 4, \cdots, 2, 3\}$ ということです。あるいはまた50個まとめて1文字で表記するときには $\{y_i\}$ あるいは $\boldsymbol{Y}=\{y_i\}$ と書きます。また、すでにポアソン分布の確率分布の定義にもあらわれましたが、$p(y_i \mid \lambda)$ は平均 λ が決まっているポアソン分布において、y_i という値が発生する確率です。たとえば、図2.3に記されているように、$\lambda=3.56$ のときは $p(y_1=2 \mid \lambda=3.56)$ は0.180となります。

さてさて、最尤推定法は尤度なる「あてはまりの良さ」をあらわす統計量を最大にするようなパラメーター（この例題では λ）の値を探そうとするパラメーター推定方法です。尤度の実態は、ある λ の値を決めたときに、すべての個体iについての $p(y_i \mid \lambda)$ の積です。たとえば、いまデータが3個体ぶん、たとえば、$\{y_1, y_2, y_3\}=\{2, 2, 4\}$、これだけだった場合に、図2.3をにらみながら計算してみると、尤度はだいたい $0.180 \times 0.180 \times 0.190 = 0.006156$ といった値になります。

尤度はパラメーターの関数なので $L(\lambda)$ と書きます。この例題の場合には、このように定義されます。

$$\begin{aligned}
L(\lambda) &= (y_1 \text{が2である確率}) \times (y_2 \text{が2である確率}) \\
&\quad \times \cdots \times (y_{50} \text{が3である確率}) \\
&= p(y_1 \mid \lambda) \times p(y_2 \mid \lambda) \times p(y_3 \mid \lambda) \times \cdots \times p(y_{50} \mid \lambda) \\
&= \prod_i p(y_i \mid \lambda) = \prod_i \frac{\lambda^{y_i} \exp(-\lambda)}{y_i!}
\end{aligned}$$

となります[*22]。なぜ積になるのかといえば、「y_1 が2である」かつ「y_2 が2である」かつ——と50個の事象が同時に真である確率を計算したいからで

[*21] 最尤推定法と最小二乗法の関係については、第6章の6.7節で簡単に説明しています。

[*22] $\prod_i$ はこの場合、$i \in \{1, 2, \cdots, 50\}$ についての積です。1.4節も参照。

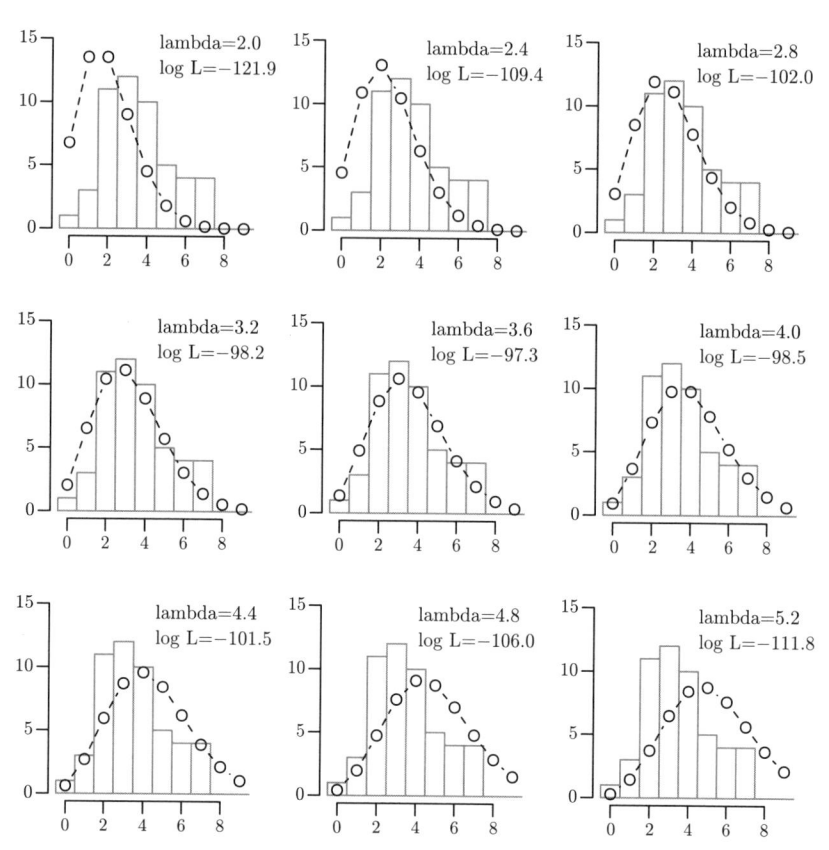

図 **2.7** 平均 λ (lambda)を変化させていったポアソン分布と，観測データへのあてはまりの良さ（対数尤度 logL）．すべてのヒストグラムは図 2.2 と同じ．

す[*23]．

この尤度関数 $L(\lambda)$ はそのままではあつかいにくいので，対数変換した**対数尤度関数**(log likelihood function)を使ってパラメーターを最尤推定します．

$$\log L(\lambda) = \sum_i \left(y_i \log \lambda - \lambda - \sum_k^{y_i} \log k \right)$$

まずは，平均をあらわすパラメーター λ を変化させていったときに，ポア

[*23] たとえば，おもて・うらが等確率で出現するコイン 50 枚を投げたときに，「全部おもて」になる確率は 0.5^{50} ですよね．

ソン分布のカタチと対数尤度がどのように変化するのかを調べてみましょう (図 2.7).

図 2.7 を見ると，対数尤度が大きい(ゼロに近い)ほど観測データとポアソン分布が「似ている」ように見えます.

さらに，対数尤度 $\log L(\lambda)$ と λ の関係を調べるために，図 2.8 のような図を作ってみましょう．この作図のための R コードは以下のようになります．

```
> logL <- function(m) sum(dpois(data, m, log = TRUE))
> lambda <- seq(2, 5, 0.1)
> plot(lambda, sapply(lambda, logL), type = "l")
```

この例題の場合，3.5 から 3.6 のあたりで対数尤度が最大になる λ が見つかりそうです．なお，対数尤度 $\log L$ は尤度 L の単調増加関数なので，対数尤度が最大になる λ において尤度も最大になります．

対数尤度が最大になる λ を $\hat{\lambda}$ としましょう[*24]．図 2.8 に示されているように，対数尤度関数が最大値で関数の傾きがゼロとなる λ を探しだせばよいので，さきほど登場した対数尤度関数 $\log L(\lambda)$ をパラメーター λ で偏微分して，

$$\frac{\partial \log L(\lambda)}{\partial \lambda} = \sum_i \left\{ \frac{y_i}{\lambda} - 1 \right\} = \frac{1}{\lambda} \sum_i y_i - 50$$

これがゼロである場合，

$$\hat{\lambda} = \frac{1}{50} \sum_i y_i = \frac{\text{全部の } y_i \text{ の和}}{\text{データ数}} = \text{データの標本平均} = 3.56$$

となります．最尤推定値 $\hat{\lambda}$ は 3.56 であり，この単純な例題の場合，最尤推定値は標本平均に等しくなります．

このように対数尤度あるいは尤度が最大になる $\hat{\lambda}$ を**最尤推定量**(maximum likelihood estimator)，さらに $\{y_1, y_2, y_3, \cdots, y_{49}, y_{50}\} = \{2, 2, 4, \cdots, 2, 3\}$ というふうに具体的な y_i の値を使って評価された $\hat{\lambda} = 3.56$ のことを**最尤推定値**(maximum likelihood estimate)とよびます．

[*24] $\hat{\lambda}$ はラムダハットと読みます．この本ではハットは推定値(ただしこのあとしばらくは推定量)をあらわします．

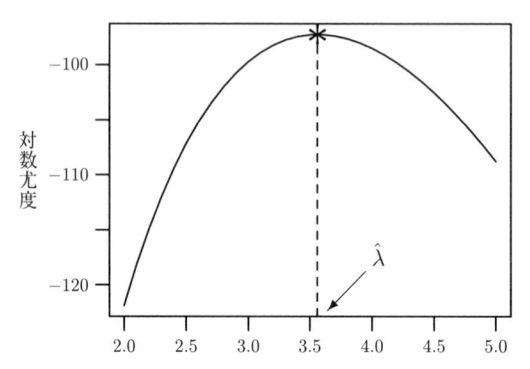

図 2.8 この章の例題の観測データ (植物 50 個体の種子数) のもとでの λ (横軸) と対数尤度の関係. $\lambda = 3.56$ で対数尤度が最大になるので,これが最尤推定値 $\hat{\lambda}$ となる.図 2.7 の λ を連続的に変化させた場合に対応している.

尤度と最尤推定について少し一般化してみましょう.たとえば,θ をパラメーターとする確率分布から観測データ y_i が発生した場合,その確率を $p(y|\theta)$ とすると,尤度は

$$L(\theta|\boldsymbol{Y}) = \prod_i p(y_i|\theta)$$

で対数尤度は

$$\log L(\theta|\boldsymbol{Y}) = \sum_i \log p(y_i|\theta)$$

となります.最尤推定とは,この対数尤度を最大にするような $\hat{\theta}$ を探しだすことです.この考えかたは確率分布 $p(y|\theta)$ がポアソン分布でない場合であっても,同じように適用できます[*25].

実際のデータ解析で使う統計モデルはもっと複雑なものになるので,こんなに簡単に最尤推定量は導出できません.そこで計算機を使って最尤推定値に近い値を探しだします.たとえば,次の章以降で紹介する一般化線形モデルの推定関数などでは,数値的な試行錯誤によって対数尤度ができるだけ大きくなるようなパラメーターを探しだします.

[*25] 正規分布のような連続値の確率密度関数の尤度方程式の例は,第 6 章の 6.7 節を参照してください.

2.4.1 擬似乱数と最尤推定値のばらつき

ここで，計算機を使った乱数発生についてごく簡単に説明し，この乱数発生のしくみを利用した推定値の**標準誤差**(standard error, SE)をみつもる方法を紹介します．

この章の例題の架空データ「植物個体の種子数データ 50 個体ぶん」は R のポアソン乱数発生関数を使って作りました．R にはさまざまな確率分布について，それぞれに異なるアルゴリズムを使って，乱数を発生させるしくみが準備されています．R も含めて，一般にこのように計算機に発生させる乱数は，真の意味での乱数ではないので，**擬似乱数**(pseudo random number)とよばれます．

この例題の架空データについていうと，ポアソン分布にしたがう乱数(ポアソン乱数)は R の rpois() 関数で発生させました．このときに生成させるポアソン乱数の個数と分布の平均 λ を指定する必要があり，この例題のデータを作るには，平均値が 3.5 であるポアソン乱数を発生させればよく，R で rpois(50, 3.5) と指定します．

乱数発生関数が生成する乱数列は毎回異なります[*26]．したがって，50 個のポアソン乱数の標本平均も試行ごとに異なります．いいかえると，データ発生源が rpois() 関数だとすると，この架空植物の種子数の調査をくりかえすと，調査ごとに最尤推定値 $\hat{\lambda}$ は異なるということです．

乱数列を発生させるごとに，最尤推定値 $\hat{\lambda}$ はどのように変わるのでしょうか？ これを調べるために，R をつかった乱数実験をやってみましょう．例題データを作ったときと同じように，rpois(50, 3.5) によってデータを生成し，そのたびに標本平均(最尤推定値)を評価して記録します．これを 3000 回くりかえした結果を図 2.9 に示しています．それなりのばらつきがあります．これは，データが 50 個体ぶんしかないために発生するばらつきです．

このような推定値のばらつきは**標準誤差**とよばれ，その大きさは調査個体数

[*26] ただし，擬似乱数発生において，「乱数のたね」という整数を指定すると，その整数によってきまるパターンの乱数が生成されます．R では set.seed() 関数によって乱数のたねを指定できます．

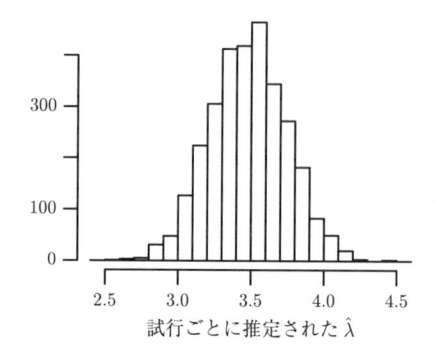

図 2.9 ポアソン分布の平均 λ の最尤推定値 $\hat{\lambda}$ のばらつき（標準誤差）．3000 回の試行の結果．各試行ごとに，ポアソン乱数 50 個を生成して $\hat{\lambda}$ を推定した．

に依存しています．調査個体数が大きいほど推定値の標準誤差は小さくなります．

　ここで説明したような方法を使えば，推定値の不確かさである標準誤差をみつもることができます．ただしここで使った方法は，「真のモデル」[*27]を知っていなければ使えません．ふつう，われわれは真のモデルについては何も知らず，情報源としては限られた観測データしか利用できません．したがって，推定値のばらつきをみつもるときには，たまたま得られた観測データから推定された値にすぎない $\hat{\lambda}$ を利用して，`rpois(50, 3.56)` を使って乱数を発生させます．この問題は，このあとの章でも登場します[*28]．

2.5　統計モデルの要点：乱数発生・推定・予測

　ここで確率分布が統計モデリング・データ解析の中で果たす役割について整理してみましょう．たとえばこの章の例題の種子数のデータを例に説明しま

[*27] ここではとりあえず，例題データ生成に使った $\lambda=3.5$ のポアソン分布だと考えてください．この本に登場する真のモデルとは，統計学的な概念の説明を簡単にするためのしかけだと考えてください．単純な真のモデルがあって，そこからデータが生成されると想定してしまえば，推定・モデル選択・検定などがわかりやすくなるでしょう．

[*28] たとえば，第 3 章の GLM の係数の標準誤差，第 4 章に登場する「たまたま得られたデータ」にあわせすぎる問題，第 5 章の最尤推定値を真の値とみなす帰無仮説棄却の検定など．

2.5 統計モデルの要点：乱数発生・推定・予測 ◆ 31

す．

```
> data
 [1] 2 2 4 6 4 5 2 3 1 2 0 4 3 3 3 3 4 2 7 2 4 3 3 3 4
[26] 3 7 5 3 1 7 6 4 6 5 2 4 7 2 2 6 2 4 5 4 5 1 3 2 3
```

このような数字の羅列を見たときに，「こういうばらつきのあるデータは，何か確率分布から発生したと考えればあつかいやすそうだなぁ」と考えることが統計モデリングの第一歩となります．

このときにデータ解析者のアタマの中では，図 2.10 のように考えています．まずデータを発生させた統計モデルが「真の統計モデル」(真のモデル)であり，これが平均 3.5 のポアソン分布であるとしています[*29]．統計モデルの中の確率分布を使って**乱数**(random number)を発生させることができます．これを**サンプリング**(sampling)とよぶこともあります．この本では，このようにサンプルされた乱数のあつまり(標本)が，観測データであると考えています．

この観測データを見たときに，データのばらつきは「まあポアソン分布で説明できるだろう」と仮定したとしましょう．このときに「パラメーター λ はどんな値？」という問いに答えるのが**推定**(estimation)，あるいは(モデルのデータへの)**あてはめ**(fitting)といいます．図 2.10 では，最尤推定によって $\hat{\lambda}=3.56$ が得られました．つまり，平均 3.56 のポアソン分布はデータに最もあてはまりが良いと言えます．

観測データと統計モデルの対応づけでもうひとつ重要なのは**予測**(prediction)です．推定で得られた統計モデルを使って，同じ調査方法で得られる次のデータの分布などをみつもることが予測です．

統計モデルを使った予測にはいろいろなものがあります．

- 次に得られる応答変数の平均だけを示す[*30]
- 平均だけでなく，次に得られるデータはこの範囲にちらばるはずという**予**

[*29] この事例では，観測者には見えない真のモデルがたまたまポアソン分布であり，観測者は「データがカウントデータだから」という理由でポアソン分布を部品とする統計モデルを使っています．

[*30] いわゆる「回帰の線をひく」なども含まれます．第 3 章以降で登場する GLM などでは，平均値を変える説明変数の効果なども考慮して予測します．

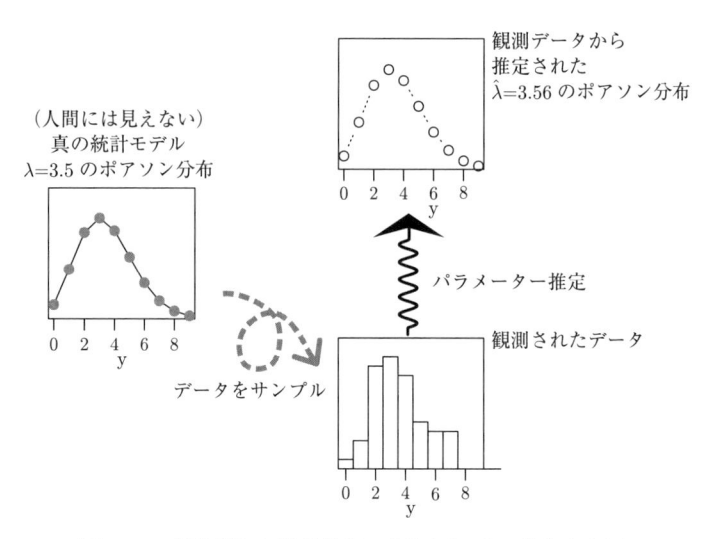

図 2.10 統計学における推定．自然（データの発生もと）を確率分布であると見たてて，得られたデータをそこから発生した乱数のセットだと考える．限定された個数のデータから，もとの確率分布に近い確率分布を探すのが「推定」．

測区間（prediction interval）も示す（例：図 2.5）．たとえば時系列構造をあつかっている統計モデルの予測であれば，いわゆる将来予測となりますし，空間構造のあるデータなどで欠測データ（missing data）をうめるのも予測の一種です[*31]．

統計モデルの良さを評価するときに，予測の良さ（goodness of prediction）という考えかたが重要です[*32]．これは推定されたモデルが新しく得られたデータにどれぐらい良くあてはまるかをあらわします．たとえば，図 2.11 では，追加の観測によって真のモデルから新しく得られたデータたちに，図 2.10 で推定された平均 3.56 のポアソン分布をあてはめてみて，あてはまりの良さ（対数尤度）を評価しようとしています[*33]．

[*31] このような欠測データについては第 11 章であつかいます．
[*32] 第 4 章で予測の良さにもとづくモデル選択として検討します．
[*33] あてはまりの良さの結果は図・本文どちらにも示していません．

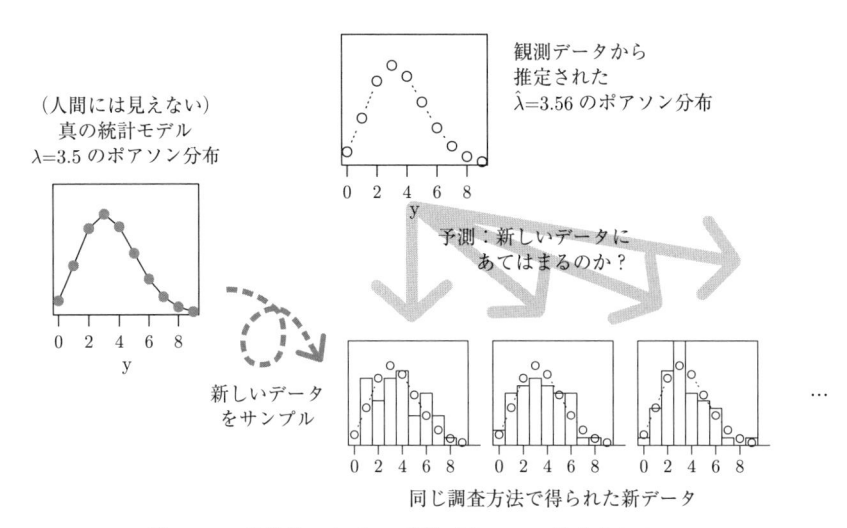

図 **2.11** 統計学における予測．図 2.10 で推定されたモデルが，次に発生するデータの分布を予測する．予測の良さは新データへのあてはまりで**検証**(validation)できる．

2.5.1 データ解析における推定・予測の役割

推定と予測を比較してみましょう．統計モデリングの初心者からすると推定に比べて，予測は難しいと感じるかもしれません．たとえばこの本で紹介しているような例題ならば，R の推定関数の使いかたさえ知っていれば推定は簡単にできます．

一方で，推定されたモデルを使って予測をするためには，自分が使っている統計モデルをよく理解していなければなりません[34]．統計モデルを推定したら，そこで解析を終了するのではなく，その**推定結果をうまく図示**することが重要であり，このような図示はいろいろな場合において，推定されたモデルを使った予測になっています[35]．

---

[34] ただし第 3 章の 3.4.3 節で紹介しているように，R では予測のための「あまり考えなくても使える」関数がいくつか準備されています．

[35] 次の章以降の例題でも推定結果を図示していますので，それがどのような意味で予測になっているか考えてみてください．

科学で使われるモデルの良さとは，そのモデルの予測の良さによって決まります．また，推定されたモデルによる予測を試みることで，自分が使っている近似的・現象論的な統計モデルの理解が深まり，またその不備が判明することもあります．このような点もふくめて，推定したモデルによる予測は重要です．推定しただけ，あるいは「検定」しただけでは十分とは言えません．

2.6 確率分布の選びかた

ある観測データを解析する統計モデリングにおいてまず考えるべき点は，「この現象がどのような確率分布で説明されそうか」ということです．この章の例題からはいったん離れて，多種多様な確率分布がある中で，自分のデータの統計モデルに使えそうな分布の選びかたを考えてみましょう．とりあえずデータをみたら次の点に注意してみてください．

- 説明したい量は**離散か連続か**？
- 説明したい量の**範囲**は？
- 説明したい量の標本分散と標本平均の関係は？

この本では，カウントデータの統計モデルで使う確率分布として，以下のふたつを使います：

- ポアソン分布：データが離散値，ゼロ以上の範囲，上限とくになし，平均 $\approx$ 分散
- 二項分布(binomial distribution)：データが離散値，ゼロ以上で有限の範囲($\{0, 1, 2, \cdots, N\}$)，分散は平均の関数

これらはそれぞれ，この本で紹介する統計モデルの中の重要な役割をはたします．また，連続確率分布である

- 正規分布(normal distribution)：データが連続値，範囲が $[-\infty, +\infty]$，分散は平均とは無関係に決まる
- ガンマ分布(gamma distribution)：データが連続値，範囲が $[0, +\infty]$，分散は平均の関数

については第6章で簡単に紹介します．データの値が連続かつ有界(有限区

間)である**一様分布**(uniform distribution)などもこの本に登場します[*36].

2.6.1 もっと複雑な確率分布が必要か？

　現実のデータ解析では,「このデータのヒストグラムは複雑に見えるので(あるいはカウントデータなのにポアソン分布のように見えないので),ポアソン分布とか簡単な確率分布では表現できないかもしれない」と考えたくなる状況に頻繁に遭遇します.世の中には多種多様な確率分布があるので,その中から複雑なものを選んで利用すればよいのでしょうか？　この本では,そんなに多種類の確率分布を使いこなさなくても,現実に見られる多彩なばらつきを,統計モデリングの工夫次第であつかっています.

　たとえばこの章の例題のように,種子数のカウントデータなのにヒストグラムはポアソン分布に見えないといった状況はよくあります.その原因は対象とする植物個体の差や実験場所の差で説明できる場合があります.次の第3章から,このような実験処理や植物個体のサイズといった説明変数によって個体ごとの種子数の平均が変化するような統計モデルをあつかいます.

　いやいやそうではなくて,いろいろと条件をそろえて観測した種子数のカウントデータであるのに,どうもポアソン分布には見えないんだ,となる場合もあるでしょう.このような問題は,個体たちは均質ではない(たとえば,遺伝的に均質でない,生育環境にわずかな差があった)にもかかわらず,観測者がそのデータをもっていない場合に発生します.このようなときには,「データ化されていない個体差・見なかった個体差」をくみこんだ統計モデリングが必要となります.これは確率分布を「混ぜあわせる」ことで解決する問題[*37]であり,第7章以降であつかいます.

2.7　この章のまとめと参考文献

　この章では,観察される現象にみられるばらつきを説明するために,統計モデルの基本的な部品である確率分布という考えかたを導入しました.

[*36] 第9章以降のベイズ統計モデリングでは,無情報事前分布として連続一様分布を使います.
[*37] 確率分布を「混ぜあわせる」例は,図7.8, 7.9などを見てください.

- 確率分布にはさまざまなものがあるので，データの特徴にあわせて確率分布を選ばなければならない(2.2 データと確率分布の対応関係をながめる)
- ポアソン分布はカウントデータのばらつきを表現できる確率分布であり，観測値が y となる確率を評価できる(2.3 ポアソン分布とは何か？)
- どのような確率分布を使った統計モデルであっても「データに対するあてはまりの良さ」を対数尤度であらわすことができ，最尤推定とは対数尤度を最大にするようなパラメーターを探しだすことである(2.4 ポアソン分布のパラメーターの最尤推定)
- いま得られたデータにあてはまるようなパラメーターを探しだすのが推定，「次に得られるデータ」へのあてはまりを重視するのが予測である(2.5 統計モデルの要点：乱数発生・推定・予測)
- 簡単な確率分布を「混ぜあわせる」ことで，現実にみられる複雑なばらつきに対処できる(2.6 確率分布の選びかた)

「ブラックボックスな統計解析」から脱するために，まず，「この統計モデリングでは，このような理由でこの確率分布を使いました」と他人にきちんと説明できるようになってください．

◇　　　◇　　　◇

確率・確率変数・記述統計量・確率分布・最尤推定といった基本的な概念は多くの統計学教科書で詳しく説明されています．たとえば，東京大学教養学部統計学教室編『統計学入門』[39]『自然科学の統計学』[40]はこれらを平易かつ詳細に説明しています．

蓑谷『これからはじめる統計学』[28]は確率分布・最尤推定法などをわかりやすく説明した入門的な教科書です．

確率分布を明示的に仮定しない統計解析については，まずは粕谷『生物学を学ぶ人のための統計のはなし——きみにも出せる有意差』[21]を読んで順序統計量を使った検定などについて勉強するのが良いでしょう．順序統計量を使った検定——これはノンパラメトリック検定とよばれることもありますが——は「何も仮定しなくてよい方法」と誤解しているユーザーがいます．実際には，

データのばらつきなどについて満たすべき制約があり，使用するためには注意が必要です．

　平岡・堀『プログラミングのための確率統計』[15]は図示の工夫によって確率分布の意味を感覚的に説明しつつ，確率分布関数の数式とも丁寧に対応づけている一冊です．乱数発生についても説明されています．

　ここでは紹介しなかった多くの確率分布について，書籍やインターネットで調べることができます．蓑谷『統計分布ハンドブック』[29]は多くの確率分布を網羅した事典です．また，インターネット上でも多くの確率分布の説明を容易に見つけられます．たとえば英語版のWikipediaでは，いろいろな確率分布の図とともに，わかりやすい解説が掲載されています．

3

一般化線形モデル(GLM)
―ポアソン回帰―

「ばらつきは何でもかんでも正規分布」と考えるのはおかしいだろう——ということで一般化線形モデルが登場します.

この章では，説明変数をくみこんだ統計モデルについて説明します．前の第2章の統計モデルでは，どの個体の種子数 y_i も，平均 λ のポアソン分布にしたがうと仮定していました．平均種子数である λ は全個体で共通するものとしました．しかし，この章では個体ごとに異なる説明変数(個体の属性)によって平均種子数が変化する統計モデルが登場します．このような統計モデルを観測データにあてはめることをポアソン回帰(Poisson regression)といいます[*1]．また，これと似たような構造の統計モデルたちを総称して，一般化線形モデル(generalized linear model, GLM)といいます．

3.1 例題：個体ごとに平均種子数が異なる場合

この章の例題は，第2章の例題と良く似ていますが，個体の大きさがさまざまであったり，あるいは植物たちをふたつのグループにわけて，それぞれで異なる実験処理をほどこしていたりする点が異なっています．

図 3.1 に示しているような架空植物 100 個体を調査して得られた，個体ごとの種子数のデータがあるとしましょう．これを統計モデルを使ってどのように表現すればよいか，というのがこの章でとりくむ問題です．植物個体 i の種子数は y_i 個であり，また個体の属性のひとつである体サイズ(body size) x_i が観測されています[*2]．この体サイズは植物の大きさの大小をあらわす正の実数です．体サイズの大きさが種子数に影響しているかもしれないので，その効果を調べるために x_i も測定されたのだとしましょう．

さらに，全個体のうち 50 個体 ($i \in \{1, 2, \cdots, 50\}$) は何も処理をしていない(処理 C，いわゆるコントロール)けれど，残り 50 個体 ($i \in \{51, 52, \cdots, 100\}$) には肥料を加える処理(施肥処理，処理 T)をほどこします．体サイズ x_i とは無関

[*1] 「統計モデルのあてはめ」をあらわすのに，回帰(regression)などという意味のよくわからない単語が登場するのは，奇妙だなあと感じる読者もいるかもしれません．これは 19 世紀ごろの習慣が残っているだけで，現代では特別な意味は何もありません．興味がある人は統計学の歴史を調べてください．

[*2] ここでいう植物の体サイズは何でもいいのですが，たとえば，植物個体の高さと考えてもらってかまいません．実際の植物のデータ解析ではもっと別の量で体サイズを表現することが多いのですが，この本ではそのあたりはいいかげんにしておきます．

個体 i

施肥処理 f_i
C：肥料なし
T：施肥処理

種子数 y_i

体サイズ x_i

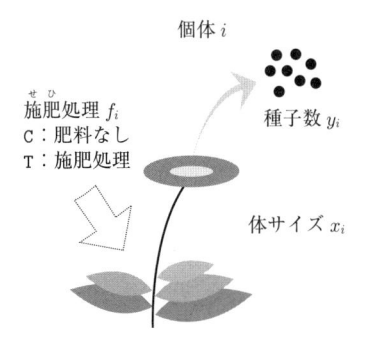

図 3.1 この例題に登場する架空植物の第 i 番目の個体．この植物の体サイズ(個体の大きさ) x_i と肥料をやる施肥処理 f_i が種子数 y_i にどう影響しているのかを知りたい．

係に施肥処理がなされたとします．

個体ごとに異なる属性は，x_i や f_i といった観測データとして与えられています．これらは観測・設定された「個体ごとのちがい」であることに注意してください．第2章の終わりでは「説明変数では説明できない個体差」もありうると説明しましたが，この章ではまだその問題はあつかいません．観測されなかった個体差を統計モデルであつかう方法は，第7章以降で紹介します．

3.2 観測されたデータの概要を調べる

まずは，この架空植物の種子数の観測データをRで取りあつかう方法を簡単に紹介してみましょう．この方法は，他の章の例題のデータに対しても，同じように適用できます．

この章のデータはCSVファイル[*3]という形式で保存されていて，サポートwebサイト(まえがき末尾を参照)からダウンロードできます．データのファイル名はdata3a.csvであるとしましょう．Rでは

[*3] CSVとはcomma-separated value のことで，表の各要素がコンマで区切られたフォーマットのことです．これは汎用性のあるデータフォーマットで，たいていのスプレッドシートソフトウェアなどでCSV形式を指定してファイルにデータを保存できます．

```
> d <- read.csv("data3a.csv")
```

と命じるだけでファイルを読みこんで，その内容を格納したデータフレイムにdという名前が付けられます．このデータフレイムというデータ構造は，とりあえず「表(table)のようにあつかえるデータ構造」であると考えてください．Rのコマンドプロンプトでdあるいはprint(d)とすると，全100個体ぶんのデータがディスプレイ上に表示されます[*4]．

```
> d
     y     x  f
1    6  8.31  C
2    6  9.44  C
3    6  9.50  C
...(中略)...
99   7 10.86  T
100  9  9.97  T
```

このようにdには，全100個体ぶんのデータがあたかも100行3列の行列のような形式で格納されているように見えます．このデータでは，最初の列yには種子数，xには個体の体サイズ，fには施肥処理の値が入っています．

このdの列ごとにデータを表示させてみましょう．x列とy列は以下のように表示されます．

```
> d$x
  [1]  8.31  9.44  9.50  9.07 10.16  8.32 10.61 10.06
  [9]  9.93 10.43 10.36 10.15 10.92  8.85  9.42 11.11
...(中略)...
 [97]  8.52 10.24 10.86  9.97
```

[*4] データフレイムを表示させる関数はprint()だけではありません．たとえば，head(d)とすると最初の6行だけが表示，head(d, 10)とすると最初の10行だけが表示されます．

```
> d$y
 [1]  6  6  6 12 10  4  9  9  9 11  6 10  6 10 11  8
[17]  3  8  5  5  4 11  5 10  6  6  7  9  3 10  2  9
...(中略)...
[97]  6  8  7  9
```

また施肥処理の有無をあらわす f 列はちょっと様子がちがっています．

```
> d$f
 [1] C C C C C C C C C C C C C C C C C C C C C C C C C
[26] C C C C C C C C C C C C C C C C C C C C C C C C C
[51] T T T T T T T T T T T T T T T T T T T T T T T T T
[76] T T T T T T T T T T T T T T T T T T T T T T T T T
Levels: C T
```

このように表示される理由は，f の列には因子(factor)というクラスのデータが格納されているためです．この本では，仮に因子型とよびます．R の read.csv() 関数は，CSV 形式のデータファイル内に C だの T だのといった文字を含む列を見つけたときには，その列を factor に変換します．このように変換された f 列は C と T の 2 水準(level)からなる値で構成されていて，上の R 出力では Levels の行で f 列内の水準を示しています．因子型の水準の値には順番があり，この場合は C が 1 番目で T が 2 番目となっています．これは read.csv() 関数が「水準の順番はアルファベット順」というルールで変換したためです[*5]．

R の class() 関数を使うと，あるデータオブジェクトがどういう型（正確にはクラス）に属しているかを調べられます．

```
> class(d) # d は data.frame クラス
[1] "data.frame"
> class(d$y) # y 列は整数だけの integer クラス
[1] "integer"
```

[*5] もちろんユーザーが指示してこの水準の順番を変更できます．

```
> class(d$x) # x 列は実数も含むので numeric クラス
[1] "numeric"
> class(d$f) # そして f 列は factor クラス
[1] "factor"
```

さて，R の summary() 関数を使って，この d と名づけられたデータフレームの概要を調べてみましょう．

```
> summary(d)
       y                x              f
 Min.   : 2.00    Min.   : 7.190    C:50
 1st Qu.: 6.00    1st Qu.: 9.428    T:50
 Median : 8.00    Median :10.155
 Mean   : 7.83    Mean   :10.089
 3rd Qu.:10.00    3rd Qu.:10.685
 Max.   :15.00    Max.   :12.400
```

データフレイムの summary() は，このように列ごとの要約が表示されます．どのように "summary" されるのかは，列の型に依存しています．数値である y 列と x 列の要約については，前の第 2 章の説明 (p. 16) を参照してください．因子型である f 列は，C が 50 個，T が 50 個ありますよ，と要約されています．

3.3 統計モデリングの前にデータを図示する

統計モデリングにとりくむときに，そのデータを「いろいろな図にしてよく見る」点は何度でも強調しておきたいところです．前の節で紹介した summary() による統計量表示だけでなく，この節で紹介するような作図関数を使ってデータのばらつきかたを視覚的に把握するようにしましょう[*6]．

観測データに余計な手を加えないで，データ全体をよく見るには plot() 関

[*6] 作図するときには，できるだけデータそのままを使いましょう．データ列どうしの割算値などをでっちあげて作図するのは，しばしばまちがいのモトになります．

数などを使うと便利でしょう．

```
> plot(d$x, d$y, pch = c(21, 19)[d$f])
> legend("topleft", legend = c("C", "T"), pch = c(21, 19))
```

これによって描かれた図 3.2 は，横軸に x 列，縦軸に y 列をとった**散布図**(scatter plot)です．

横軸が因子型であっても，上と同じように plot(df, dy) と指定すれば，自動的に図 3.3 のような**箱ひげ図**(box-whisker plot)が生成されます[*7]．

これらの図を見て，なんとなくわかることは，

- 図 3.2 を見ると，体サイズ x が増加するにつれ種子数 y が増えているように見えるけれど，あまりはっきりしない
- 肥料の効果 f はぜんぜん無いように見える

といったところでしょうか．

3.4 ポアソン回帰の統計モデル

それでは，このようなカウントデータである種子数データをうまく表現できそうな統計モデルを作ってみましょう．この例題についても，ポアソン分布を使ってデータのばらつきを表現できそうです．前の章では，平均種子数 λ が全個体で共通の値であると仮定しました．しかし，この章の例題では，個体ごとの平均種子数 λ_i が体サイズ x や施肥処理 f に影響されるようなモデルを設計します．

まず最初に個体 i の体サイズ x_i だけに依存する統計モデルについて考えてみます[*8]．説明変数は x_i であり，応答変数は種子数 y_i です．施肥効果 f_i は

[*7] R が図 3.3 のような箱ひげ表示をデフォルトにしている理由は「標本分布をよくみろ」といったことを勧めているためなのかもしれません．箱ひげ図は分布のゆがみなども図示されるので，よく見かける「平均 ± 標準偏差」だけの図示よりすぐれています．

[*8] この統計モデルでは説明変数である体サイズ x_i という観測値には測定時の誤差がまったくない，と仮定しています．じつは，このような「説明変数の誤差」を無視すると推定結果に偏りが生じる場合があります．このような問題をあつかいたい場合は，第 10 章以降のベイズモデルの技法を使って，応答変数 y_i だけでなく説明変数 x_i に関する統計モデル化が必要になります．しかしながら，この本ではこの方法については説明していません．

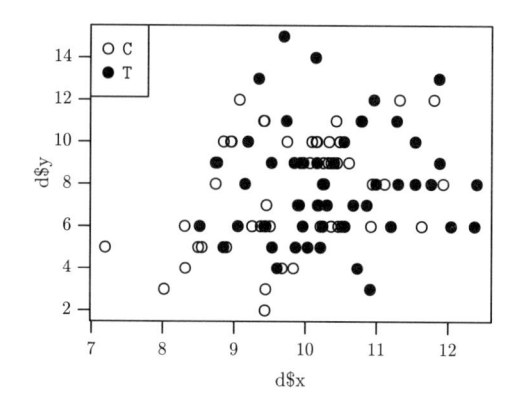

図 3.2　例題の架空データの図示．植物の種子数 y_i と，体サイズ x_i や施肥処理 f_i の関係を示している．白丸は施肥処理なし（処理 C），黒丸は施肥処理あり（処理 T）．

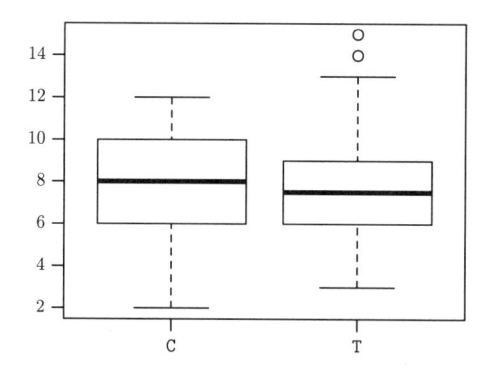

図 3.3　植物の種子数の分布を，施肥処理 f_i でグループわけした箱ひげ図（plot(df, dy) の出力）．ハコの上中下の水平線はそれぞれ 75%，50%，25% 点，上下のヒゲの範囲が近似的な 95% 区間，マルはその近似的 95% 区間からはみだしたデータ点をあらわしている．理由は不明だが，このように作図すると軸ラベルはつかない．ユーザーが指定して軸ラベルをつけることは可能．

あまり種子数に影響がなさそうなので，ここではひとまず無視します．

ある個体 i において種子数が y_i である確率 $p(y_i \mid \lambda_i)$ はポアソン分布にしたがっていて，

3.4 ポアソン回帰の統計モデル 47

$$p(y_i \mid \lambda_i) = \frac{\lambda_i^{y_i} \exp(-\lambda_i)}{y_i!}$$

と仮定します．ここまでは第 2 章のモデルと同じです．

3.4.1 線形予測子と対数リンク関数

この個体ごとに異なる平均 λ_i を説明変数 x_i の関数として定義しなければなりません．ここでは，ある個体 i の平均種子数 λ_i が，

$$\lambda_i = \exp(\beta_1 + \beta_2 x_i)$$

であるとしてみましょう．この本では，β_1 や β_2 をパラメーター(parameter)とよび，さらに第 1 章の 1.4 節で述べたように，とりあえずのところ，β_1 を切片(intercept)，β_2 を傾き(slope)とよぶことにします[*9]．数式ではよくわからないので，平均種子数 $\lambda_i = \exp(\beta_1 + \beta_2 x_i)$ の関係を図示してみると，図 3.4 のようになります[*10]．

このような定式化にどのような意味があるのかを検討する前に，ここで線形予測子(linear predictor)とリンク関数(link function)という，GLM を特徴づけるふたつの概念を紹介しておきましょう．このモデルの平均種子数 λ_i の式は，

$$\log \lambda_i = \beta_1 + \beta_2 x_i$$

と変形できます．このときに右辺 $\beta_1 + \beta_2 x_i$ は線形予測子とよばれます．これがもし $\beta_1 + \beta_2 x_i + \beta_3 x_i^2$ であったとしても線形予測子とよばれます．その理由はこの式が $\{\beta_1, \beta_2, \beta_3\}$ の線形結合になっているからです．また，上の式は $\log \lambda_i =$ (線形予測子) となっていますが，このように (λ_i の関数)=(線形予測子)

[*9] これらのパラメーターを係数(coefficient)，説明変数 x_i を共変量(covariate)とよぶ場合もあります．
[*10] 応答変数 y_i の種類によっては，サイズ x_i をそのまま線形予測子に加えるのではなく，サイズの対数 $\log x_i$ を加えて平均が $\exp(\beta_1 + \beta_2 \log x_i)$ とするほうが適切なモデルとなる場合もあります．これは，サイズと平均のあいだにアロメトリックな関係 $\log$(平均)$=\beta_1 + \beta_2 \log x_i$ を仮定していることになり，$x_i \to 0$ のときに平均もゼロに近づきます．第 6 章の 6.8 節，あるいは 6.6.1 項のようなモデリングも参照してください．

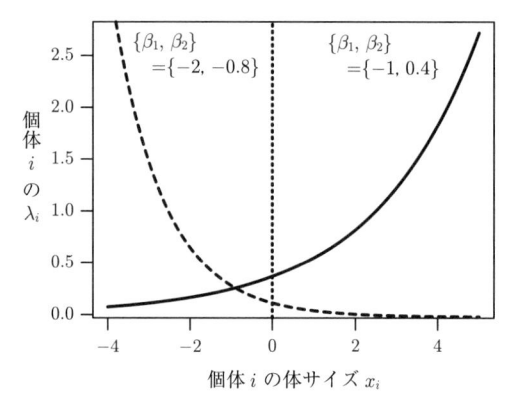

図 3.4 個体 i の平均種子数 λ_i と体サイズ x_i の関係．$\lambda_i =$ $\exp(\beta_1 + \beta_2 x_i)$ と設定している．体サイズ x_i が負の値になるのは奇妙ではあるけれど，このモデルは x_i が 7 から 13 ぐらいの範囲だけで適用できる近似だと考えることにしよう．

となっている場合，左辺の「関数」はリンク関数とよばれます．この場合は対数関数が指定されていますから，リンク関数は**対数リンク関数**(log link function)とよばれます．ポアソン回帰をする場合，たいていはこの対数リンク関数を使用します．

この本では，ポアソン回帰の GLM には対数リンク関数，第 6 章で登場するロジスティック回帰の GLM にはロジットリンク関数を使用しています．これらは数学的に都合のよい性質があるので，ポアソン分布・二項分布の**正準リンク関数**(canonical link function)とよばれています．R の `glm()` では，特に指定しなければ各 `family`(ばらつきの確率分布)ごとに異なる正準リンク関数が使用されます．

ポアソン回帰の GLM で対数リンク関数を使う理由は，これが「推定計算に都合よく」かつ「わかりやすい」からです．推定計算に都合がよいのは，$\lambda_i =$ $\exp($線形予測子$) \geq 0$ となっているところです(図 3.4)．ポアソン分布の平均は非負でなければなりません．このように対数リンク関数を使うと，説明変数やパラメーターがどのような値になってもこの条件が守られるので，R に最尤推定値を探索させるときに便利です．

また，対数リンク関数が「わかりやすい」と述べた理由は，要因の効果が積

であらわされるからです。この点については，3.6 節で検討します。

3.4.2 あてはめとあてはまりの良さ

ポアソン回帰とは，観測データに対するポアソン分布を使った統計モデルのあてはめ(fitting)であり，この統計モデルの対数尤度 $\log L$ が最大になるパラメーター $\hat{\beta}_1$ と $\hat{\beta}_2$ の推定値を決めることです。データ Y のもとでの，このモデルの対数尤度は，

$$\log L(\beta_1, \beta_2) = \sum_i \log \frac{\lambda_i^{y_i} \exp(-\lambda_i)}{y_i!}$$

となります。線形予測子は $\log \lambda_i = \beta_1 + \beta_2 x_i$ となっているので，λ_i が β_1 と β_2 の関数であることに注意してください。

第 2 章とは異なり，複数のパラメーター $\{\beta_1, \beta_2\}$ を同時にあつかうので，最尤推定量の導出は簡単ではありません。しかしながら，実際のポアソン回帰では，たいていの場合，数値的な試行錯誤によって最尤推定値を探しだすので，推定量が解析的に導出できなくても問題ありません[*11]。

R ではたいへんお手軽に GLM のあてはめができるようになっていて，

```
> fit <- glm(y ~ x, data = d, family = poisson)
```

と指定すれば[*12]，切片 β_1 と傾き β_2 の最尤推定値が得られます。glm() 関数で指定している内容は図 3.5 のようになります。family = poisson は「分布はポアソン分布を使ってね」という指示です[*13]。ここでは，得られた推定結果などを fit と名づけられたオブジェクトに格納するように命令していま

[*11] 試行錯誤による最尤推定に関する文献については，第 8 章の章末を参照してください。
[*12] 関数内での値の指定を引数(argument)とよび，たとえば data = d という指定では，d が引数であり data は仮引数とよばれます。最初の y ~ x という指定では仮引数を省略しています。省略せずに書くと formula = y ~ x です。仮引数と引数をペアで指定する場合は，関数内の引数の順番を自由に変更できます。仮引数を指定しない場合は，help(glm) で表示される引数の順番を守って引数を並べなければなりません。
[*13] これは正式には family = poisson(link = "log") とリンク関数も指定すべきなのですが，poisson family における default link function は "log" なので対数リンク関数を使いたいときは，とくにわざわざ指定する必要はありません。

```
        結果を格納するオブジェクト
                ↓
                    関数名
              fit <- glm(       確率分布の指定
                   y ~ x,   モデル式
                   family = poisson(link = "log"),
                   data = d
              )  data.frame の指定          リンク関数の指定
                                              (省略可)
```

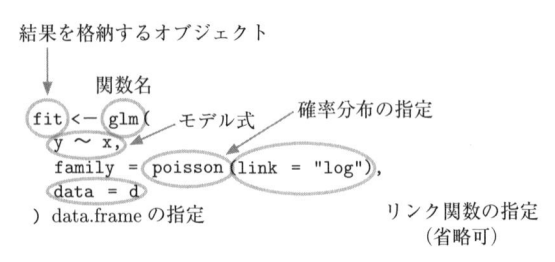

図 **3.5** glm() 関数の引数の指定方法.

す[*14].

それでは，この例題の推定結果を格納している fit を調べてみましょう．まず概要を表示してみます[*15]．

```
> fit # あるいは print(fit) としてもよい
Call:  glm(formula = y ~ x, family = poisson, data = d)

Coefficients:
(Intercept)            x
    1.29172      0.07566
...(以下略)...
```

summary(fit) 関数を使うと，さらに詳細な結果が表示されます．ここでは，パラメーターの推定値だけを抜粋します．

```
Coefficients:
            Estimate Std. Error z value Pr(>|z|)
(Intercept)   1.2917     0.3637    3.55  0.00038
x             0.0757     0.0356    2.13  0.03358
```

[*14] このオブジェクトの名前も何でもかまいません．また，fit に格納されている情報一覧を見るには，とりあえず names(fit) あるいは str(fit) としてみてください．

[*15] この章の glm() の結果出力では，逸脱度 (deviance) という「あてはまりの悪さ」の指標の表示を省略しています．逸脱度については，次の第 4 章で説明しています．

さて，この部分の読みかたを説明してみます[*16]．(Intercept)は切片 β_1 に，説明変数 x の係数は傾き β_2 に対応しています．

Estimate は推定値のことで，結果出力をみると，最尤推定値は $\hat{\beta}_1 = 1.29$ と $\hat{\beta}_2 = 0.0757$ であるとわかります．

Std.Error はパラメーターの標準誤差の推定値です．標準誤差 (standard error, SE) とは，この場合には推定値 $\hat{\beta}_1$ と $\hat{\beta}_2$ の「ばらつき」を標準偏差であらわしたものです．パラメーターの推定値のばらつきとは何でしょうか？ ここでは，簡単に「同じ調査方法で同数の別データをとりなおしてみたりすると，最尤推定値もけっこう変わるので，そのばらつきぐあい」ということにしておきます[*17]．

この SE なる「パラメーターの推定値のばらつき」は，どのように推定されたのでしょうか．第 2 章の図 2.8 で示したように，対数尤度は最尤推定値で最大値となる凸関数です．推定のばらつきが正規分布であると仮定し，さらに対数尤度関数は最大値付近でのカタチがその正規分布に近いと仮定すれば[*18]，上のような SE の推定値が得られます．

次にあらわれる z value は z 値とよばれる統計量であり（線形予測子 z とは無関係です），最尤推定値を SE で除した値です．これによって，Wald 信頼区間というものを構成でき（図 3.6），推定値たちがゼロから十分に離れているかどうかの粗い目安になります．この z 値は **Wald 統計量** (Wald statistics) ともよばれています．

最後の Pr(>|z|) は，この glm() の場合に限定して言えば[*19]，平均が z 値の絶対値であり標準偏差が 1 の正規分布における，マイナス無限大からゼロまでの値をとる確率の 2 倍です．この確率が大きいほど z 値がゼロに近くなり，推定値 $\hat{\beta}_1$ や $\hat{\beta}_2$ がゼロに近いことを表現するひとつの方法です．図 3.6

[*16] ここでは R の設定ファイル Rprofile で options(show.signif.stars = FALSE) と指示しているので，こういう表の右端に「星」が表示されません．
[*17] 第 2 章の図 2.9 に示しているばらつきみたいなものだと考えてください．図 2.9 とのちがいは，「真のモデル」を知らないまま推定している点です．
[*18] このような仮定は正しいのでしょうか？ たとえばサンプルサイズがそれほど大きくない場合は，このような Wald 統計量の方法は一種の近似と解釈したほうがよいでしょう．
[*19] glm() の family 指定で評価方法が変わります．たとえば，glm() で family = gaussian と指定した場合には，正規分布ではなく t 分布を使って確率を計算します．

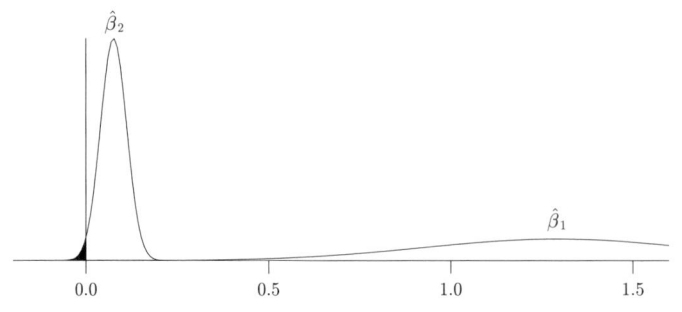

図 3.6 R の glm() のパラメーター推定値のばらつきの評価．た
とえば，傾き β_2 の最尤推定値のばらつきが正規分布で近似できる
と仮定すると，確率密度関数(左)のようになる．この確率密度関数
のスソの左側で黒く着色されている部分の面積の 2 倍が傾きの
Pr(>|z|) に相当する(Pr(>|z|)=0.03358)．確率密度関数(右)は
切片 β_1 の推定値のばらつきに対応するものであり，Pr(>|z|) と
なる面積はほとんどゼロである(Pr(>|z|)=0.00038)．

で説明すると，$\hat{\beta}_2$ の密度関数で黒くぬられた面積の 2 倍が，$\hat{\beta}_2$ に対応する z
値の Pr(>|z|) に相当します．

この確率 Pr(>|z|) をいわゆる P 値にみたてて，**統計学的な検定**(statistical test)[20]ができると考える人もいます．これは，むしろ推定値の**信頼区間**(confidence interval)が近似的に算出されたと考えて[21]，そのように結果を解釈するのが良いでしょう．

ある説明変数をモデルに含めるべきか否かといった判断は，このような Wald 信頼区間を使うのではなく，次の第 4 章で説明するモデル選択を使ったほうが良いかもしれません．モデル選択はより良い**予測**をする統計モデルをさがしだそうとするもので，「この説明変数をいれるかどうか」といった判断はあてはまりの改善ではなく，予測の改善を目的としているからです．

この本では，**最大対数尤度**(maximum log likelihood)をあてはまりの良さ(goodness of fit)とよびます．あてはまりの良さが一番よくなるのは，対数尤

---

[20] 統計学的な検定については第 5 章を参照．
[21] パラメーターの値の最尤推定は点推定とよばれるのに対して，区間の推定は区間推定とよばれています．注意すべきは，α% 信頼区間とは，その区間内に「真の値がある確率が α%」という意味ではないことです．信頼区間については章末にあげている文献などを参照してください．

度 $\log L(\beta_1, \beta_2)$ が最大になっているところであり，つまりパラメーターの値が最尤推定値 $\{\hat{\beta}_1, \hat{\beta}_2\}$ となっているときの対数尤度です．

R を使ってこのモデルの最大対数尤度を評価するには，

```
> logLik(fit)
'log Lik.' -235.3863 (df=2)
```

とすればよく，最大対数尤度は -235.4 ぐらいとわかります．(df=2) とは「自由度 (degrees of freedom) が 2」をあらわしています．これは最尤推定したパラメーター数が 2 個 (β_1 と β_2) である，ということです．

3.4.3 ポアソン回帰モデルによる予測

このポアソン回帰の推定結果を使って，さまざまな体サイズ x における平均種子数 λ の予測 (prediction) をしてみましょう．個体の体サイズ x の関数である平均種子数 λ の関数に推定値 $\{\hat{\beta}_1, \hat{\beta}_2\}$ を代入した関数

$$\lambda = \exp(1.29 + 0.0757x)$$

を使って R で図示してみましょう．

```
> plot(d$x, d$y, pch = c(21, 19)[d$f])
> xx <- seq(min(d$x), max(d$x), length = 100)
> lines(xx, exp(1.29 + 0.0757 * xx), lwd = 2)
```

上のような操作によって，図 3.7 のように λ の予測値が曲線で示されます．あるいは，このように predict() 関数を使っても同じ結果が得られます．

```
> yy <- predict(fit, newdata = data.frame(x = xx),
   type = "response")
> lines(xx, yy, lwd = 2)
```

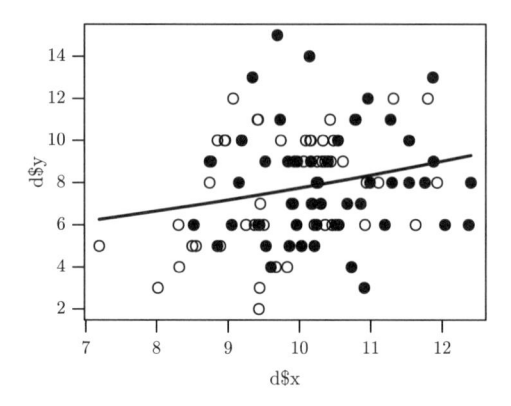

図 **3.7** 平均種子数 λ の予測．図 3.2 に λ の予測値(実線)を上がきしたもの．

3.5 説明変数が因子型の統計モデル

次に，今まで放置していた施肥効果 f_i を説明変数としてくみこんだモデルも検討してみましょう．前に(p. 43 で)示したように，R 内で各個体の施肥処理は因子型のデータとして格納されています．もう一度確認すると，因子型変数の水準に C と T があり，C が 1 番目で T が 2 番目の水準という意味です．あとで推定結果を解釈するときには，このような因子型変数の構造を知っておかなければなりません．

このような因子型[22]の説明変数は，GLM の中でどのようにあつかわれているのでしょうか．少し単純化した説明をすると，とくに指示をしない場合には，R の中で因子型の説明変数を含む線形予測子は，以下のようなダミー変数 (dummy variable) におきかえられている——と理解しても大きな問題はありません[23]．

---

[22] カテゴリ型変数とよばれることもあります．
[23] ただし R 内での実装はこの説明より複雑なものであり，対比(contrasts)という考えかたを使っています．ここで説明している水準間の比較方法は「最初の水準との比較」だけをあつかっていますが，これとは異なる水準間比較が必要になる場合があり，そのような状況に柔軟に対応するためです．章末にあげている文献を参照してください．

あとから説明するように，実際の glm() 関数を使った推定計算では，ユーザーは何も考える必要はなく，データフレイム内の施肥処理の列 f を説明変数として指定するだけです．

しかし，簡単な場合の計算手順を明示的に説明するために，あえてこの例題にそって因子型の説明変数をダミー変数におきかえてみましょう．植物の体サイズ x_i の効果を無視して，施肥効果 f_i だけが影響するモデルの平均値を

$$\lambda_i = \exp(\beta_1 + \beta_3 d_i)$$

と書くことにして，ここに登場する係数 β_1 は切片，β_3 は施肥の効果をあらわします．ここで説明変数が施肥処理 f_i ではなく，d_i というダミー変数におきかえられていて，以下のような値をとります：

$$d_i = \begin{cases} 0 & (f_i = \text{C の場合}) \\ 1 & (f_i = \text{T の場合}) \end{cases}$$

いいかえると，個体 i が肥料なし (f_i=C) の場合は

$$\lambda_i = \exp(\beta_1)$$

となり，施肥処理した場合 (f_i=T) は

$$\lambda_i = \exp(\beta_1 + \beta_3)$$

となります．

話を R の glm() 関数を使った推定にもどします．先ほども述べたように，glm() 関数では，このような因子型の説明変数であっても，ダミー変数を準備するといった工夫も必要なく，モデル式を指定できます．

```
> fit.f <- glm(y ~ f, data = d, family = poisson)
```

推定結果が格納されている fit.f の内容を出力してみましょう．

```
Call: glm(formula = y ~ f, family = poisson, data = d)

Coefficients:
(Intercept)            fT
    2.05156       0.01277
...(以下略)...
```

パラメーターの推定値(Coefficients セクション)の出力をみると,施肥効果 f_i の係数の名前は fT となっていて,これは説明変数 f_i が T 水準でとる値を示しています.説明変数 f_i には C(肥料なし)と T(施肥処理)の 2 水準が設定されています.R は因子型説明変数 f_i の最初の水準 C の値をゼロとおき,これを基準にして T のような他の水準の値を推定します.もし個体 i の f_i が C ならば

$$\lambda_i = \exp(2.05+0) = \exp(2.05) = 7.77$$

であり,もし T ならば

$$\lambda_i = \exp(2.05+0.0128) = \exp(2.0628) = 7.87$$

となります.このように推定されたモデルでは「肥料をやると平均種子数がほんの少しだけ増える」と予測しています.

このモデルで最大対数尤度は

```
> logLik(fit.f)
'log Lik.' -237.6273 (df=2)
```

となり,(p. 53 に示している)サイズ x_i だけのモデルの最大対数尤度 -235.4 より小さく,あてはまりが悪くなっています.

この本ではあつかいませんが,因子型説明変数の水準数が 3 以上になる場合もあります.たとえば,施肥処理する全個体に「肥料 A」を与えるのではなく,一部の個体にはそれとは異なる「肥料 B」を与えるとします.この場合,説明変数 f_i は $f_i \in \{\text{C}, \text{TA}, \text{TB}\}$ といった具合に施肥処理について 3 水準が

設定されます.

このような場合であっても,Rのデフォルトの線形予測子のあつかいは,2水準の場合を単純に拡張したものです.これも簡単のためダミー変数を使って説明すると,平均種子数は,

$$\lambda_i = \exp(\beta_1 + \beta_3 d_{i,A} + \beta_4 d_{i,B})$$

となり,係数 β_3 は肥料 A の効果,係数 β_4 は肥料 B の効果をあらわします.ダミー変数は以下のように設定されます.

$$d_{i,A} = \begin{cases} 0 & (f_i \text{ が TA でない場合}) \\ 1 & (f_i \text{ が TA の場合}) \end{cases}$$

$$d_{i,B} = \begin{cases} 0 & (f_i \text{ が TB でない場合}) \\ 1 & (f_i \text{ が TB の場合}) \end{cases}$$

このような 3 水準の因子型の説明変数を使った場合,R で glm(y ~ f, ...) と指定すると,推定結果には fT ではなく fTA と fTB が格納されていて,それぞれ β_3 と β_4 の推定結果に対応します.

3.6 説明変数が数量型＋因子型の統計モデル

今度は,個体の体サイズ x_i と施肥効果 f_i の複数の説明変数を同時にくみこんだ統計モデルを作ってみましょう[*24].

GLM では,複数の説明変数の効果は線形予測子の中で和として表現します.この例題の場合,

$$\log \lambda_i = \beta_1 + \beta_2 x_i + \beta_3 d_i$$

となり,β_1 が切片に該当する部分,β_2 がサイズ (x_i) の効果で,β_3 が施肥処理 (2 水準の f_i をダミー変数化した d_i) の効果となります[*25].

[*24] 複数の説明変数をもつ統計モデルによるあてはめは重回帰 (multiple regression) とよばれることがあります.この本では説明変数の個数に関係なく回帰とよびます.

[*25] サイズと肥料の交互作用項については,この章では説明せず,第 6 章の 6.5 節で説明します.

Rのglm()関数による推定計算は特に何も指示しないで，モデル式の部分をx + fとするだけで適切に処理してくれます．

```
> fit.all <- glm(y ~ x + f, data = d, family = poisson)
```

結果を格納しているfit.allの出力を見てみましょう．

```
Call:  glm(formula = y ~ x + f, family = poisson, data = d)

Coefficients:
(Intercept)            x           fT
    1.2631       0.0801      -0.0320


Degrees of Freedom: 99 Total (i.e. Null);  97 Residual
Null Deviance:      89.51
Residual Deviance: 84.81         AIC: 476.6
```

この結果出力をみると，前の節では肥料の効果fTがプラスであったのに，このモデルではマイナスだと推定されています．肥料の効果についてはいよいよわからなくなりました．

このモデルで最大対数尤度は，

```
> logLik(fit.all)
'log Lik.' -235.2937 (df=3)
```

となり，p. 53に示しているx_iだけのモデルの最大対数尤度(-235.4)と比較すると，少しだけあてはまりが良くなっています．モデルごとに異なるあてはまりの良さの比較については，第4章で検討します．

3.6.1 対数リンク関数のわかりやすさ：かけ算される効果

この章の3.4節で，「対数リンク関数では要因の効果が積であらわされる」と述べました．この数量型＋因子型モデルの推定結果を使って，それを説明してみましょう．

3.6 説明変数が数量型＋因子型の統計モデル ◆ 59

推定計算の関数 glm() でモデル式を glm(y ~ x + f, ...) と指定しているので、説明変数の効果を足し算であらわしているように見えます。しかし、対数リンク関数を使っているので、足し算ではなくかけ算で要因が平均に効果を及ぼしています。

このモデルの推定結果を予測としてまとめると、体サイズ x_i の個体 i の施肥処理 f_i が C ならば平均種子数は、

$$\lambda_i = \exp(1.26 + 0.08 x_i)$$

であり、もし T ならば、

$$\lambda_i = \exp(1.26 + 0.08 x_i - 0.032)$$

となり、以下のように分解できます。

$$\lambda_i = \exp(1.26) \times \exp(0.08 x_i) \times \exp(-0.032)$$
$$= (定数) \times (サイズの効果) \times (施肥処理の効果)$$

サイズ x_i が増加する影響は「説明変数 x_i が 1 増加すると、λ_i は $\exp(0.08 \times 1)$ =1.08 倍に増える」と予測されますから、説明変数の増分は足し算ではなくかけ算のかたちで平均を変えています。施肥処理の効果も足し算できいているのではなくかけ算で影響しています。この場合ですと $\exp(-0.032)$=0.969 ですから、肥料をやると種子数の平均が 0.969 倍になると予測されます。

平均 λ_i はサイズ・施肥処理それぞれの効果の積ですから、図 3.8(A) のようになります[*26]。サイズ x_i が大きいほど施肥効果あり・なし間の乖離が大きくなります。

もし対数リンク関数を使わなかったらどうなるのでしょうか？ このように平均が線形予測子に等しい、つまりリンク関数がとくに何もない場合、R ではこの状態を恒等リンク関数 (identity link function) とよびます。この恒等リン

[*26] 図のキャプションに書いているように、リンク関数の効果を見えやすくするために、施肥処理の効果を 3 倍 (−0.032×3) にしています――肥料の「有害性」が 3 倍だと考えてください。

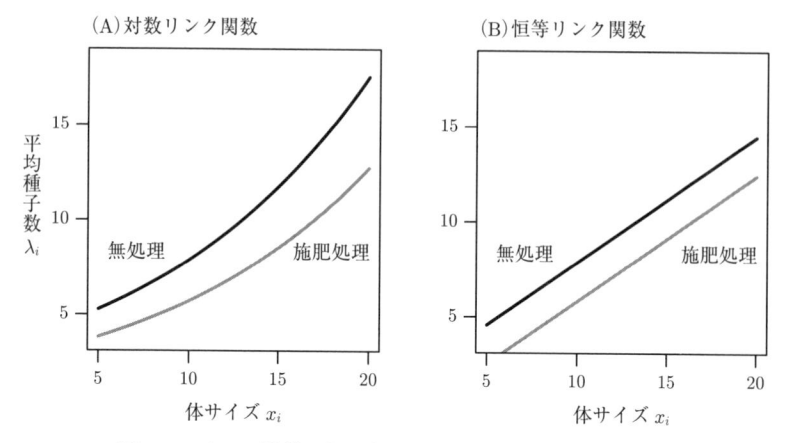

図 3.8 リンク関数がちがうと予測内容が変わる．(A)対数リンク関数，(B)恒等リンク関数(リンク関数なし)それぞれの予測．図示をわかりやすくするために施肥処理の効果を 3 倍に設定，つまり肥料の悪影響が 3 倍になっている．

ク関数を使ってポアソン回帰をしてみましょう[*27]．すると平均種子数 λ_i の予測は，$\lambda_i = 1.27 + 0.661 x_i - 0.205 d_i$ であり，図 3.8(B)のようになります[*28]．

この恒等リンク関数を使ったモデルの主張は，無処理における平均種子数が 0.1 個だろうが 1000 個だろうが，施肥処理をやったらどちらも 0.205 個減って −0.1 個とか 999.8 個になるんだ——ということです．複数の効果がかけ算で影響すると考えている，対数リンク関数のポアソン回帰とはまったく相違するモデルです．

どちらのリンク関数が「妥当なモデル」なのかは，あてはまりの良しあしだけで決まる問題ではありません．上の比較から考えると，対数リンク関数のほうが「まし」な統計モデルのような気もします．いずれにせよ重要なのは，パラメーター推定(あるいは「検定」)ができればどんなモデルでもいいという発想はやめて，数式が現象をどのように表現しているのかという点に注意しながら統計モデルを設計することです．

[*27] glm() 関数で family = poisson(link = "identity") と指定します．この例題のデータセットでは問題ありませんが，データによっては λ が負の値となり推定計算ができません．

[*28] (A)にあわせて施肥効果の処理を 3 倍，つまり −0.205×3 としています．

(A) 正規分布・恒等リンク関数の統計モデル (B) ポアソン分布・対数リンク関数の統計モデル

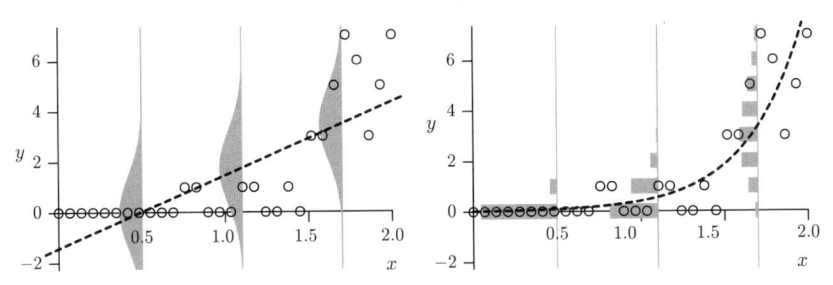

図 3.9 回帰モデルと確率分布の関係．また別の架空データに対して GLM をあてはめた例．破線は x とともに変化する平均値．グレイで示しているのは $x \in \{0.5, 1.1, 1.7\}$ での y の確率分布または確率密度関数．(A) データのばらつきが等分散正規分布，y の平均が $\beta_1 + \beta_2 x$ であると仮定したモデルのあてはめ，(B) データのばらつきがポアソン分布，y の平均が $\exp(\beta_1 + \beta_2 x)$ であると仮定したモデルのあてはめ．

3.7 「何でも正規分布」「何でも直線」には無理がある

GLM において，確率分布は等分散の正規分布かつ「リンク関数なし」——つまり 3.6.1 項で登場した恒等リンク関数と指定すると，これは一般化(generalized)ではない**線形モデル**(linear model, LM)あるいは一般線形モデル(**general** linear model)とよばれます．ここでは，とくによく使われる LM のあてはめのひとつである**直線回帰**(linear regression)とポアソン回帰を比較してみましょう．

この章の例題とはまた別の架空データがあるとしましょう．図 3.9 に示しているデータ点(図中の丸)(x_i, y_i) があたえられたときに，図 3.9(A) のように「とにかく散布図に直線をひけばいい」という発想で直線回帰をしてしまう人をよく見かけます．その正当化の理由として，「世の中は何でも正規分布だから」などという人もいます．このような「直線さえひければ何でもいい」という方針の人たちの流儀は正しいのでしょうか？

直線回帰は GLM の一部なので[*29]，そこで使われている統計モデルの特徴を列挙してみましょう：

- 観測値 $\{x_1, x_2, \cdots, x_n\}$ と $\{y_1, y_2, \cdots, y_n\}$ のペアがあり，$\boldsymbol{X}=\{x_i\}$ を説明変数，$\boldsymbol{Y}=\{y_i\}$ を応答変数とよぶ
- $\boldsymbol{Y}$ は平均 μ_i で標準偏差 σ の正規分布にしたがうと仮定する
- あるデータ点 i において平均値が $\mu_i=\beta_1+\beta_2 x_i$ となる

このように整理すると直線回帰に使われる統計モデル LM が GLM の一部であることがよくわかります[*30]．

このように統計モデルで仮定していることが明らかになれば，「どんなデータでも直線回帰」という作法の限界が見えてきます．たとえば，データの図 3.9 に示されているように，応答変数 y が 0 個，1 個，2 個，… と数えられるカウントデータであるとしましょう．そのようなデータに対して，「何でも正規分布」「x と y はいつも直線関係」と仮定するのは無理があり，実際に直線回帰による y の平均値の予測（図 3.9(A) の破線）を見ると，以下のように，いろいろとおかしな点を指摘できます：

- 正規分布は連続的な値をあつかう確率分布だったはずでは？
- カウントデータなのに平均値の予測がマイナスになる理由は？
- 図でみると「ばらつき一定」ではなさそうなのに，分散一定を仮定？

つまり，図 3.9 に示されているデータを表現する手段として，直線回帰の統計モデルは「現実ばなれ」しています[*31]．

直線回帰をすればパラメーターの推定値を得られますが，そもそも「現実ばなれ」した統計モデルを使っているので，解析そのものに意味がないということです[*32]．

[*29] 1.3 節も参照．

[*30] LM を使ったデータ解析について少し補足します．複数の数量型の説明変数がある場合は重回帰．説明変数 x_i が因子型であるモデルのあてはめは分散分析 (ANOVA)．また説明変数がふたつ以上あり，かつ数量型・因子型の説明変数が混在しているモデルなら共分散分析 (ANCOVA)．

[*31] R の glm() を使って直線回帰をする場合には，family = gaussian と指定します．また family = gaussian(link = "log") と指定すれば対数リンク関数を指定できます．これで平均値がマイナスになる問題は回避できますが，他の問題は依然として解決しません．

[*32] このような現実ばなれした直線回帰で得られる R^2 値だの P 値だのもナンセンスです．

これに対して，図 3.9(B) で示しているように，このデータをポアソン分布を使った GLM で説明しようとするのは比較的妥当なものであり，なぜならば上にあげた問題点は，

- ポアソン分布を使っているのでカウントデータに正しく対応
- 対数リンク関数を使えば平均値はつねに非負
- y のばらつきは平均とともに増大する

このようにうまく解決できているように見えるからです（図 1.2 における最初のステップアップ）．

また，応答変数 y を $\log y$ のように**変数変換**して直線回帰することと，ポアソン回帰はまったく別ものであることに注意してください．試してみればわかりますが，両者の推定結果は一致しません．とくに y がゼロに近い値での対数変換はデータのばらつきの「見た目」をすこし変えるだけのものであり[*33]，わざわざ無理矢理に正規分布モデルをあてはめる利点がありません．このような強引な変数変換わざを避け，y の構造にあわせて適切な確率分布を選ぶというのが，この本で強調している統計モデリングの方針です．

この章で紹介した GLM の特徴は，データにあわせて確率分布とリンク関数を選べる点にあり，「何でも正規分布」「とにかくセンをひけばいい」という発想から脱却する最初の一歩となるでしょう．ポアソン分布以外の確率分布を部品とする GLM については，第 6 章で解説します．

3.8 この章のまとめと参考文献

この章では，ポアソン回帰の GLM について解説しながら，統計モデルを使ってデータ解析を進めていく例を示しました．

- 一般化線形モデル（GLM）はポアソン回帰やロジスティック回帰（第 6 章）など，いくつかの制約を満たしている統計モデルたちの総称である（3.1 例題：個体ごとに平均種子数が異なる場合）
- R を使うとデータを要約したいろいろな統計量を調べられる（3.2 観測さ

[*33] そもそも $\log 0 = -\infty$ となりますが．

れたデータの概要を調べる）

- 統計モデルを作るためにはデータを図示することがとても大切である（3.3 統計モデリングの前にデータを図示する）
- GLM は確率分布・リンク関数・線形予測子を指定する統計モデルであり，R の glm() 関数でパラメーターを推定できる（3.4 ポアソン回帰の統計モデル）
- 統計モデルの因子型の説明変数は，ダミー変数という考えかたで（とりあえず）理解できる（3.5 説明変数が因子型の統計モデル）
- GLM では数量型・因子型の両タイプの説明変数を同時に組みこんでよく，またそのときに対数リンク関数を使っていると説明変数の効果が，それぞれの積として表現できるので理解しやすい（3.6 説明変数が数量型＋因子型の統計モデル）
- GLM の設計では，データをうまく表現できる確率分布を選ぶという発想なので，「何でも正規分布」といった考えかたから脱却できる（3.7「何でも正規分布」「何でも直線」には無理がある）

このあと，第 4 章と第 5 章ではポアソン回帰でつかった GLM のあてはまりの良さ・予測の良さについて検討し，それぞれで複数のモデルを比較するモデル選択や検定の方法を紹介します．そして，つづく第 6 章では，使用する確率分布をポアソン分布以外に拡張した GLM をデータ解析に応用する方法を考えます．

◇　　　◇　　　◇

　GLM の有名な教科書としては，Dobson & Barnett『一般化線形モデル入門』[7] があげられます．この翻訳書は第 2 版ですが，原書第 3 版の Dobson & Barnett "An introduction to generalized linear models" では，第 9 章以降で紹介しているような，WinBUGS を使った GLM 階層ベイズモデルの推定についてもとりあつかっています．

　Crawley『統計学：R を用いた入門書』[6] は R と統計モデリングに関する初心者むけの教科書です．この章では説明しなかった因子型の説明変数の対比

行列について，1章を使ってくわしく説明しています．

Venables & Ripley "Modern applied statistics with S" [41]にはRのglm()全般に関するくわしい説明があります．

Faraway "Extending the linear model with R" [8]にはGLMを使った解析例が多数掲載されています．たとえば，Wald近似によるパラメーターの信頼区間推定のくわしい説明もあります．

4

GLMのモデル選択
—AICとモデルの予測の良さ—

モデル選択とは良い予測をするモデルをさがすことです.「あてはまりの良さ」だけで選んではいけません.

4　GLM のモデル選択

この章では「良い統計モデルとは何だろう？」という疑問，あるいは「良いモデルを選びだす方法」を検討します．

複数の説明変数をいろいろと組み合わせてみて，たくさんの統計モデルが作れるようなときに，それらの中で観測データにあてはまりが良いものが，「良い」統計モデルだと考える人たちがいます[*1]．

この考えかたは正しくなさそうです．というのも，たいていの場合，複雑な統計モデルほど観測データへのあてはまりは良くなるからです．たとえば，図4.1のような例[*2]を考えてみましょう．このデータの応答変数(縦軸)はカウントデータなので，ポアソン回帰の GLM を使ってこれをうまく説明できるとします．図 4.1(A) のように，線形予測子に切片だけがあるモデル($\log \lambda = \beta_1$，パラメーター数 $k=1$)は簡単すぎるような気もします．線形予測子を複雑化するにつれ，あてはまりは改善されていきます．しかし図 4.1(B) のように，説明変数 x の 6 次式を線形予測子とするモデル($\log \lambda = \beta_1 + \beta_2 x + \cdots + \beta_7 x^6$，パラメーター数 $k=7$)のようなモデルが，はたしてのぞましい統計モデルなのでしょうか？

複数の統計モデルの中から，なんらかの意味で「良い」モデルを選ぶことを**モデル選択**(model selection)といいます．モデル選択にはいろいろな方法がありますが，この章では AIC というモデル選択規準について説明します．AIC は「良い**予測**をするモデルが良いモデルである」という考えにもとづいて設計された規準です．これは「あてはまりの良さ重視」とは異なる考えかたです．

統計モデルの予測の良さとはどのようなものであり，AIC はそれをどのように評価するのでしょうか．最初に AIC の「使いかた」だけを説明するために，前の第 3 章に登場したいろいろな GLM たちを，AIC でモデル選択してみます．モデルの複雑さとあてはまり改善の関係が，実感としてわかるのではないかと思います．

そのあと 4.4 節から，統計モデルの予測能力が高いとはどういうことなの

[*1] たとえば，「何でも直線回帰」な人たちが，R^2 という指標を「モデルの説明力」と信じているとか．
[*2] これは第 3 章の例題データ，架空植物 100 個体の体サイズと種子数の関係です．

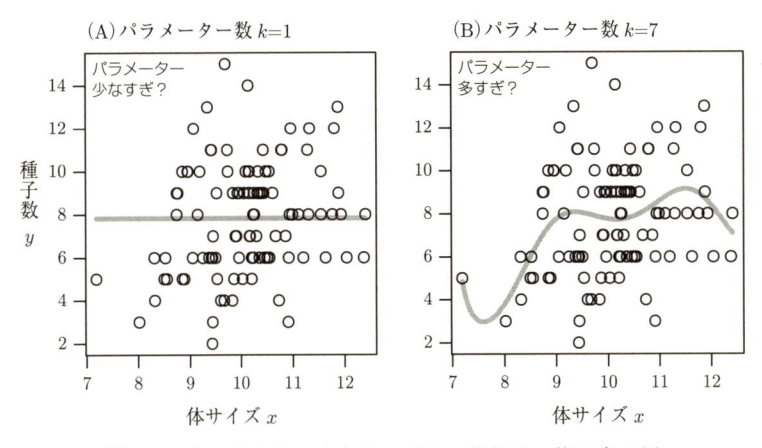

図 **4.1** あてはまりの良さとモデルの複雑さ. 第 3 章の例題データ (3.1 節). 横軸は説明変数 x, 縦軸は応答変数 y (カウントデータ). (A) 線形予測子が切片だけの GLM ($k=1$). (B) 線形予測子が x の 6 次式の GLM ($k=7$). あてはまりを改善したいのであれば, モデルをどんどん複雑化すればよい.

か, AIC はどのようにして予測能力の高いモデルを選べるのか, といったことをもう少し定量的に, 数値実験の例示によって説明します. この部分はやや難しいので, まず 4.3 節まで読んで AIC の使いかたがわかったら, 第 5 章や第 6 章に進んでも問題ありません[*3].

4.1 データはひとつ, モデルはたくさん

第 3 章では, 架空植物 100 個体の種子数 y_i のデータ (3.1 節) を説明する統計モデルをいくつか作り, R の `glm()` 関数でそれぞれパラメーターを最尤推定しました. このときに, 図 4.2 にも示しているように, 同じひとつの観測データに対して,

- 体サイズ (x_i) が影響するモデル (`x` モデル; 図 4.2(C); 3.4.2 項)
- 施肥効果 (f_i) が影響するモデル (`f` モデル; 図 4.2(B); 3.5 節)

[*3] p. vii の全体の流れも参照してください.

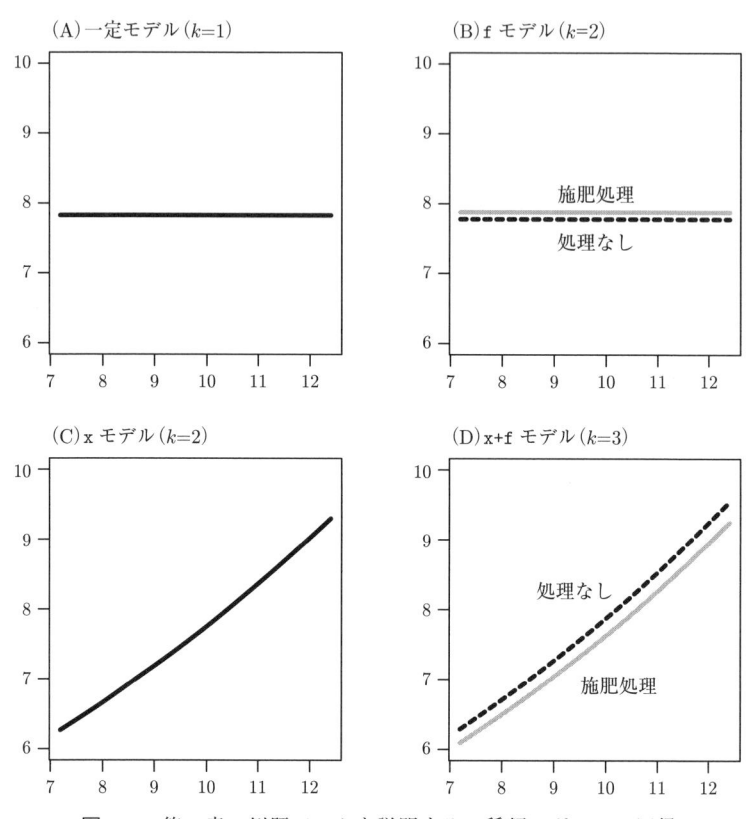

figure 4.2 第3章の例題データを説明する4種類のポアソン回帰モデル．横軸は個体の体サイズ x，縦軸は平均種子数 λ．k は最尤推定したパラメーター数．(A)一定モデル：説明変数不要．(B)f モデル：施肥処理だけに依存．(C)x モデル：体サイズだけに依存．(D)x + f モデル：施肥処理と体サイズに依存．

- 体サイズの効果と施肥効果が影響するモデル(x + f モデル；図 4.2(D)；3.6 節)．

といった3種類の統計モデルをあてはめてみました．

図 4.2 にはもうひとつモデルが追加されていて，それは，

- 体サイズの効果も施肥効果も影響しないモデル(一定モデル；図 4.2

(A)*4；4.2 節)

つまり平均種子数 λ が $\exp \beta_1$ となるような「切片 β_1 だけのモデル」です．

さて，上の 4 つのモデルのうち，どれが「良い」のでしょうか？ 第 2, 3 章で，統計モデルのパラメーターを最尤推定したときに，対数尤度が「いま手もとにある観測データへのあてはまりの良さ」であると考え，これを最大にするようなパラメーターの値をさがしました．このことから，あるデータを説明するいろいろな統計モデルごとに決まる，**最大対数尤度**(maximum log likelihood)つまり「あてはまりの良さ」こそがモデルの良さであると考えればよいのでしょうか？ じつはそうではないだろうというのが，この章の要点です．

4.2　統計モデルのあてはまりの悪さ：逸脱度

まず最初に，あてはまりの良さである最大対数尤度を変形した統計量である，**逸脱度**(deviance)*5 について説明します(表 4.1)．R の glm() 関数を使った GLM をデータにあてはめると，推定結果には「あてはまりの悪さ」である逸脱度が出力されるので，ここで「あてはまりの良さ」との関係を整理しておきましょう．

以下では簡単のため，対数尤度 $\log L(\{\beta_j\})$ を $\log L$ と表記しましょう．この $\log L$ を最大にするパラメーターを探すのが最尤推定法(第 2 章)です．最大対数尤度を $\log L^*$ と表記します．

逸脱度とは「あてはまりの良さ」ではなく「あてはまりの悪さ」を表現する指標で，

$$D = -2 \log L^*$$

と定義されます．これはあてはまりの良さである最大対数尤度 $\log L^*$ に -2 をかけているだけです*6．

---

*4　図 4.1(A) も第 3 章の例題データと一定モデルのくみあわせです．
*5　deviance の訳語については第 1 章の 1.4 節を参照してください．
*6　-2 をかける理由は第 5 章に登場する χ^2 分布との対応関係が良くなるからです．

表 4.1 この節に登場するさまざまな逸脱度. $\log L^*$ は最大対数尤度.

名前	定義
逸脱度 (D)	$-2 \log L^*$
最小の逸脱度	フルモデルをあてはめたときの D
残差逸脱度	$D-$最小の D
最大の逸脱度	Null モデルをあてはめたときの D
Null 逸脱度	最大の $D-$最小の D

第3章の3.4.1項で使った,平均種子数 λ_i が植物の体サイズ x_i だけに依存するモデル, $\lambda_i = \exp(\beta_1 + \beta_2 x_i)$ を「x モデル」とよびます (図 4.2(C)). この x モデルの最大対数尤度 $\log L^*$ は -235.4 ぐらいでしたから逸脱度 ($D = -2 \log L^*$) は 470.8 ぐらいになります.

しかしながら,このモデルを glm() であてはめると,以下のような結果が出力されます.

```
...(中略)...
Null Deviance:      89.51
Residual Deviance: 84.99      AIC: 474.8
```

この結果には,どこにも 470.8 なる数値はでてきません. そのかわり Null Deviance, Residual Deviance, あるいは AIC といった数量が示されています.

この結果出力に登場する逸脱度を図 4.3 で説明してみましょう. **残差逸脱度** (residual deviance) は,

$$D-(\text{ポアソン分布モデルで可能な最小逸脱度})$$

と定義されます. ここに登場する「ポアソン分布モデルで可能な最小逸脱度」とは何なのでしょうか? R ではフルモデル (full model) とよばれているモデルの逸脱度であり,この例題ですと,データ数が 100 個なのでパラメーター 100 個を使って「あてはめた」モデルということです.

最小逸脱度について説明するために,もう一度データを見なおしてみましょう. 各個体の種子数 y_i は $y_i = \{6, 6, 6, 12, 10, \cdots\}$ となっていました. フルモデ

4.2 統計モデルのあてはまりの悪さ：逸脱度

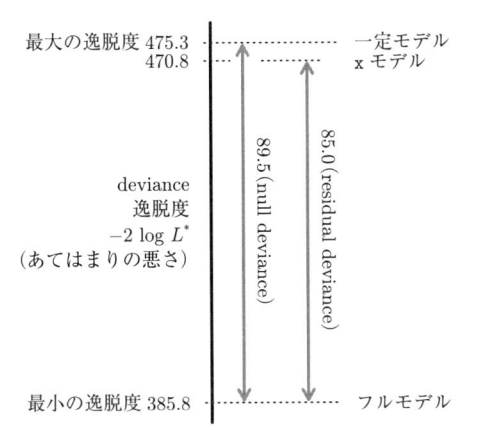

図4.3 いろいろな逸脱度（deviance）．縦軸は deviance の絶対値．左右に並んでいるグレイの矢印は，それぞれ最大逸脱度（null deviance）と残差逸脱度（residual deviance）の値の大きさ．

ルとは，言ってみればこのように，100 個のデータに対して，

- $i \in \{1, 2, 3\}$ の y_i は 6 なので $\{\lambda_1, \lambda_2, \lambda_3\} = \{6, 6, 6\}$
- $i=4$ の y_4 は 12 なので $\lambda_4 = 12$
- $i=5$ の y_5 は 10 なので $\lambda_5 = 10$
- ...（以下略）...

100 個のパラメーターを使って「あてはめ」をする統計モデルです．

つまり，フルモデルとは全データを「読みあげている」ようなもので，統計モデルとしては価値がありません．ただし，このモデルをデータにあてはめたときに，ポアソン回帰で可能な他のどのモデルを使った場合よりも，「あてはまりの良さ」である対数尤度は大きくなり，以下のような最大対数尤度 $\log L^*$ が得られます[*7]．

[*7] ここでは，ポアソン分布の確率を評価する R の dpois() 関数を使って 100 個のデータ $\{y_i\}$ に対して平均を $\{\lambda_i\} = \{y_1, y_2, y_3, \cdots, y_{100}\}$ とおいたときの対数尤度の和を算出しています．

```
> sum(log(dpois(d$y, lambda = d$y)))
[1] -192.8898
```

このフルモデルの逸脱度は $D=-2\log L^{*}=385.8$ であり，これがこの 100 個体ぶんの観測データのもとで，ポアソン回帰で可能な最小逸脱度です．

最小逸脱度なるものが得られましたから，たとえば x モデルの残差逸脱度は，$D-$(ポアソン分布で可能な最小 D)$=470.8-385.8=85.0$ となります．この値は，先に示した glm() の出力に示されていた，

```
Residual Deviance: 84.99        AIC: 474.8
```

この Residual Deviance と一致していますね．

このように残差逸脱度とは，このデータ解析では 385.8 を基準とする「あてはまりの悪さ」の相対値です．統計モデルのパラメーターを多くすれば，この残差逸脱度が小さくなるらしい，ということもわかりました．

次に，図 4.3 を見ながら，残差逸脱度の最大値について考えてみましょう．この観測データのもとで，逸脱度が最大になるのは[*8]「もっともあてはまりの悪いモデル」の場合です．この観測データに対するポアソン回帰の場合では，もっともパラメーター数の少ないモデル，つまり平均種子数が $\lambda_i = \exp(\beta_1)$ と指定されている，切片 β_1 だけのモデル(パラメーター数 $k=1$)です．これは R では "null model" とよばれています[*9]．

このモデルでは線形予測子の構成要素が切片だけ($\log \lambda_i = \beta_1$)なので，ここでは仮に一定モデル(図 4.2(A))とします．これは R の glm() 関数では glm(y ~ 1, ...) とモデル式を指定します[*10]．それでは，この一定モデルを使った推定計算を試みてみましょう．

[*8] パラメーターを最尤推定する GLM に限定しています．
[*9] これは帰無仮説(null hypothesis)という別の用語を連想させますが，つながりはよくわかりません．「なんとなく帰無仮説的な，切片だけのモデル」というぐらいの意味なのでしょう．
[*10] 他のモデルでは省略されていた 1 を明示的に示しています．ここで使われている記法で，第 2 章の例題の最尤推定値が得られることを確認してください．ただし，glm() で推定されるのは切片の推定値 $\hat{\beta}_1$ のみです．平均 λ との関係は，$\hat{\lambda}=\exp(\hat{\beta}_1)$ です．

```
> fit.null <- glm(formula = y ~ 1, family = poisson, data = d)
```

として推定結果を fit.null に格納し，その内容を表示させると，切片 β_1 の推定値は 2.06 となり，逸脱度は以下のようになりました[*11]．

```
Degrees of Freedom: 99 Total (i.e. Null);  99 Residual
Null Deviance:      89.51
Residual Deviance: 89.51        AIC: 477.3
```

このデータを使ったポアソン回帰では，残差逸脱度の最大値が 89.5 になります．これは，一定モデルの最大対数尤度が

```
> logLik(fit.null)
'log Lik.' -237.6432 (df=1)
```

となり逸脱度は 475.3 ぐらい，この逸脱度と最小 D である 385.8 の差が 89.5 ぐらいとなります．

ここまで登場したモデルについて，最尤推定したパラメーター数 (k)，最大対数尤度 ($\log L^*$)，逸脱度 ($D = -2 \log L^*$)，残差逸脱度 ($-2 \log L^*$ − 最小 D) を表 4.2 にまとめてみます．パラメーター数 k さえ増やせば残差逸脱度はどんどん小さくなり[*12]，あてはまりが良くなります．

4.3 モデル選択規準 AIC

表 4.2 に示しているように，パラメーター数の多い統計モデルほど，データへのあてはまりが良くなります．しかし，それは「たまたま得られたデータへのあてはめ向上を目的とする特殊化」であり，その統計モデルの「予測の良さ」[*13]をそこなっているのかもしれません．

[*11] この一定モデルの予測を図 4.1(A) に示しています．
[*12] しかし f モデルはあてはまりの改善がものすごく小さいので，表 4.2 では一定モデルとのちがいがわかりません．
[*13] 2.5 節も参照してください．

表 4.2 種子数モデルの最大対数尤度と逸脱度．第 3 章のポアソン回帰モデルの種類，最尤推定したパラメーター数 k，最大対数尤度 $\log L^*$, deviance, residual deviance の表．各モデルについては図 4.2 も参照．

モデル	k	$\log L^*$	deviance $-2\log L^*$	residual deviance
一定	1	-237.6	475.3	89.5
f	2	-237.6	475.3	89.5
x	2	-235.4	470.8	85.0
x+f	3	-235.3	470.6	84.8
フル	100	-192.9	385.8	0.0

複数の統計モデルの中から，何らかの規準で良いモデルを選択することを，モデル選択とよびます．この章では，良く使われているモデル選択規準 (model selection criterion) のひとつ **AIC** (Akaike's information criterion) を使ったモデル選択を紹介しましょう．

AIC は統計モデルのあてはまりの良さ (goodness of fit) ではなく，予測の良さ (goodness of prediction) を重視するモデル選択規準です[*14]．

最尤推定したパラメーターの個数が k であるときに AIC は

$$\text{AIC} = -2\{(\text{最大対数尤度})-(\text{最尤推定したパラメーター数})\}$$
$$= -2(\log L^* - k)$$
$$= D + 2k$$

と定義されます．この AIC が一番小さいモデルが良いモデルとなります．

表 4.2 にさらに AIC の列を追加した表 4.3 の各モデルを比較すると，x モデルが AIC 最小の統計モデルとして選択されます[*15]．第 3 章の例題についてのモデル選択の問題は，このように解決できました——「なぜ AIC 最小のモデルが良いのか？」という疑問はこのあとの節で検討します．

[*14] 他にもさまざまなモデル選択規準があります．章末に紹介している文献を参照してください．
[*15] 4.5.3 項に登場するような，ネストしている GLM のモデル選択をするときには，R の stepAIC() 関数を使うのが便利です．第 6 章の 6.4.4 項を参照してください．

表 4.3　表 4.2 に AIC の列を追加した.

モデル	k	$\log L^*$	deviance $-2\log L^*$	residual deviance	AIC
一定	1	-237.6	475.3	89.5	477.3
f	2	-237.6	475.3	89.5	479.3
x	2	-235.4	470.8	85.0	474.8
x+f	3	-235.3	470.6	84.8	476.6
フル	100	-192.9	385.8	0.0	585.8

4.4　AIC を説明するためのまた別の例題

AIC はなぜ統計モデルの予測力をあらわしているのか，その理由について考えるために，第 3 章の例題を簡単にしたような，新しい架空データ[*16]（図 4.4）を準備します．ここではこれを観測データとよびます．観測データには，個体 i の種子数 y_i と体サイズ x_i が 50 個体ぶん含まれています（図 4.4(B) の点々）．第 3 章と同じ統計モデルを使って，このデータを調べてみましょう．ここでも応答変数は y_i であり，これはポアソン分布にしたがいます．説明変数は x_i なのですが，じつはこの説明変数は種子数 y_i とはまったく何の関係もありません．

しかし，この架空データをとった架空生態学者は「x_i は効果ゼロ」ということを知らないので，観察された種子数 y_i のパターンを説明するために，次のふたとおりのポアソン回帰のモデルを比較検討します．

- $\log \lambda_i = \beta_1$　……　一定モデル ($k=1$)
- $\log \lambda_i = \beta_1 + \beta_2 x_i$　……　x モデル ($k=2$)

一定モデルでは切片 β_1 だけの線形予測子になっていますが，x モデルでは説明変数 x_i とその係数（傾き）β_2 が加わっています．つまり，一定モデルは体サイズ x_i の影響がゼロであると考えていますが，x モデルでは正負いずれかはわからないけれど影響あり ($\beta_2 \neq 0$) としています．これらふたつのモデルを観測データにあてはめてみると，それぞれの予測は図 4.4(B) のようになります．

[*16] 第 3 章の例題とは異なる別の観測データです．

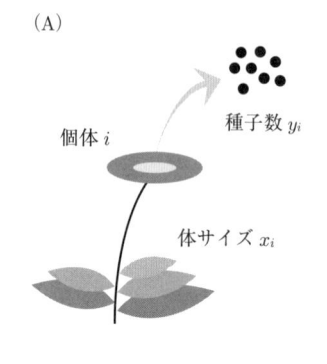

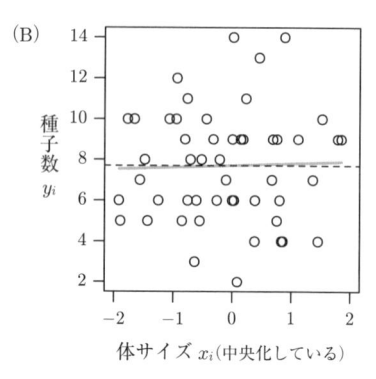

図 4.4 (A)例題の架空植物の個体 i から得られたデータ：種子数 y_i，体サイズ x_i．このデータを観測データとよぶ．(B)観測データとポアソン回帰の結果．縦軸は個体 i の種子数 y_i，横軸は個体 i の説明変数 x_i．この x_i は中央化されていて，もとのデータの値とその標本平均の差の値である．一定モデル(破線)と x モデル(グレイの実線)の予測．ただし，この例題では x_i は各個体の平均種子数とはまったく無関係．

一定モデルと x モデルのようなくみあわせはネストしている(nested)モデルと言います．ふたつのモデルがネストしている関係にあるとき，一方のモデルに他方が含まれています．この例題の場合，x モデルで $\beta_2=0$ とおくと一定モデルになるので，これらはネストしている関係にあります．

4.5 なぜ AIC でモデル選択してよいのか？

まずは一定モデルをデータにあてはめてみて，以下の問題について検討していきましょう：

- AIC で選ばれたモデルは何が「良い」のか
- AIC$=-2(\log L^* - k)$ となるのはなぜか

この章の以下の説明は，具体的な数値例を示しながら[*17]，

- 「統計モデルの予測の良さ」をあらわす**平均対数尤度**(mean log likelihood)を図示する(4.5.1 項)

[*17] この本では数理統計学的な AIC の導出はあつかいませんので，くわしくは章末にあげている文献を参照してください．

- 観測データへのあてはまりの良さである最大対数尤度 $\log L^*$ のバイアス補正(bias correction)の方法の検討，平均対数尤度と AIC の関係を考える(4.5.2 項)

といった展開になります．最後に 4.5.3 項で，一定モデルと x モデルを比較することで，ネストしているモデル間のバイアス増大の様子を調べます．

4.5.1　統計モデルの予測の良さ：平均対数尤度

平均対数尤度は統計モデルの予測の良さをあらわす量です．最初に，一番簡単な一定モデルを使って，平均対数尤度について説明します．

観測データを使って，一定モデルのパラメーター β_1 を最尤推定するところから始めましょう．一定モデルでは平均種子数は $\lambda_i = \exp \beta_1$ で決まります．パラメーター最尤推定法は，対数尤度を最大にする最尤推定値 $\hat{\beta}_1$ を見つけだすことです(図 4.5)．図 4.5 に示しているように，この観測データのもとで切片 β_1 の最尤推定値を得ました[*18]．じつは観測データを生成した真の統計モデル[*19]では平均 λ が 8 と設定されていて，$\beta_1 = \log 8 = 2.08$ となります．一方でサンプルサイズ 50 の観測データを使って最尤推定された $\hat{\beta}_1$ は 2.04 となりました．

この統計モデルのパラメーター推定を概念的にまとめると図 4.6 のようになります．人間には見えない真の統計モデルがあって，それにしたがって観測データが生成されています．この真の統計モデル($\beta_1 = 2.08$)から，50 個のポアソン乱数からなる観測データ(図 4.6 右下のヒストグラム)が生成されました．

図 4.5 に示されている最大対数尤度 $\log L^* = -120.6$ とは，図 4.7 に示しているように，パラメーター推定に使った観測データ自身に対するあてはまりの良さです．つまり最大対数尤度とは，推定された統計モデルが真の統計モデルに似ているかどうかではなく，たまたま得られた観測データへのあてはまり

[*18] ここでは，「あてはまりの悪さ」である逸脱度($-2 \log L^*$)ではなく「あてはまりの良さ」である最大対数尤度($\log L^*$)を使って図示しています．

[*19] 「真の統計モデル」とは，観測データを生成したモデルぐらいの意味です．2.5 節も参照してください．

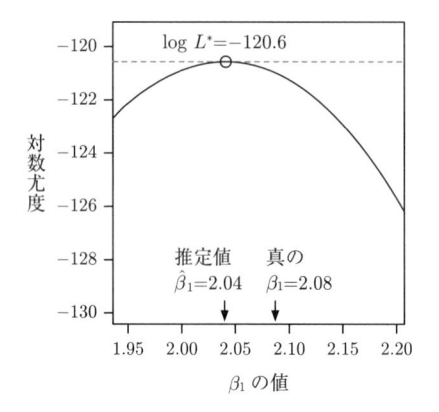

図 4.5 一定モデルの最尤推定．観測データ (図 4.4) を使って一定モデルを推定した．切片の最尤推定値は $\hat{\beta}_1 = 2.04$ となり (真の β_1 は 2.08)，そのときの最大対数尤度は $\log L^* = -120.6$ となった．実線の曲線は対数尤度関数．

の良さです．

データ解析のねらいは，観測される現象の背後にある「しくみ」の特定，もしくはそれを近似的に代替しうる統計モデルの構築と考えてもよいでしょう．ところが，実際のデータ解析では「たまたま得られた」データへのあてはまりの良さを追求しがちです．たとえば，統計モデルをむやみに複雑にして「説明力」とやらを高めればよいといった発想です (図 4.1(B))．

推定されたモデルが真の統計モデルに「どれぐらい近いのか」を調べる方法はないのでしょうか？ そのためには，推定された統計モデルの**予測の良さ**を評価するのが適切かもしれません．予測の良さとは，この例でいえば，「次に同じデータ取得方法で，別のデータを得たときに一定モデルはどれぐらいそれを正確にいいあてているか」ということになり，観測データで推定された一定モデルがその新データたちにどれぐらいあてはまっているのかを調べます．

この例題では真の統計モデルがわかっているので，とりあえずここから「予測の良さ評価用のデータ」を生成してみましょう (図 4.8)．まず，真の統計モデル ($\beta_1 = 2.08$) に 200 セットのデータを生成させます[20]．これらの予測の良

---

[20] これは植物の種子数データの例題でいうと，「50 個体の種子数を調べる」を 200 回くりかえすということです．図 4.8 に書いているとおり，「実際には不可能」です．これに似た方法とし

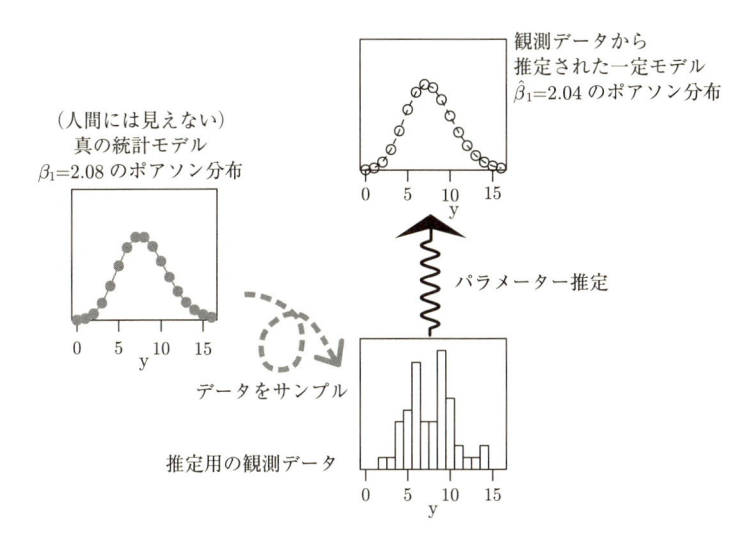

図 4.6 統計モデルのパラメーターの最尤推定の概念図．左は真の統計モデルで平均 8 ($\beta_1=2.08$) のポアソン分布．右下は真の統計モデルが生成した観測データ (図 4.4)．右上は，この観測データを使って推定された一定モデル ($\hat{\beta}_1=2.04$)．

さ評価用のデータたちに対して，すでに推定された一定モデル ($\hat{\beta}_1=2.04$) のあてはまりの良さを対数尤度で評価します．これらの 200 個の対数尤度の平均が平均対数尤度です．この平均対数尤度を $E(\log L)$ と書くことにしましょう．

4.5.2 最大対数尤度のバイアス補正

最大対数尤度と平均対数尤度の関係はどうなっているのでしょうか．図 4.9 (A) を見ると，一定モデルを観測データにあてはめると，$\log L^* = -120.6$ となったけれど，平均対数尤度 $E(\log L)$ は -122.9 となりました．つまり，たまたま得られた観測データで推定されたモデルでは，あてはまりの良さが過大評価されています．同じような調査を繰りかえしてみたら，平均的な成績はそんなに良くならないだろうということです．

このように，あてはまりの良さがいつも過大評価 ($\log L^* > E(\log L)$) される

て，交叉検証法があり，これは推定用データと評価用データをわけてモデルの予測の良さを調べます．

観測データから
推定された一定モデル
$\hat{\beta}_1 = 2.04$ のポアソン分布

推定用の観測データを使って
あてはまりの良さを評価
すると最大対数尤度
$\log L^*$ が得られる

推定用の観測データ

パラメーター推定に使ったデータ
なのであてはまりの良さにバイアスが生じる
（過大評価）

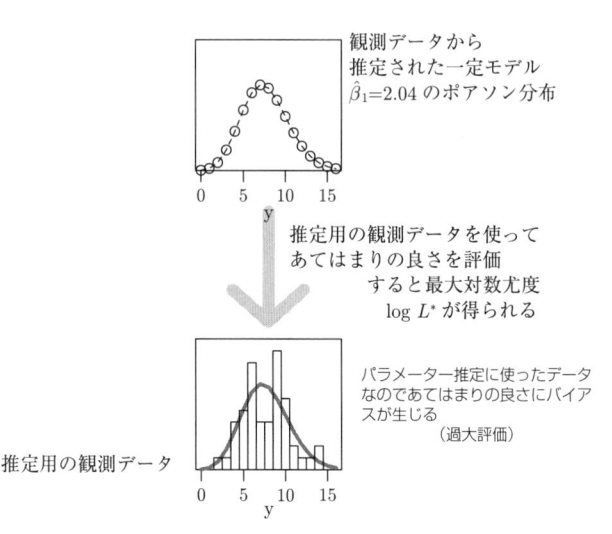

図 4.7　一定モデルのあてはまりの良さの評価．図 4.5 で示している最大対数尤度 $\log L^* = -120.6$ とは，パラメーター推定に使った観測データに対するあてはまりの良さをあらわす．

わけではありません．推定用データによっては，最大対数尤度 $\log L^*$ のほうが平均対数尤度 $E(\log L)$ より小さくなる（悪くなる）こともあります．

この関係を調べるために，真のモデルからパラメーター推定用データ 1 セットを生成 → 一定モデルを推定 → 真のモデルから予測の良さ評価用のデータ 200 セットを生成 → 平均対数尤度を評価，という操作を 12 回ほどくりかえしてみましょう．このようにして得られた結果を図 4.9(B) に示しています．ここで β_1 の推定値がくりかえしごとに変化する理由は，真のモデルから生成される推定用のデータにばらつきがあるためです．

図 4.9(B) の最大対数尤度 $\log L^*$（白丸）と平均対数尤度 $E(\log L)$（グレイの丸）の大小関係に注目すると，白丸がグレイの丸より小さくなっている場合もあります．このように，いろいろな β_1 でみると，一見したところではどちらのほうが大きいあるいは小さいとは言えません．

図 4.9(C) では平均対数尤度と最大対数尤度のペアごとの差を矢印で示しています．$\log L^*$ のほうが大きい場合には，矢印が下向きになります．

最大対数尤度 $\log L^*$ と平均対数尤度 $E(\log L)$ の関係を調べるために，両者

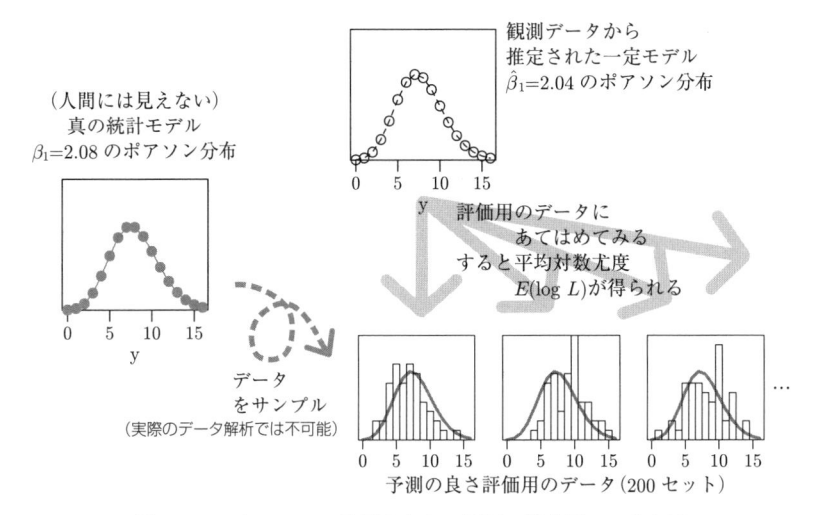

4.5 なぜ AIC でモデル選択してよいのか？ ◆ 83

図 4.8 一定モデルの予測の良さの評価．推定用データとは別に，真の統計モデルから多数の予測の良さ評価用のデータ（右下）が得られたとして，これらに対する一定モデル（右上）のあてはまりを評価する．

の差の分布を作ってみましょう．図 4.9(C) の上向き・下向きの矢印がそれぞれ正・負となるように差 $b = \log L^* - E(\log L)$ を定義します．この本では，この差をバイアスとよびます．

このバイアスとはどのような量なのでしょうか？ 「推定用データ生成，パラメーター推定，その後に予測の良さを評価」という操作を 200 回[*21]くりかえすと，バイアス b の分布は図 4.10 のようになり，その標本平均は 1.01 ぐらいになりました．

これは，予測の良さを示す平均対数尤度 $E(\log L)$ より，推定用データへのあてはまりの良さである最大対数尤度 $\log L^*$ のほうが，平均的には 1 ぐらい大きい，ということです[*22]．

さて，統計モデリングの目的が，現象の背後にあるメカニズムの予測であるとすると，$E(\log L)$ は統計モデルの良さの指標として適当でしょう．しかし，

[*21] 図 4.9(A) では 1 回，(B) では 12 回くりかえしていた操作です．
[*22] 図 4.10 における b のばらつきが気になりますが，これは次の 4.5.3 項で検討します．

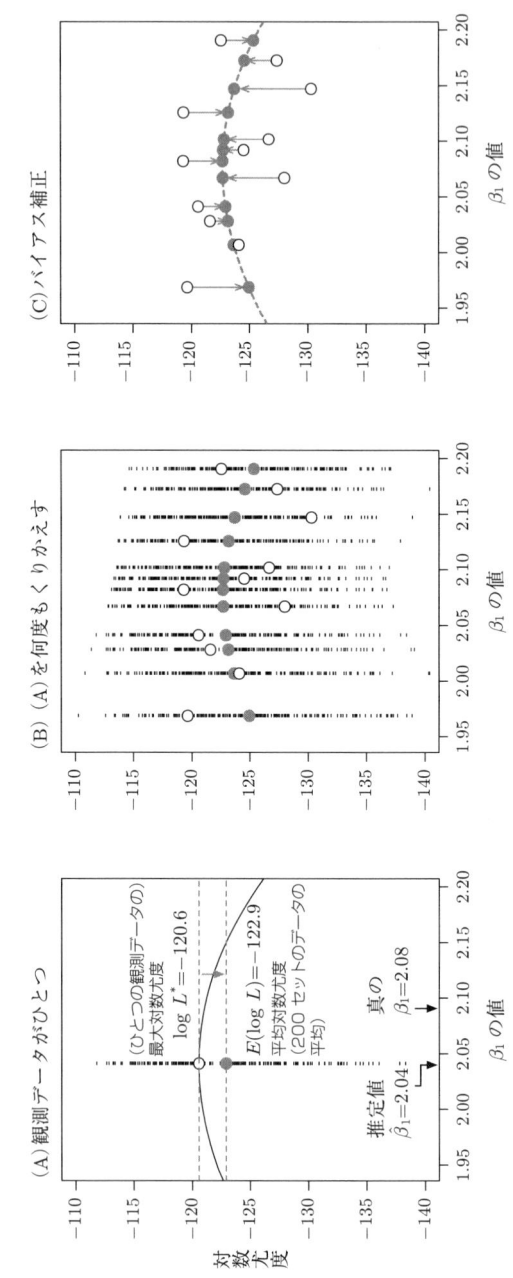

図 4.9 最大対数尤度 $\log L^*$ と平均対数尤度 $E(\log L)$ の関係. (A) 図 4.5 に, 予測の良さ評価用のデータ (図 4.8) 200 セットに一定モデルをあてはめて得られた対数尤度 $\log L$ (点々で表示) を追加. 最大対数尤度 $\log L^*$ (白丸) と平均対数尤度 $E(\log L)$ (グレイの丸) も示している. (B) 同じように, 推定用のデータの生成 (図 4.6) と予測能力の評価 (図 4.8) をくりかえした結果を追加. (C) 個々のくりかえしにおけるバイアス補正 (4.5.2 項). 垂直な矢印がバイアス補正をあらわす. グレイの曲線は平均対数尤度 $E(\log L)$, これは何十度も $E(\log L)$ の評価をくりかえして生成したもの.

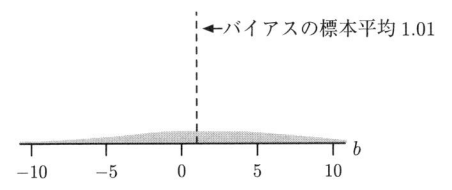

4.5 なぜAICでモデル選択してよいのか？

←バイアスの標本平均 1.01

$-10 \quad -5 \quad 0 \quad 5 \quad 10 \quad b$

図 **4.10** バイアス b の分布．図 4.9(C) の矢印の長さの分布であり，下向きの矢印の長さにはマイナスの値をつけた．これは $\log L^* - E(\log L)$ の分布に相当する．200 個の b にもとづいて，R の density() 関数を使って b の確率密度関数の近似的な図を生成した．

現実のデータ解析では，真の統計モデルが不明なので $E(\log L)$ はどのような値になるのかわかりません．

そこで，このように考えてみてはどうでしょうか．バイアス b の定義を変形すると，$E(\log L) = \log L^* - b$ となります．つまり，平均的な b と最大対数尤度 $\log L^*$ の値がわかれば，平均対数尤度 $E(\log L)$ の推定量が得られそうです．これを**バイアス補正**といいます．

たとえば，パラメーター推定用のデータへのあてはまりの良さ $\log L^*$ は簡単に得られる値です．図 4.10 に示しているように，知りたい予測の良さ $E(\log L)$ と $\log L^*$ の差である平均バイアスが 1 ぐらいなので $E(\log L) = \log L^* - 1$ といった関係になっているのかもしれません．

さて，数理統計学の教科書[*23]を参照してみると，最尤推定するパラメーターを k 個もつモデルの平均対数尤度の推定量は $\log L^* - k$ である——といったことが，解析的かつ一般的に導出されています．

これが正しいとすると，いまあつかっている一定モデルでは $k=1$ なので，$E(\log L)$ は $\log L^* - 1$ となり，これに -2 をかけたものが AIC となります．

$$\text{AIC} = -2 \times (\log L^* - 1)$$

平均対数尤度は「統計モデルの予測の良さ」でしたから，その推定量である $\log L^* - 1$ に -2 をかけた AIC は「予測の悪さ」と解釈できます．AIC による

[*23] 章末の文献を参照してください．

モデル選択とは「予測の悪さ」が小さいモデルを選ぶことです.

4.5.3　ネストしている GLM 間の AIC 比較

AIC によるモデル選択とは, 複数のモデルの AIC を比較してより小さい AIC のモデルを選ぶことです. たとえば, 4.4 節の種子数の例題データを説明できるネストしている関係にあるふたつのモデル,

- $\log \lambda_i = \beta_1$　……　一定モデル($k=1$)
- $\log \lambda_i = \beta_1 + \beta_2 x_i$　……　x モデル($k=2$)

これらのうち, どちらが「予測の良い」モデルなのかを AIC の大小で決めます.

AIC は予測の良さをあらわす平均対数尤度にもとづく統計量であり, さらに平均対数尤度と最大対数尤度の平均的な「ずれ」はパラメーター数 k と同じであると考えています. この節では数値実験によって, 一定モデルにおけるこの「ずれ」の大きさを調べてきました. たしかに, 図 4.10 で示しているように, バイアス補正量 b の平均は 1 ぐらいでした. しかし, b のばらつきは大きいように見えます. このような b を使って AIC を評価してよいのでしょうか?

以下では, 少しばかり安心して AIC を使えるように, 一定モデルと x モデルのようなネストしているモデルの比較においては, b のばらつきが小さくなることを示します.

一定モデル ($k=1$) と比較すると, x モデル ($k=2$) では植物の体サイズ x_i という説明変数とその係数である β_2 が追加されています. 図 4.4 などでも説明しているとおり, この説明変数 x_i は応答変数とはまったく無関係な乱数なので, 一定モデルの AIC と比較すると, x モデルの AIC は 2 ぐらい大きくなる, つまり「予測の良さ」が悪化するはずです.

このようなモデルの複雑化によって, 最大対数尤度と平均対数尤度そしてバイアス b はどうなるかを数値実験によって調べてみましょう. そして上に述べたように, b のばらつきが小さくなることを例示します.

まずパラメーター推定に使った観測データへのあてはまりの良さ (図 4.7) である最大対数尤度 $\log L^*$ を両モデル間で比較してみましょう. 真の統計モ

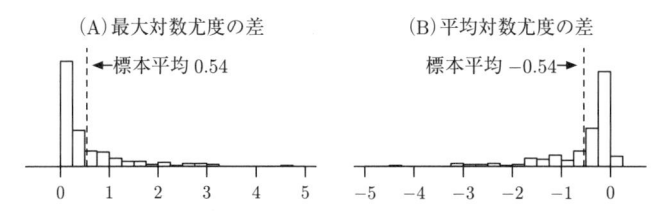

4.5 なぜ AIC でモデル選択してよいのか？ ◆ 87

図 4.11 ネストしている一定モデルと x モデルの差の数値例．それぞれ，(A) 最大対数尤度 $\log L^*$，(B) 平均対数尤度 $E(\log L)$ の差 (x モデル − 一定モデル) を示している．推定用データ (図 4.4 の観測データ) へのあてはまりの良さである最大対数尤度は増加したが (A)，予測の良さである平均対数尤度は減少した (B)．

ルから乱数を発生させて，パラメーター推定用データを 50 個体ぶん 200 セット作り，それぞれのモデルで $\log L^*$ を評価してみました．パラメーター数増加によるあてはまりの改善 (最大対数尤度 $\log L^*$ の増加) をあらわす

$$(\text{x モデルの} \log L^*) - (\text{一定モデルの} \log L^*)$$

の分布 (図 4.11(A)) をみると，パラメーター数の多い x モデルのほうが平均 0.5 ぐらい高くなりました．

ここで注意すべきは，説明変数 x_i は種子数 y_i とはまったく何の関係がないにもかかわらず，最尤推定によってその係数である β_2 の値を「うまく」選んでしまえば，あてはまりの良さは平均 0.5 改善される点です．使用する説明変数の追加や観測データのグループわけによって統計モデルを複雑化すると，それらの変更が本当は意味のないものであったとしても，あてはまりの良さが向上することがよくあります．最大対数尤度 $\log L^*$ など，あてはまりの良さの指標の改善だけをめざしたモデルの複雑化は危険です．

次に，予測能力を示す平均対数尤度 $E(\log L)$ がパラメーター数増加によってどう変わるのかを調べてみましょう．図 4.11(B) は

$$(\text{x モデルの } E(\log L)) - (\text{一定モデルの } E(\log L))$$

のヒストグラムで，ここではパラメーター数の多い x モデルのほうが $E(\log L)$ が平均 0.5 低くなり，推定すべきパラメーター数の増加によって予測が悪くなっています．

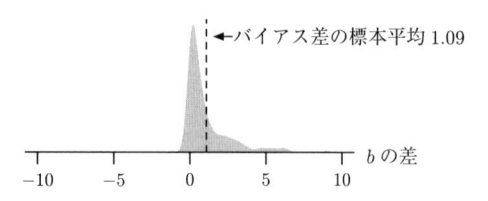

図 **4.12** ネストしているモデルにおけるバイアス b の差の分布．図 4.10 と同様の方法による図示．あるデータに対する x モデルと一定モデルのバイアス差．x モデルのほうがバイアスがおよそ 1 大きい．図 4.10 とくらべると，ばらつきが小さい．

また，一定モデル($k=1$)と x モデル($k=2$)のバイアス b の差の分布(図 4.12)をみると，パラメーター数 k が 1 増加したことによって，バイアス差は平均 1 ぐらい増加しています．

一定モデルにパラメーターをひとつ加えた x モデルで生じたことを概念的にまとめてみると，図 4.13 あるいは以下のようになります．

- あてはまりの良さである最大対数尤度 $\log L^*$ は 0.5 ぐらい増える[*24]
- 予測能力である平均対数尤度 $E(\log L)$ は 0.5 ぐらい減少する
- したがって，$\log L^*$ の平均バイアスは 1 増加する[*25]

さらに，図 4.10 に示したバイアス b はばらつきがたいへん大きなものでしたが，図 4.12 のように同一データを使ってネストしている複数モデルのバイアス補正量の差の分布はそれほどばらつきの大きいものではありません．ネストしているモデル間を比較するときに，AIC は有用なモデル選択規準になっているのでしょう[*26]．

ところで，この例題では説明変数 x_i が無意味なものだったので，統計モデルの複雑化によって AIC が 1 増加しましたが，もし説明変数が応答変数の平均値に影響を与えている場合には，最大対数尤度や平均対数尤度はどうなる

[*24] 無意味なパラメーターをひとつ増やしたときの $-2 \log L^*$ の増分は自由度 1 の χ^2 分布に近い分布となります(サンプルサイズが大きいときに)．この χ^2 分布は次の章の尤度比検定の説明 (5.4.2 項)にも登場します．
[*25] 最尤推定したパラメーターの個数がゼロ($k=0$)の場合，つまりデータを見ないで β_1 が何か特定の値であると断定する方法のもとでは，いやはやバイアスはつねにゼロとなっちゃいますね．
[*26] それではネストしていない複数のモデルで，AIC によるモデル選択は可能でしょうか？　たぶん問題ないだろうといった理由で使われているのが現状です．

4.5 なぜ AIC でモデル選択してよいのか？ ◆ 89

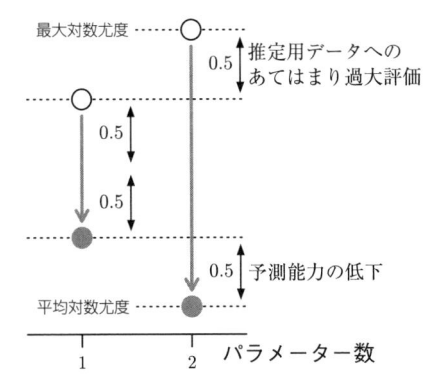

図 4.13 パラメーター数が 1 増えると平均バイアスも 1 増える．平均バイアスの半分（平均 0.5）は，推定用データへのあてはまり（図 4.7）の改善，残り半分（平均 0.5）は予測の良さ評価用のデータに対する予測能力（図 4.8）の低下．

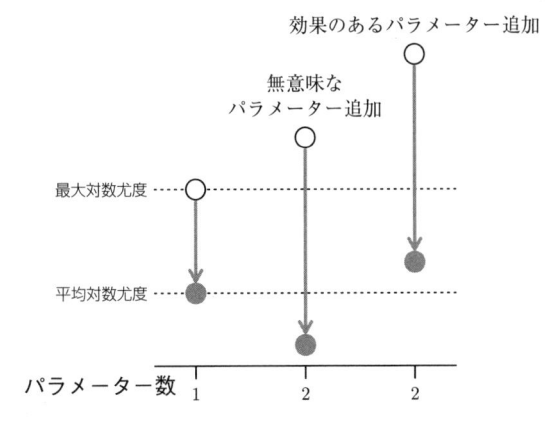

図 4.14 最大対数尤度から平均対数尤度への補正．平均バイアスの補正をあらわす 3 本の矢印（最大対数尤度 → 平均対数尤度）のうち，左と中央は図 4.13 と同じ．右は効果のあるパラメーター追加の場合に対応する．

のでしょうか．AIC の考えかたにしたがうと，図 4.14 に示しているようになり，最大対数尤度 $\log L^*$ と平均対数尤度の差はパラメーター数増加（$k=1 \to 2$）による前者の改善が 1 より大きければ，一定モデル（$k=1$）より AIC が小さくなります．

4.6 この章のまとめと参考文献

この章では，モデル選択規準 AIC の使いかたと，その背景にあるリクツ——なぜ AIC で「予測の良い」モデルが選ばれるのかという理由について，簡単に説明してみました．

- あるデータにみられるパターンを説明できるような，いろいろな統計モデルがあるときに，「あてはまりの良さ」最大対数尤度 $\log L^*$ で「良い」モデルを選んでよいのだろうか？(4.1 データはひとつ，モデルはたくさん)
- R を使った推定結果では，最大対数尤度 $\log L^*$ ではなく，「あてはまりの悪さ」逸脱度 $D = -2\log L^*$ が出力されることが多いので，この章でも D を使うことにしよう(4.2 統計モデルのあてはまりの悪さ：逸脱度)
- モデルを複雑化するだけで，観測データへのあてはまりの良さである最大対数尤度 $\log L^*$ は改善されるので，モデルの複雑さを考慮した AIC でモデル選択しなければならない(4.3 モデル選択規準 AIC)
- モデル選択規準 AIC は，統計モデルの予測の良さである平均対数尤度の推定値であり，これは最大対数尤度 $\log L^*$ のバイアス補正によって評価される(4.5 なぜ AIC でモデル選択してよいのか？)

データ解析の中でモデル選択をしている人たちを観察していると，AIC についていろいろな誤解をしていることがわかります．まず，基本的な注意としては，AIC は「あてはまりの良いモデル」を選ぶ規準ではないし，AIC によって「真のモデル」が選ばれるわけでもない——ということです．前者については，この章の中で，あてはまりの良いモデルではなく，良い予測をするモデルを選ぶのが AIC であると説明しました．後者について補足説明するなら，たとえば，予測力の高いモデルとはサンプルサイズに依存するということです．データの量が少ないときには「真のモデル」よりパラメーター数の少ないモデルのほうが，より良い予測ができる場合があり，AIC が低くなる——そのリクツについてはこの章では説明していませんが，あとであげる文献などを参照してください．

AICを使ったモデル選択についていろいろと質問されることがあり，たとえば，「モデル選択したあとに検定すればいいのか？」「サンプルサイズが小さいときにはAICではなくAICcを使うべきか？」あるいは「AICがマイナスの値になってもいいのか？」といった「よくある質問」についてはサポートwebサイト(まえがき末尾を参照)に掲載しています．

◇　　◇　　◇

AICの数理統計学的な導出は坂元・石黒・北川『情報量統計学』[33]あるいは小西・北川『情報量規準』[23]に示されています．これらには，AICによるモデル選択における注意点として
 (1) モデル選択の目的は「真の」モデルを求めることではない
 (2) データ数が少ない場合には，「真の」モデルより単純なモデルのほうが予測能力が高い可能性もある
 (3) データ数が少ない場合には，選択されたパラメーター数が過大であっても，「よけいな」パラメーターの推定値はゼロに近づくので問題ない
 (4) モデル選択は，データ解析者が用意したモデルたちの中から良いモデルを選んでいるので，よりAICが良いモデルが他に存在する可能性がある

といった注意(上記は久保による要約)も示されています．

小西らの『計算統計学の方法——ブートストラップ・EMアルゴリズム・MCMC』[24]にはAIC以外の他のモデル選択規準についても紹介されていて，たとえば**交叉検証法**(cross validation)やブートストラップ情報量規準などについて説明されています．

5

GLMの尤度比検定と検定の非対称性

データ解析といえば「検定」,それだけで十分だと信じている人も多いようですが——「検定」はそんなにエラい手法なのか,解析結果は「有意でした」と言えばそれでいいのか,考えてみましょう.

5 GLMの尤度比検定と検定の非対称性

データ解析において**統計学的な検定**(statistical test)はよく使われていて，統計学の教科書の中には「この場合にはこう検定して」といった解説ばかりのものもあります．「とにかく検定に帰着させればよい」と決めてしまえば，統計モデルといっためんどうなことを考えなくてもすむので[1]，今後もこのような検定決戦主義は多数派でありつづけるのでしょう．

この本は，統計モデリング試行錯誤主義とでもいうべき統計モデルによる推測・予測を重視する方向性ですから，AICによるモデル選択と同様に，検定は推定された統計モデルを比較する方法のひとつにすぎません．この章では，どのような統計モデルでも利用可能な**尤度比検定**(likelihood ratio test)について説明します．これは前のモデル選択の章に登場した逸脱度の差に注目する考えかたです．

尤度比検定はどのような統計モデルであっても，ネストしているモデル[2]たちを比較できます[3][4]．尤度比検定に限らずパラメーターを最尤推定できる統計モデルの検定を総称して，この章では，**統計モデルの検定**とよぶ場合もあります．

少しだけ用語を整理します．全パラメーターを最尤推定できる統計モデルは，**パラメトリック**(parametric)な統計モデルと総称できるかもしれません．ここでいうパラメトリックとは，比較的少数のパラメーターをもつという意味です．一部で誤用されている「正規分布を使った」という意味ではありません．また，順序統計量を使った検定をノンパラメトリック検定[5]とよぶ場合

---

[1] 与えられた観測データを好きなようにグループわけして，観測値どうしの割算値をさらに割算して何やら指標数量をあれこれこしらえて，「グループ間での指標数量の差」がゆーいになるまでこの手続きを繰り返してよいのであれば，たしかに統計モデリングなどは不要でしょうね．

[2] 4.4節参照．

[3] ネストしているモデルたちの比較ではない検定もあります．たとえば，パラメーターの「真の値」がわかっていて，それからずれているかどうかを調べる検定では，その「真の」モデルと推定されたモデル間の比較になります．この本ではそのような検定はあつかいません．

[4] さらに，この章の例題で考えているような単純な状況であれば，尤度比検定は**最強力検定**(most powerful test)です．くわしくは章末にあげている文献を参照してください．

[5] ノンパラメトリックはこのような，順序統計量を使ったという意味だけでなく，多数のパラメーターを使って自由自在な構造をもつ，といった意味にも使われます．第11章のような空間相関のある場所差をあつかうような統計モデルもその一例です．

があります.この本では,このような検定はあつかいません[*6].

5.1 統計学的な検定のわくぐみ

　最大対数尤度に注目して複数のモデルを比較するという点において,統計モデルの検定は,前の第4章で解説したモデル選択と表面的には類似しているように見えます.検定とモデル選択の手順の上での共通・相違部分を図 5.1 にまとめてみました[*7].

　どちらの方法であっても,まず使用するデータを確定します.いったんデータを確定したら,最後までそのデータだけを使い,しかも常にすべてを使うということです[*8].

　次に目的とデータの構造に対応した適切な統計モデルを設計し,それを使ってパラメーターを最尤推定するところまでは共通です.ただしモデル選択では,パラメーターの少ないモデルと多いモデル(単純モデルと複雑モデル)とよんでいたネストしているモデルたちを,統計学的な検定ではそれぞれ**帰無仮説**(null hypothesis)・**対立仮説**(alternative hypothesis)とよびます.このあとで,検定のわくぐみの中での帰無仮説の特別あつかいについて述べますが,帰無仮説とは「棄却されるための仮説」であり,「無に帰される」ときにのみ,その役割をはたす特殊な統計モデルという位置づけです.

　パラメーター推定の手つづきによって推定値やあてはまりの良さが評価されたあとは,図 5.1 に示しているように,統計モデルの検定とモデル選択のわくぐみは異なったものになります.

　モデル選択についてはすでに前の第4章で説明したので,ここでは統計モデルの検定の流れをおってみましょう.統計モデルの検定では,「帰無仮説は

[*6] ただし一言注意すると,「正規分布じゃないから」「ノンパラは何も仮定しなくていいから」といった理由で順序統計量にもとづく検定をするのは危険です.章末の文献も参照してください.
[*7] そもそも統計モデルの検定とモデル選択は目的が異なります.それについては 5.6 節で述べます.
[*8] これはあたりまえのことと考えられるかもしれません.しかし学術論文の中には,個々のモデルごとに異なるデータを使って AIC を評価し,それによってモデル選択しているものもあります.検定であれモデル選択であれ,モデルごとに異なるデータを使うのは,まったくのまちがいです.

5 GLM の尤度比検定と検定の非対称性

```
┌─────────────────────┐      ┌─────────────────────┐
│  統計モデルの検定    │      │  AIC によるモデル選択 │
└─────────────────────┘      └─────────────────────┘
                 ↓          解析対象のデータを確定          ↓
              データを説明できるような統計モデルを設計
  (帰無仮説・対立仮説)    ↓           (単純モデル・複雑モデル)
              ネストした統計モデルたちのパラメーターの最尤推定計算
                 ↓                                    ↓
         帰無仮説棄却の危険率を評価          モデル選択規準 AIC の評価
                 ↓                                    ↓
         帰無仮説棄却の可否を判断            予測の良いモデルを選ぶ
```

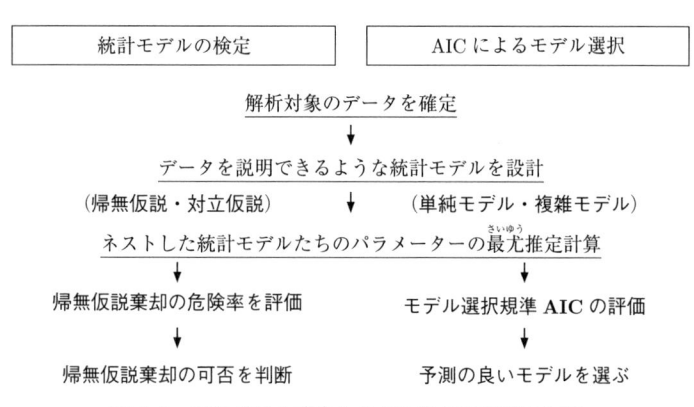

図 5.1 統計学的な検定とモデル選択の手順の比較.

正しい」という命題が否定できるかどうか，その点だけを調べます．まず，モデルのあてはまりの良さなどを**検定統計量**(test statistic)に指定します．次に帰無仮説が「真のモデル」であると仮定して[*9]，そのときに検定統計量の理論的なばらつき(確率分布)を調べて，検定統計量の値がとりうる「ありがちな範囲」を定めます．この「ありがちな範囲」の大きさが 95％ である場合は，5％ の**有意水準**(significant level)を設定したといいます．

最後に対立仮説のモデルで得られた検定統計量が，この「ありがちな範囲」からはみでているかどうかを確認し，もしはみでていれば帰無仮説は棄却され，対立仮説が支持されたと結論されます[*10]．

この本ではこの検定のわくぐみを **Neyman-Pearson** の検定のわくぐみとよぶことにします[*11]．現在よく使われている統計学的な検定の多くはこの考えかたにしたがっています．

[*9] たまたま得られた有限の観測データから推定されたモデルが「真のモデル」なんかになるのでしょうか？　このあたりも検定の作法にまつわるナゾです．
[*10] ここで説明した検定のわくぐみは，より一般的な統計学的な検定においてもほぼ同じです．
[*11] Neyman-Pearson ではないわくぐみの検定については，この本ではあつかいません．

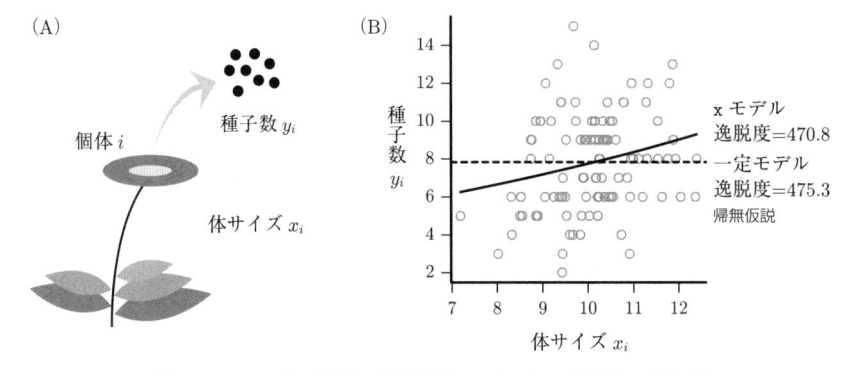

図 5.2 この章の例題の架空植物のデータ．(A) 第 3 章と同じ．ただし施肥処理 f_i には依存しない．(B) 100 個体ぶんの観測データ（グレイの丸）と一定モデルと x モデル．水平な破線が一定モデルの予測（体サイズ x_i に依存しない単純モデル；帰無仮説），実線の曲線が x モデルの予測（体サイズ x_i に依存している複雑モデル）．

5.2 尤度比検定の例題：逸脱度の差を調べる

尤度比検定を説明するために，第 3 章のポアソン回帰の例題で使った，種子数データを使います（図 5.2 も参照）．使用する統計モデルは，$\lambda = \exp(\beta_1 + \beta_2 x_i)$ を平均とするポアソン分布の GLM です．ネストしている一定モデルと x モデル，

- 一定モデル：種子数の平均 λ_i が定数であり，体サイズ x_i に依存しないモデル（傾き $\beta_2 = 0$；パラメーター数 $k=1$）
- x モデル：種子数の平均 λ_i が体サイズ x_i に依存するモデル（傾き $\beta_2 \neq 0$；パラメーター数 $k=2$）

これらのうち帰無仮説となる一定モデルが棄却できるかどうかを調べます．

ポアソン回帰の結果は既出のものを編集して図 5.2 と表 5.1 に示しています[*12]．

[*12] もとの図表は図 4.2(A) と (C)，そして表 4.3．

5 GLM の尤度比検定と検定の非対称性

表 5.1 一定モデルと x モデルの対数尤度・逸脱度・AIC. 表 4.3 の改訂.

モデル	k	$\log L^*$	deviance $-2\log L^*$	residual deviance	AIC
一定	1	-237.6	475.3	89.5	477.3
x	2	-235.4	470.8	85.0	474.8
フル	100	-192.9	385.8	0.0	585.8

あてはまりの悪さである逸脱度を比較すると，パラメーター数の少ない一定モデルが 475.3 で x モデルの 470.8 より悪い値になっていて，逸脱度の差は 4.5 ぐらいです．しかし第 4 章で検討したように，同じデータに対してパラメーター数の多いモデルのほうが，常に逸脱度は小さくなります[*13]．

尤度比検定という名前から想像されるように，この検定では尤度比 (likelihood ratio) というものをあつかいます．尤度比とは，たとえば，この例題の場合だと，このようになります：

$$\frac{L_1^*}{L_2^*} = \frac{\text{一定モデルの最大尤度}: \exp(-237.6)}{\text{x モデルの最大尤度}: \exp(-235.4)}$$

しかし，これをそのまま尤度比検定の検定統計量として使うわけではありません．

尤度比検定では，尤度比の対数をとり -2 をかける，つまり逸脱度の差

$$\Delta D_{1,2} = -2 \times (\log L_1^* - \log L_2^*)$$

に変換して[*14]検定統計量として使います．ここで $D_1 = -2\log L_1^*$ と $D_2 = -2\log L_2^*$ とおくと，$\Delta D_{1,2} = D_1 - D_2$ ですから，$\Delta D_{1,2}$ は一定モデルと x モデルの逸脱度の差になっています．

ここでの例題データでは，一定モデルと x モデルの逸脱度の差は $\Delta D_{1,2} = 4.5$ ぐらいとなっていました．これは一定モデルに比べて x モデルではあてはまりの悪さである逸脱度が 4.5 改善されたということです．尤度比検定では，

[*13] ただし，「常に」これが成立するのは，ネストしているモデルたちを比較した場合だけです．
[*14] -2 をかける理由は，サンプルサイズが大きい場合には，$\Delta D_{1,2}$ の分布が χ^2 分布で近似できるからです．5.4.2 項で説明します．

検定統計量であるこの逸脱度の差が「4.5 ぐらいでは改善されていない」と言ってよいのかどうかを調べます.

5.3　2種類の過誤と統計学的な検定の非対称性

この章の 5.1 節で説明したように, Neyman-Pearson の検定のわくぐみでは, 比較するモデルを帰無仮説と対立仮説に分類します. この例題の場合だと,

- 帰無仮説：一定モデル(パラメーター数 $k=1$, $\beta_2=0$)
- 対立仮説：x モデル($k=2$, $\beta_2 \neq 0$)

と設定します[*15].

このように帰無仮説・対立仮説という概念を導入すると, 一見したところで,「帰無仮説が正しくなければ対立仮説は正しい」あるいはその対偶である「対立仮説が正しくなければ帰無仮説が正しい」が成立しているかのような気がします. じつは Neyman-Pearson の検定のわくぐみでは正しくありません. この点については, 5.5 節で説明するので気にしないことにして, この分類のもとで, 予期される 2 種類の過誤を表 5.2 と以下に書いてみます.

表 5.2　検定における 2 種類の過誤.

↓帰無仮説は	観察された逸脱度差 $\Delta D_{1,2}$ は	
	「めったにない差」(帰無仮説を棄却)	「よくある差」(棄却できない)
真のモデルである	第一種の過誤	(問題なし)
真のモデルではない	(問題なし)	第二種の過誤

- 帰無仮説が真のモデルである場合：データが一定モデルから生成されたのに「逸脱度の差 $\Delta D_{1,2}=4.5$ もあるんだから x モデル($\beta_2 \neq 0$)のほうがよい, 帰無仮説は正しくない」と判断する第一種の過誤(type I error)

[*15] x モデルは何が「対立」なのでしょうか？ どうも対立という訳語がわかりにくいかんじで, alternative hypothesis を「代替仮説」と直訳したほうが説明しやすいように思います. なぜかというと, 検定によって帰無仮説が「追放」(棄却)されたあと, 現象の説明を代替するために残されたモデルであるからです.

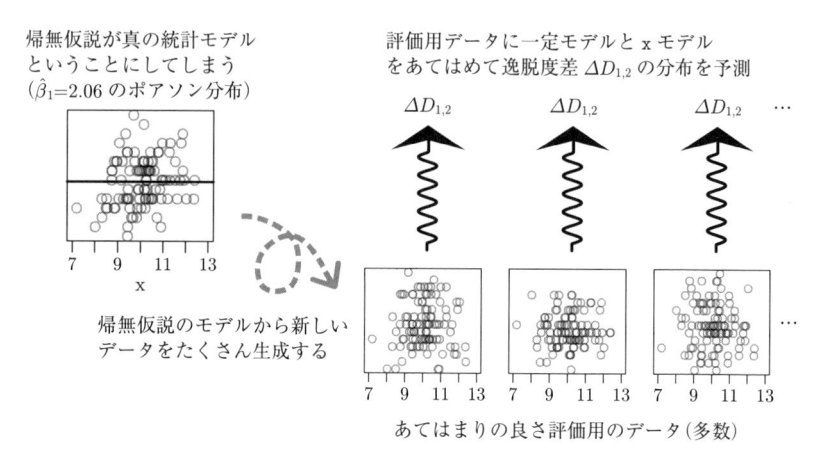

図 **5.3** 尤度比検定に必要な $\Delta D_{1,2}$ の分布の生成. まず帰無仮説である一定モデル($\hat{\beta}_1$=2.06, p. 75 参照)が真の統計モデルだと仮定し, そこから得られるデータを使って逸脱度差 $\Delta D_{1,2}$ がどのような分布になるかを調べる.

- 帰無仮説は真のモデルではない場合:データが x モデルから生成されたのに「$\Delta D_{1,2}$=4.5 しかないんだから x モデルは意味もなく複雑, 一定モデル(β_2=0)で観察されたパターンを説明できるから, 帰無仮説は正しい」と判断する**第二種の過誤**(type II error)

さて, 実際のところ, このような 2 種類の過誤をどちらも回避するのは困難です. そこで, このような 2 種類の過誤のうち, **第一種の過誤の検討**にだけ専念するところが, Neyman-Pearson の検定のわくぐみの要点になります.

第一種の過誤の回避に専念すればよいので, 尤度比検定で必要とされる計算はずいぶんと簡単になります. この例題の場合, 全体の流れは以下のようになります.

(1) まずは帰無仮説である一定モデルが正しいものだと仮定する
(2) 観測データに一定モデルをあてはめると, $\hat{\beta}_1$=2.06 (p. 75 参照)となったので, これは真のモデルとほぼ同じと考えよう
(3) この真のモデルからデータを何度も生成し, そのたびに β_2=0 (k=1) と $\beta_2 \neq 0$ (k=2) のモデルをあてはめれば, たくさんの $\Delta D_{1,2}$ が得られるから, $\Delta D_{1,2}$ の分布がわかるだろう(図 5.3)

(4) そうすれば，一定モデルと x モデルの逸脱度の差が $\Delta D_{1,2} \geq 4.5$ となる確率 P が評価できるだろう

この設定のもとでの何らかの確率計算と判断によって，$\Delta D_{1,2}=4.5$ が「ありえない」値だとみなされた場合には，帰無仮説は棄却され，残された対立仮説が自動的に採択されます．このような第一種の過誤の重視は**検定の非対称性**とよばれています[*16].

5.4 帰無仮説を棄却するための有意水準

一定モデルと x モデルの逸脱度の差が $\Delta D_{1,2} \geq 4.5$ となる確率 P は P 値(P value)とよばれます．この P 値は**第一種の過誤**をおかす確率であり，そのあつかいは，

- P 値が「大きい」: $\Delta D_{1,2}=4.5$ はよくあること → 帰無仮説棄却できない
- P 値が「小さい」: $\Delta D_{1,2}=4.5$ はとても珍しいことだな → 帰無仮説を棄却しよう，残った x モデルを「正しい！」と主張してやろう

となります．

それでは，この P 値が「大きい」「小さい」はどうやって判断するのでしょうか．Neyman-Pearson の検定のわくぐみでは，**有意水準**という量 α を事前に決めておいて[*17]，以下のように判断します：

- $P \geq \alpha$: 帰無仮説は棄却できない
- $P < \alpha$: 帰無仮説は棄却できる

ならば，この有意水準 α なる値はどのように決めればよいのでしょうか？あとは自分で好き勝手に決めるしかありません．たとえば，$\alpha=0.05$，つまり「めったにないこととは，20 回のうち 1 回より少ない発生件数である」といった値がよく使われています[*18].

[*16] 第二種の過誤についての検討はどうなるのだろう，といった問題については 5.5 節で考えます．

[*17] いかなる P 値が得られてもココロ乱されぬよう，データをとる前の段階であらかじめ有意水準 α の値を決めておくのが検定の正しいお作法とされています．

[*18] なぜ 20 回に 1 回以下が「めったにない」ことなのか，きちんとした理由は誰にも説明できません．

5.4.1 方法 (1) 汎用性のあるパラメトリックブートストラップ法

このあとは，P 値を評価する具体的な方法がわかれば，尤度比検定は終了します．それでは，「帰無仮説：一定モデルが真のモデルである世界」において検定統計量である $\Delta D_{1,2}$ が 4.5 より大きくなる (すなわち第一種の過誤をおかす) 確率を計算する方法を考えましょう．

この章では，P 値の計算方法をふたとおり紹介します．この項では，いかなるめんどうな状況でも必ず P 値が計算できるパラメトリックブートストラップ (parametric bootstrap, PB) 法[*19]を説明します．次の項では，逸脱度の差が χ^2 分布にしたがうと仮定する近似的な尤度比検定を紹介します．

PB 法は，図 5.3 における「データをたくさん生成」の過程を，乱数発生のシミュレーションによって実施する方法です．以下では，R による操作を示しつつ説明してみましょう．

この章の例題データの glm() による推定結果は，一定モデルと x モデルそれぞれ fit1 と fit2 に格納されているとします．これら fit1 と fit2 オブジェクトにはいろいろな情報が格納されています．たとえば，

```
> fit2$deviance
[1] 84.993
```

とすることで，x モデルの残差逸脱度を取りだすことができます．これを使って一定モデルと x モデルの逸脱度の差 $\Delta D_{1,2}$ を計算してみると

```
> fit1$deviance - fit2$deviance
[1] 4.5139
```

となり，やはり逸脱度の差 $\Delta D_{1,2}$ は 4.5 ということにしましょう．

統計学的な検定においては，帰無仮説が真のモデルであるとみなします．

[*19] ノンパラメトリックなブートストラップ法もあります．リサンプリングや並びかえなどを使って分布を作ったり統計量を評価する方法です．

帰無仮説である一定モデルで推定された平均種子数は 7.85 個だったので[*20]，真のモデルから生成されるデータとは，「平均 7.85 の 100 個のポアソン乱数」となります．

まず，ポアソン乱数生成関数 rpois() を使って，真のモデルから 100 個体ぶんのデータを新しく生成してみます．

```
> d$y.rnd <- rpois(100, lambda = mean(d$y))
```

平均と指定している mean(d$y) は標本平均 7.85 です．さらに glm() を使って，一定モデルと x モデルをこの新データにあてはめてみます．

```
> fit1 <- glm(y.rnd ~ 1, data = d, family = poisson)
> fit2 <- glm(y.rnd ~ x, data = d, family = poisson)
> fit1$deviance - fit2$deviance
[1] 1.920331
```

このように，体サイズ x_i と何の関係もない，平均値一定のポアソン乱数であるデータに対しても，逸脱度の差が 1.92 となりました．「真のモデル」である一定モデルよりも，無意味な説明変数をもつ x モデルのほうがあてはまりが良くなります．

ここまでの手順をまとめると，以下のようになります：

(1) 平均 mean(d$y) のポアソン乱数を d$y.rnd に格納する
(2) d$y.rnd に対する一定モデル，x モデルの glm() の推定結果を，それぞれ fit1, fit2 に格納する
(3) 逸脱度の差 fit1$deviance - fit2$deviance を計算する

これによって「一定モデルが真のモデルである世界」での逸脱度の差がひとつ得られます．これは PB 法の 1 ステップであり，このステップを 1000 回ほど繰りかえすと「検定統計量の分布」，この例題でいうと「逸脱度の差 $\Delta D_{1,2}$ の

[*20] glm() 関数を使った推定値は，$\hat{\beta}_1$=2.06 ぐらいでしたから exp(2.06)=7.846 となり，これは標本平均 mean(d$y) とだいたい等しくなります．

分布」を予測できます[*21].

この PB 法を実行するために，R の自作関数 pb() を定義してみましょう[*22].

```
get.dd <- function(d) # データの生成と逸脱度差の評価
{
  n.sample <- nrow(d) # データ数
  y.mean <- mean(d$y) # 標本平均
  d$y.rnd <- rpois(n.sample, lambda = y.mean)
  fit1 <- glm(y.rnd ~ 1, data = d, family = poisson)
  fit2 <- glm(y.rnd ~ x, data = d, family = poisson)
  fit1$deviance - fit2$deviance # 逸脱度の差を返す
}
pb <- function(d, n.bootstrap)
{
    replicate(n.bootstrap, get.dd(d))
}
```

上のような関数の定義を pb.R という名前のテキストファイルに書き[*23]，R の作業ディレクトリに保存してください．R で以下のように pb.R ファイルをよみこんで，自作した pb() 関数を呼び出してみましょう．

```
> source("pb.R") # pb.R を読みこむ
> dd12 <- pb(d, n.bootstrap = 1000)
```

上のような R 上での操作によって，逸脱度の差 $\Delta D_{1,2}$ のサンプルが 1000 個つくられて[*24]dd12 に格納されました．その概要を summary() で調べてみま

[*21] ブートストラップ法(bootstrap method)とは，このように乱数を使って何らかの確率分布を予測することです．

[*22] じつはこの計算のためには fit1 は不要で fit2$null.deviance - fit2$deviance で逸脱度の差 $\Delta D_{1,2}$ は計算できます．

[*23] 自分で書かなくてもサポート web サイト(まえがき末尾を参照)からダウンロードできます．

[*24] じつは $\Delta D_{1,2}$ のサンプル個数は 10^3 ぐらいでは十分なサイズではありません．この操作をやりなおすたびに結果がどれぐらい変わるかを調べてみてください．精度のよい結果をだすためには，n.bootstrap は 10^4 あるいはそれ以上にしたほうが良いでしょう．

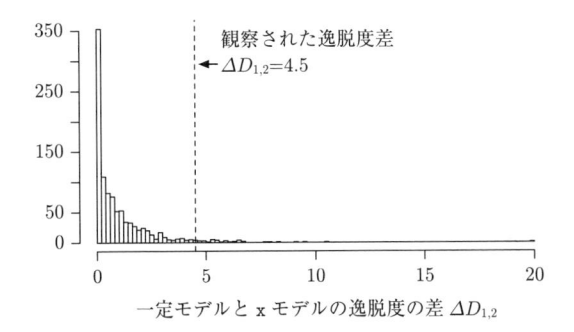

5.4 帰無仮説を棄却するための有意水準 ◆ 105

図 5.4 逸脱度の差 $\Delta D_{1,2}$ の確率分布．パラメトリックブートストラップ法によって生成されたヒストグラム．横軸は $\Delta D_{1,2}$．縦軸は度数(合計 1000)．縦の破線は，例題のデータに一定モデルと x モデルをあてはめて得られた $\Delta D_{1,2}$=4.5.

しょう．

```
> summary(dd12)
      Min.   1st Qu.    Median      Mean   3rd Qu.      Max.
 7.229e-08 8.879e-02 4.752e-01 1.025e+00 1.339e+00 1.987e+01
```

これをヒストグラムとして図示すると図 5.4 のようになり，「逸脱度の差 $\Delta D_{1,2}$ が 4.5」はどのあたりにくるのかもわかります．

```
> hist(dd12, 100)
> abline(v = 4.5, lty = 2)
```

合計 1000 個ある $\Delta D_{1,2}$ のうちいくつぐらいが，この 4.5 より右にあるのでしょうか？　数えてみると

```
> sum(dd12 >= 4.5)
[1] 38
```

ということで 1000 個中の 38 個が 4.5 より大きいことがわかりました．「逸脱度の差が 4.5 より大きくなる確率」は 38/1000，すなわち P=0.038 というこ

とになります.ついでに $P=0.05$ となる逸脱度の差 $\Delta D_{1,2}$[*25]を調べてみると,

```
> quantile(dd12, 0.95)
    95%
3.953957
```

となり,有意水準 5% の統計学的検定のわくぐみのもとでは,$\Delta D_{1,2} \leqq 3.95$ ぐらいまでは「よくある差」とみなされます.

この尤度比検定の結論としては,「逸脱度の差 4.5 の P 値は 0.038 だったので[*26],これは有意水準 0.05 よりも小さい」ので有意差があり (significantly different)[*27],「帰無仮説(一定モデル)は棄却され,x モデルが残るのでこれを採択」と判断します.

5.4.2 方法(2) χ^2 分布を使った近似計算法

前の項で紹介した PB 法は,自分が定義した統計モデルにしたがう乱数シミュレイションによって検定統計量の分布(図 5.4)を生成しました.どのような統計モデルであっても,この方法を使えば近似計算なしで検定統計量の分布がわかります[*28].

しかし,近似計算法を使うと,もっとお手軽に尤度比検定ができる場合があります.まず fit1 と fit2 に,それぞれ一定モデルと x モデルの推定結果を格納し,

---

[*25] このような $P=\alpha$ となるような $\Delta D_{1,2}$ を棄却点 (critical point),また,この値より大きい $\Delta D_{1,2}$ の領域を棄却域 (critical region または rejection region) といいます.

[*26] 尤度比検定はつねに片側検定になります.理由はパラメーターが増えれば「観測データへのあてはまり」である最大対数尤度は必ず増大するからです (4.5 節).

[*27] これは説明変数が及ぼす効果の大きさだけで決まるわけではありません.たとえばサンプルサイズが大きければ,小さな差でも統計学的には有意な差となる場合があります.また,P 値は小さければ小さいほど良いと信じている人もいますが,Neyman-Pearson の検定のわくぐみのもとでは $P<\alpha$ となっているか,なっていないかだけが問題です.

[*28] より良い精度の結果を得るためには,シミュレイションのステップ数を大きくする必要があります.

```
> fit1 <- glm(y ~ 1, data = d, family = poisson)
> fit2 <- glm(y ~ x, data = d, family = poisson)
```

以下のように anova() 関数[*29]を使います.

```
> anova(fit1, fit2, test = "Chisq")
Analysis of Deviance Table

Model 1: y ~ 1
Model 2: y ~ x
  Resid. Df Resid. Dev Df Deviance P(>|Chi|)
1        99     89.507
2        98     84.993  1    4.514     0.034
```

逸脱度の差 $\Delta D_{1,2}$ の確率分布は,自由度[*30]1 の χ^2 分布(χ^2 distribution) で近似できる場合があります.上の例では "Chisq" と指定することで,χ^2 分布近似を利用しています.結果を見ると,逸脱度の差 $\Delta D_{1,2}$ が 4.5 になる P 値は 0.034 となり,帰無仮説は棄却されます.

このようにして得られた P 値と,前の PB 法で得た $P=0.038$ は一致していません.χ^2 分布近似はサンプルサイズが大きい場合に有効な近似計算であり,この例題で調べた植物の個体数は 100 にすぎないので,このように "Chisq" 指定によって近似的に得られた P 値はあまり正確ではない可能性があります.

調査した個体数が多くない小標本のもとでは,PB 法を使って逸脱度差の分布をシミュレイションで生成するのがよいでしょう[*31].あるいは,もしデータのばらつきがポアソン分布ではなく,**等分散正規分布**の場合には,小標本の場合の検定統計量の確率分布を利用でき,そちらのほうが χ^2 分布近似よりも正確です.たとえば,平均の差を検定統計量とする場合には t 分布,分散比を

[*29] anova() 関数の名前の由来である ANOVA とは analysis of variance です.ただし,ここではばらつきの一種である逸脱度を調べる analysis of deviance を実施しています.
[*30] これは一定モデルと x モデル間のパラメーター数の差です.
[*31] 精度を高くするために,PB 法でとりだす検定統計量の個数を十分に大きくしてください.このサンプルサイズは問題によるので,自分で試行錯誤して決めるしかありません.

検定統計量とする場合には F 分布がよく使われています．これらの検定と尤度比検定の関係については，章末にあげている文献を参照してください．

5.5 「帰無仮説を棄却できない」は「差がない」ではない

この例題では，観測データを得る前にあらかじめ $\alpha=0.05$ と定めておいて，尤度比検定の考えかたにしたがって $\Delta D_{1,2}$ の分布を予測し，その結果として $P<\alpha$ が成立して帰無仮説が棄却されたので，残された対立仮説を採択しました．

それでは，もし仮に $P \geqq \alpha$ となった場合には，どのように結論すればよいのでしょうか．その場合には，「帰無仮説は**棄却できない**(fail to reject)」と結論します．これは「帰無仮説が正しい」という意味ではありません．帰無仮説・対立仮説のどちらも正しいとも正しくないともいえない，つまり判断を保留するということです．

尤度比検定に限らず，Neyman-Pearson のわくぐみのもとでは，「帰無仮説が棄却できないときは帰無仮説が正しい」とする論法は**検定の誤用**になります．たとえば，「等分散性の検定」はよく使われていますが，これは検定の誤用です[*32]．

Neyman-Pearson のわくぐみの検定には非対称性(5.3節)があるので，$P<\alpha$ となった場合と $P \geqq \alpha$ となった場合では，「結論できること」がずいぶんと異なります．

第二種の過誤の確率(表5.2)を P_2 と評価することもできます[*33]．しかし，Neyman-Pearson の検定のわくぐみの中では，第一種の過誤の確率 P とは異なり，P_2 を使って何かを定量的に主張する手つづきは用意されていません．

この第二種の過誤の確率 P_2 について検討するときには，帰無仮説がまち

[*32] モデル選択では，「同等とするモデルが良い」「分散一定のモデルが良い」といったことが言えます．

[*33] ふつうは β という記号を使いますが，この本ではパラメーター β_1 などと混同しないように P_2 と表記します．

がっていたときに棄却できる確率 $1-P_2$ と定義される**検定力**(または**検出力**; power)がよく使われています．一般に，統計学的な検定によって帰無仮説を棄却するために実施するデータとり(実験など)では，この検定力を高めるように実験計画が定量的に設計されます[*34]．検定力を高めるためには，サンプルサイズを大きくするといった方法などがあります．

5.6 検定とモデル選択，そして推定された統計モデルの解釈

尤度比検定と AIC によるモデル選択(第 4 章)は，どちらも逸脱度(あるいは最大対数尤度)という統計量に注目しています．しかし，これらふたつのモデル比較方法は，その目的とするところがまったく異なっています．モデル選択と統計学的な検定の目的のちがいに注意し，安易に混同しないように使いわける必要があります．

AIC によるモデル選択では「良い予測をするモデル」を選ぶという目的をもち，「予測の良さとは平均対数尤度」と明示したうえで，平均対数尤度を最大対数尤度とパラメーター数から推定します．

一方で，尤度比検定など Neyman-Pearson のわくぐみのもとでの統計学的な検定の目的は，帰無仮説の安全な棄却です．帰無仮説が棄却されたあとに残された対立仮説が，どのような意味で「良い」モデルなのかは明確ではありません．

自然科学の道具として使う場合に，検定にせよモデル選択にせよ，「有意でした」「このモデルの AIC が最小でした」と述べるだけで，自分の主張が正当化されるわけではありません．

統計学的な有意差とはある要因の効果の大小そのものを直接にあらわすものではないからです．なにか生物学の実験をしていて，ある実験処理の効果が「平均種子数を 1.000001 倍しか増やさない」と推定された場合であっても，

[*34] 学術誌によっては実験報告の論文に，検定力の記載を要求するところがあります．一方で，学問分野によっては，事前にも事後にも検定力などを評価せずに統計学的な検定を多用しているところもあります．

サンプルサイズによっては$P<\alpha$となったり，AIC最小モデルとなる場合もあります．P値は効果の大きさそのものをあらわすものではありません．

推定された統計モデルの解釈は，それぞれの研究ごとに固有なものであり，分野ごとに異なる自然現象のとらえかたに依存しているので，その文脈の中で検討すべき問題です．推定されたパラメーターはどのような値であり[*35]，標準誤差などであらわされる推定の誤差はどれほどのものなのか，それらを組みあわせたときの統計モデルの挙動はどうなると予測されるのかも示すべきでしょう．

5.7　この章のまとめと参考文献

この章では，データ解析でよく使われている検定のわくぐみについて再検討し，またどのような統計モデルでも使える尤度比検定を紹介しました．

- Neyman-Pearsonの統計学的検定のわくぐみでは，パラメーター数の少ないモデルを帰無仮説と位置づけ，帰無仮説が棄却できるかどうかの確率評価に専念する(5.1 統計学的な検定のわくぐみ)
- 尤度比検定の検定統計量はふたつの統計モデルの逸脱度差である(5.2 尤度比検定の例題：逸脱度の差を調べる)
- 検定における過誤は2種類あるが，Neyman-Pearsonの検定のわくぐみでは帰無仮説の誤棄却を重視する(5.3 2種類の過誤と統計学的な検定の非対称性)
- 帰無仮説を棄却する有意水準αの大きさは解析者が任意に決めるものであり，たとえば$\alpha=0.05$がよく使われているが，これは何か特別な根拠にもとづくものではない(5.4 帰無仮説を棄却するための有意水準)
- Neyman-Pearsonの検定のわくぐみでは，第一種の過誤の大きさを正確に評価できるが，いっぽうで帰無仮説が棄却できない場合の結論は何もいえない，つまり判断を保留するしかない(5.5「帰無仮説を棄却できない」は「差がない」ではない)

[*35] これは効果の大きさ(effect size)とよばれることもあります．

- 検定やモデル選択の結果だけに注目するだけではなく，推定された統計モデルが対象となる現象の挙動を，どのように予測しているのかも確認するべきだ (5.6 検定とモデル選択，そして推定された統計モデルの解釈)

　この章の主題は，統計学的な検定が「とにかく $P<0.05$ さえ出せばいい，そうすれば何を主張してもよい」といった万能のツールではないことをあらためて確認するものでした．統計学的な検定はソフトウェアまかせで簡単にできてしまうので，理解しないまま使用されている，あるいは誤用されています．統計学的な方法を使うときには，よく使われている方法であっても，この章のような確認作業が必要だということでしょう．

◇　　◇　　◇

　Neyman-Pearson の統計学的検定のわくぐみや尤度比検定についてのよりくわしくは，Hoel『入門数理統計学』[17]を参照してください．また，Hoel たちの『統計理論入門』[16]には，t 分布や F 分布をつかった小標本のもとでの統計学的な検定と尤度比検定の関係も説明されています．

　東京大学教養学部統計学教室編『自然科学の統計学』[40]にも尤度比検定や検定力についてのさらに詳しい説明があります．

　ブートストラップ法による検定については，Roff『生物学のための計算統計学——最尤法，ブートストラップ，無作為化法』[32]なども参考にしてください．

6
GLM の応用範囲をひろげる
―ロジスティック回帰など―

GLM の応用範囲をひろげるために，ポアソン分布以外の確率分布の統計モデル，そして GLM のオフセット項の使いかたを説明します．

この章ではさまざまなGLMについて説明します.「あるできごとが発生する確率」の統計モデルであるロジスティック回帰, 人口密度などの割算値をあつかうポアソン回帰のオフセット項わざ, そして正規分布やガンマ分布を使うGLMも紹介します.

6.1 さまざまな種類のデータで応用できるGLM

第2章から第5章までは, 統計モデルの考えかた・使いかたの説明を単純化するために, ポアソン分布・対数リンク関数のGLM(ポアソン回帰の統計モデル)ばかりをとりあつかってきました. しかし, GLMの特徴は, **確率分布・リンク関数・線形予測子の組み合わせを指定することによって, さまざまなタイプのデータを表現できる**ことです. Rのglm()系の関数でよく使われる確率分布を表6.1にあげてみました[*1][*2]. また, 表6.1には,「この確率分布なら, GLMではこのリンク関数を使うことが多いでしょう」[*3]という一覧もあげています.

表 **6.1** R内でGLMの構築に使える確率分布の一部. 一般化線形モデル推定関数glm()のfamily指定と, よく使うリンク関数. 対数リンク関数については第3章を, ロジットリンク関数についてはこの章の6.4節を参照.

	確率分布	乱数生成	glm()のfamily指定	よく使うリンク関数
(離散)	二項分布	rbinom()	binomial	logit
	ポアソン分布	rpois()	poisson	log
	負の二項分布	rnbinom()	(glm.nb()関数)	log
(連続)	ガンマ分布	rgamma()	gamma	log かな?
	正規分布	rnorm()	gaussian	identity

GLMなど使わなくても, 応答変数を変数変換して直線回帰をすればよいと

[*1] このほかにも inverse.gaussian や quasi 系の family が指定できますが, あまり使われていません.

[*2] glm.nb() を使うときは, R内で library(MASS) と指示してMASS packageを読みこんでください.

[*3] 「よく使う」リンク関数とはちょっと意味が異なりますが, 正準リンク関数(canonical link function)というクラスもあります. 表6.1でいうと, family = gamma 以外は「よく使うリンク関数」列に正準リンク関数を示しています. family = gamma の正準リンク関数は逆数リンク関数(inverse link function)であり, これは対数リンク関数ほど使いやすくありません.

考えている人もいます．しかし，第3章の3.7節でも説明しましたが，このような方法はリンク関数とはまったく別のものです．

6.2　例題：上限のあるカウントデータ

まず，二項分布を使ったGLMを説明します．ポアソン分布は上限のないカウントデータを表現するのに使いましたが，二項分布は上限のあるカウントデータ，つまり応答変数が $y\in\{0,1,2,\cdots,N\}$ といった範囲の値をとる現象のばらつきをあらわすために使います．たとえば，「N 個体の実験対象に同じ処理をしたら，y 個体で反応が陽性，$N-y$ 個体では陰性だった」という構造のデータは二項分布を使って説明できるかもしれません．

このようなカウントデータをあつかうために，この章の最初の例題では，図6.1に示しているような架空植物のデータを解析する統計モデルを作ります．これは第3章など，これまでポアソン回帰で解析してきた架空植物の例題データとよく似ていますが，応答変数 y_i の上限が N であるところが異なっています．

例題のデータ構造について説明してみましょう．ある架空植物の個体 i それぞれにおいて「N_i 個の観察種子のうち生きていて発芽能力があるものは y_i 個，死んだ種子は N_i-y_i 個」といった観測データが得られたとします．個体ごとに異なる体サイズや生育環境に左右されて，種子の生き残る確率が上下すると考えられています．全部で100個体の植物を調べたとしましょう．

ここでは観察種子数 N_i はどの個体でも8個とします[*4]．応答変数である生存種子数のとりうる値は，$y_i\in\{0,1,2,3,\cdots,8\}$ となり，全部生存していた場合 $y_i=8$ で，全種子が死亡していたら $y_i=0$ です．

以下では種子の**生存確率**[*5]という用語が登場しますが，これは「ある個体 i から得られた1個の種子が生きている確率」と考えてください．個体 i の種子

[*4] これは図示を簡単にするためです．N_i が異なっているデータであっても，このあとに説明するロジスティック回帰は問題なくパラメーター推定できます．
[*5] 種子の生存・死亡などもあつかう繁殖生態学では，生存確率というよびかたはしません．しかし，繁殖生態学の専門用語を使うと煩雑になるので，この本では「生存確率」という語を使うことにします．

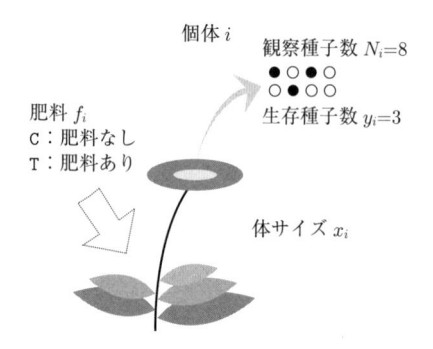

図 **6.1** 架空植物の第 i 番目の個体. この植物の体サイズ（個体の大きさ）x_i と施肥処理 f_i が種子の生存確率にどう影響しているのかを知りたい.

の生存確率を q_i とします.

説明変数として使われるデータについて説明します. 個体の大きさをあらわす体サイズ x_i はこれまでの章と同じあつかいです. この x_i によって生存確率 q_i が上下するものとします. また全 100 個体のうち 50 個体（$i \in \{1, 2, \cdots, 50\}$）は特に何もしていないけれど（無処理 f_i=C），残り 50 個体（$i \in \{51, 52, \cdots, 100\}$）には肥料を与える（施肥処理 f_i=T）とします[*6].

この例題で調べたいことは，ある個体の生存確率 q_i が体サイズ x_i や施肥処理 f_i といった説明変数によって，どう変化するのかという点です. これを統計モデルのパラメーター推定やモデル選択で明らかにします.

それでは例題のデータをながめてみましょう. R の中で d というオブジェクトにデータが格納されているとします[*7]. summary(d) で各列のまとめを表示してみます.

[*6] この f_i は因子型の説明変数です. 第 3 章の 3.5 節も参照してください.
[*7] この例題のデータはサポート web サイト（まえがき末尾を参照）からダウンロードしてください.

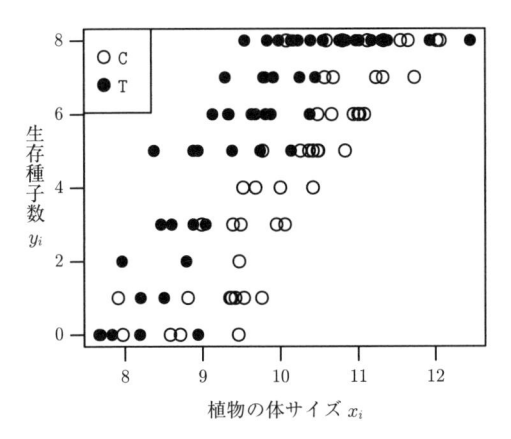

図 **6.2** 種子生存確率の架空データの図示. 8 個の調査種子中の生存数 y_i と, 体サイズ x_i や施肥処理 f_i の関係を示している. 白丸は施肥処理なし(処理 C), 黒丸は施肥処理あり(処理 T).

```
      N           y             x              f
Min.   :8   Min.   :0.00   Min.   : 7.660   C:50
1st Qu.:8   1st Qu.:3.00   1st Qu.: 9.338   T:50
Median :8   Median :6.00   Median : 9.965
Mean   :8   Mean   :5.08   Mean   : 9.967
3rd Qu.:8   3rd Qu.:8.00   3rd Qu.:10.770
Max.   :8   Max.   :8.00   Max.   :12.440
```

このデータの各列は, N: 観察種子数, y 列は生存種子数, x 列は植物の体サイズ, f 列は施肥処理となっています.

これまでも強調してきたように, 統計モデリングに先だって, データをいろいろな方法で図示する必要があります. ここでは簡単に, 図 6.2 のように表示してみます.

これをみると,
- 体サイズ x_i が大きくなると生存種子数 y_i が多くなるらしい
- 肥料をやると(f_i=T)生存種子数 y_i が多くなるらしい

といったことがわかります. ここではどの個体でも観察種子数 N_i は 8 個です

から，生存種子数 y_i の増加は生存確率 q_i の増加と同じことです．

6.3 二項分布で表現する「あり・なし」カウントデータ

この架空植物の種子データのように「N 個のうち y 個が生存していた」といった構造のカウントデータを統計モデルで表現するときには**二項分布**(binomial distribution)がよく使われています[*8]．この例題も二項分布を使った統計モデルを構築しましょう[*9]．

ここまでカウントデータに対してはポアソン分布を使った統計モデルを適用してきました．しかしながら，このデータでは，各個体 i において $N_i=8$ という上限があるので ($y_i \in \{0, 1, 2, \cdots, 8\}$)，ポアソン分布では観測データを表現できません．なぜならポアソン回帰では，応答変数 y が $y \in \{0, 1, 2, \cdots\}$ というように「0 以上だけれど上限がどこにあるのかわからないカウントデータ」をあつかうからです[*10]．

二項分布の確率分布は，

$$p(y \mid N, q) = \binom{N}{y} q^y (1-q)^{N-y}$$

と定義され，$p(y \mid N, q)$ は N 個中の y 個で事象が生起する確率です．この例では，q は N 個の各要素で事象が生起する確率(生起確率)です．この例題ではある個体での生存確率と解釈しています．また，$\binom{N}{y}$ は「場合の数」で，ここでは「N 個の観察種子の中から y 個の生存種子を選びだす場合の数」となります．この二項分布を図示すると，図 6.3 のようになります[*11]．

[*8] この例題では，1 個体の種子数が観察種子数 N よりずっと大きい，あるいはどの個体でも種子数が N であると仮定しています．

[*9] この例題のような 2 状態の応答変数ではなく，3 状態以上となる場合には，**多項分布**(multinomial distribution)を使った統計モデルでデータを表現できます．ただし，この本では多項分布を使った統計モデルは説明しません．

[*10] ただし，統計モデリングを工夫すれば，ポアソン分布を使った統計モデルを使って，上限のあるカウントデータにもとづくパラメーター推定は可能です．章末に紹介しているカテゴリカルデータ解析の教科書を参照してください．

[*11] 二項分布で $N=1$ かつ $y \in \{0, 1\}$ となっているものはベルヌーイ分布(Bernoulli distribu-

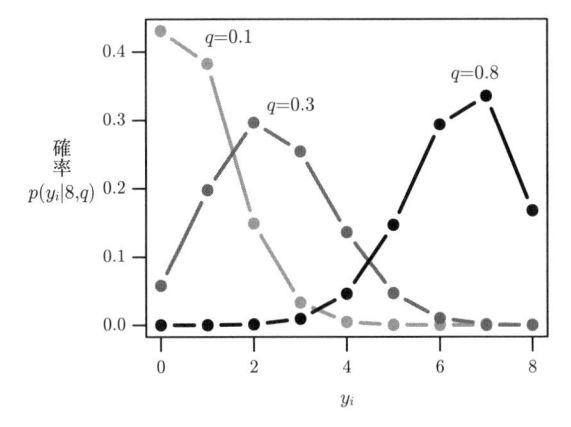

図 **6.3** 上限 $N=8$ で，生起確率 q が $\{0.1, 0.3, 0.8\}$ である二項分布の確率分布．

6.4 ロジスティック回帰とロジットリンク関数

二項分布を使った GLM のひとつである，**ロジスティック回帰**(logistic regression)[*12]の統計モデルを説明します．

6.4.1 ロジットリンク関数

第 3 章で説明したように，GLM は確率分布・リンク関数・線形予測子を指定する統計モデルであり，ロジスティック回帰では確率分布は二項分布，そしてリンク関数は**ロジットリンク関数**(logit link function)を指定します[*13]．

ふたたび種子生存の例題にそって説明してみましょう．前の節で，種子の生存・死亡を表現するのに適当な確率分布として，二項分布をとりあげました．二項分布では事象が生起する確率をパラメーターとして指定する必要があり，この例題では種子の生存確率 q_i がそれに該当します．この q_i は確率なの

---

tion)とよばれることがあります．R の中ではベルヌーイ分布は二項分布としてあつかわれます．
[*12] あるいは線形ロジスティック回帰．
[*13] なお二項分布を使った GLM で使われるリンク関数としては，他にも probit リンク関数や complementary log-log リンク関数などがあります．この本ではもっともよく使われるロジットリンク関数だけをあつかっています．

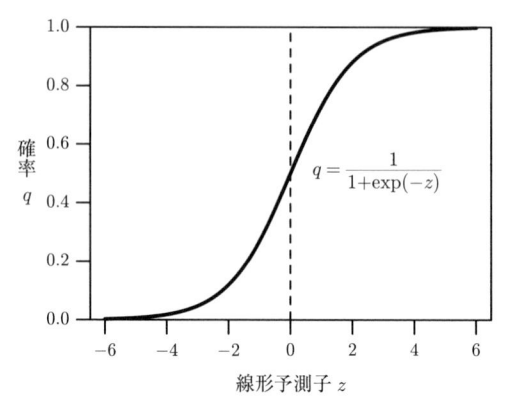

図 **6.4** ロジスティック曲線. z が小さくなるとゼロに, また z が大きくなると 1 に近づく. $z=0$ のときに $q=0.5$.

で $0 \leq q_i \leq 1$ です[*14]. ロジットリンク関数は, パラメーター q_i のこのような制約と, 線形予測子をうまく関連づけるリンク関数です.

ロジットリンク関数が何であるのかを説明するために, まずロジスティック関数 (logistic function) について説明します. ロジスティック関数の関数形は,

$$q_i = \text{logistic}(z_i) = \frac{1}{1+\exp(-z_i)}$$

であり, 変数 z_i は, 線形予測子 $z_i = \beta_1 + \beta_2 x_i + \cdots$ です.

まずは, このロジスティック関数がどのようなものであるか, R で作図して調べてみましょう (図 6.4).

```
> logistic <- function(z) 1 / (1 + exp(-z)) # 関数の定義
> z <- seq(-6, 6, 0.1)
> plot(z, logistic(z), type = "l")
```

生存確率 q_i が z_i のロジスティック関数であると仮定すれば, 線形予測子 z_i がどのような値をとっても必ず $0 \leq q_i \leq 1$ となります.

[*14] 実際の統計ソフトウェアでは, $0 \leq q_i \leq 1$ ではなく $0 < q_i < 1$ という範囲でないとうまく推定計算してくれない場合が多々あります. 多くのソフトウェアでは (あるいは多くの統計モデルでも)「絶対に○○が生じる (あるいは生じない)」現象はうまくあつかえないと考えてください.

6.4 ロジスティック回帰とロジットリンク関数

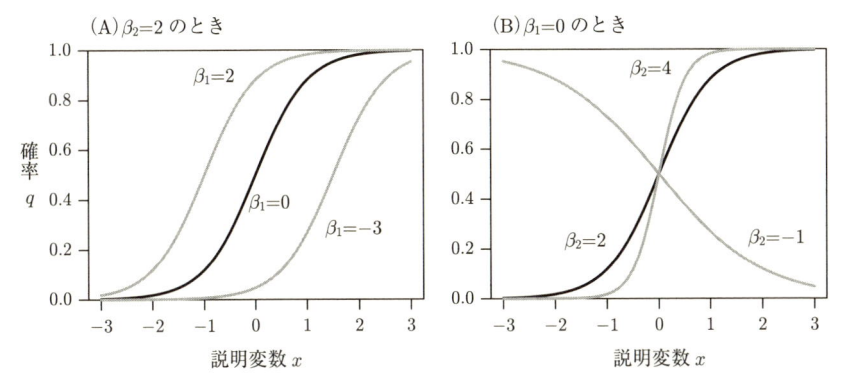

図 6.5 $z=\beta_1+\beta_2 x$ のロジスティック曲線．黒い曲線は $\{\beta_1, \beta_2\}=\{0, 2\}$．(A) $\beta_2=2$ と固定して β_1 を変化させた場合．(B) $\beta_1=0$ と固定して β_2 を変化させた場合．

ロジスティック関数と線形予測子 $z_i=\beta_1+\beta_2 x_i+\cdots$ の関係を調べるために，いくつかの図を示してみましょう．たとえば，生存確率 q_i が体サイズ x_i だけに依存していると仮定すると，線形予測子 $z_i=\beta_1+\beta_2 x_i$ となります．このときに q_i と x_i の関係が，パラメーター β_1 と β_2 に依存している様子を図 6.5 に示しています[*15]．

このロジスティック関数を変形すると，

$$\log \frac{q_i}{1-q_i} = z_i$$

となります．この左辺のことを**ロジット関数**(logit function)といいます．

$$\mathrm{logit}(q_i) = \log \frac{q_i}{1-q_i}$$

ロジット関数はロジスティック関数の逆関数であり，ロジスティック関数の逆関数がロジット関数です．

[*15] 図 6.5(B) では $\beta_1=0$ としているので，β_2 を変えても「位置」は左右に動きません．$\beta_1 \neq 0$ の場合には，β_2 を変化させると「傾き」が変わるだけでなく，$q_i=0.5$ となる「位置」も左右に動きます．

6.4.2 パラメーター推定

ここまでで，GLM に必要な確率分布・線形予測子・リンク関数を設定できました．さて，図 6.6 に示しているように，この統計モデルをデータにあてはめてパラメーターを推定しましょう．尤度関数

$$L(\{\beta_j\}) = \prod_i \binom{N_i}{y_i} q_i^{y_i}(1-q_i)^{N_i-y_i}$$

から対数尤度関数

$$\log L(\{\beta_j\}) = \sum_i \left\{ \log \binom{N_i}{y_i} + y_i \log(q_i) + (N_i-y_i) \log(1-q_i) \right\}$$

が得られます．この $\log L$ を最大にする推定値のセット $\{\hat{\beta}_j\}$ を探しだすのが最尤推定です．ここで確率 q_i は $\{\beta_1, \beta_2, \beta_3\}$ の関数であることに注意してください．

この推定計算は，ポアソン回帰のときと同じように，R の glm() 関数がやってくれます．以下のように，

```
> glm(cbind(y, N - y) ~ x + f, data = d, family = binomial)
```

R 内で指示すればよいのですが，ポアソン回帰のときとの相違は，応答変数の指定方法 cbind(y, N - y)，そしてばらつきの確率分布の指定方法 family = binomial です[*16]．

応答変数 cbind(y, N - y) は cbind(生存した数, 死んだ数) をあらわしています．二項分布の GLM のパラメーターを glm() で推定する場合には，このように cbind(y, N - y) と引数を指定すると，このデータの場合，2 列 100 行の行列クラスのオブジェクトを生成します．その行列の内容は，データフレーム d の y 列と N 列を使って，1 列目に生存していた種子数 y，2 列目

[*16] family = binomial と指定すると，デフォルトのリンク関数は "logit"，つまり family = binomial(link = "logit") と指定しているのと同じことになります．

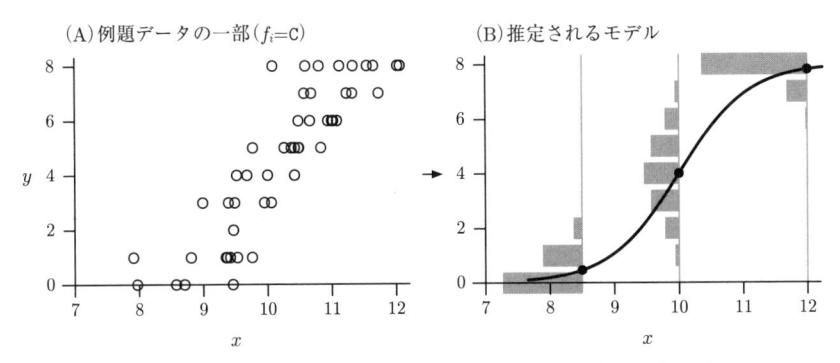

図 **6.6** ロジスティック回帰のモデルの推定．(A)この章の例題データから「施肥処理なし」(f_i=C)のデータ点だけを選んだもの．(B)黒い曲線は x のロジスティック関数として変化する平均．グレイで示しているのは $x \in \{8.5, 10, 12\}$ での二項分布の確率分布．黒丸は各 x での y の期待値．直線回帰・ポアソン回帰を説明する図 3.9 と同じように図示している．

に死んだ種子数 N - y となっています[*17]．

さて，このように glm() で得られた結果のうち，係数の推定の部分だけ抜粋してみると，以下のようになりました．

```
Coefficients:
(Intercept)            x           fT
    -19.536        1.952        2.022
```

おおよそ $\{\hat{\beta}_1, \hat{\beta}_2, \hat{\beta}_3\} = \{-19.5, 1.95, 2.02\}$ となっています．これらの推定値を使うと図 6.7 に示しているような予測[*18]の曲線が描けます．

6.4.3 ロジットリンク関数の意味・解釈

このようにして得られたパラメーターの推定値はどう解釈すればよいのでしょうか．そのために，ロジットリンク関数についてさらに検討してみましょ

[*17] ただし family = binomial だからといって，つねに cbind() する必要はありません．たとえば，個体ごとに「生存した($y=1$)」「死んだ($y=0$)」というような 2 値をとる場合($y \in \{0, 1\}$)は，glm(y ~ x, ...) としてかまいません．

[*18] predict() 関数などで図 6.7 のような曲線を描けます．3.4.3 節参照．

6 GLM の応用範囲をひろげる

(A) 施肥処理なし (f_i=C) (B) 施肥処理あり (f_i=T)

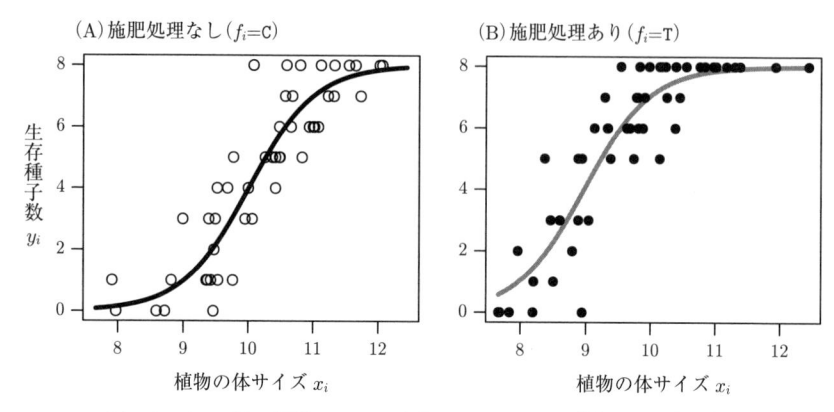

図 **6.7** この章の例題のデータ点とモデルによる平均の予測 (曲線).
(A) 施肥処理なし (処理 C). (B) グレイの曲線が施肥処理あり (処理 T).

う.ロジスティック関数の逆関数であるロジット関数は,$\mathrm{logit}(q_i)=\log\dfrac{q_i}{1-q_i}$ であり,これが線形予測子に等しいので,

$$\begin{aligned}\frac{q_i}{1-q_i} &= \exp(\text{線形予測子}) \\ &= \exp(\beta_1+\beta_2 x_i+\beta_3 f_i) \\ &= \exp(\beta_1)\exp(\beta_2 x_i)\exp(\beta_3 f_i)\end{aligned}$$

となります.この左辺の $\dfrac{q_i}{1-q_i}$ はオッズ (odds) とよばれる量で,この場合だと (生存する確率)/(生存しない確率) という比であり,q_i=0.5 のときにはオッズは 1 倍,q_i=0.8 のときにはオッズは 4 倍であると言ったりします.上の式を見ればわかるように,ロジスティック回帰のモデルでは,このオッズは exp(パラメーター×要因) に比例しています.つまり,R が推定した推定値 $\{\hat{\beta}_2, \hat{\beta}_3\}$ を代入し,定数である $\exp(\hat{\beta}_1)=\exp(-19.5)$ を省略すると,

$$\frac{q_i}{1-q_i} \propto \exp(1.95 x_i)\exp(2.02 f_i)$$

という関係です.

まず生存確率のオッズに対する,植物個体の体サイズ x_i の影響を調べまし

ょう.いま注目している個体 i の大きさが「1単位」増大したら生存確率のオッズはどう変化するでしょうか.

$$\frac{q_i}{1-q_i} \propto \exp(1.95(x_i+1))\exp(2.02f_i)$$
$$\propto \exp(1.95x_i)\exp(1.95)\exp(2.02f_i)$$

上のように書けるので,生存のオッズは $\exp(1.95)$ 倍なので7倍ぐらい増加します.同様に「肥料なし」(処理 C つまり $f_i=0$)に比べて「施肥処理あり」(処理 T つまり $f_i=1$)だとオッズが $\exp(2.02)$ 倍なので7.5倍ぐらい増えます.

このように,ロジットリンク関数で生存確率を定義することによって,さまざまな要因と応答事象のオッズの解釈が簡単になります.この章の最初のほうで,生存確率が $0 \leq q_i \leq 1$ となるのがロジスティック関数を使ったモデルの利点であると説明しました.このように「解釈しやすい」がもうひとつの利点です[*19].

このオッズの対数をとると,

$$\log\frac{q_i}{1-q_i} = \beta_1 + \beta_2 x_i + \beta_3 f_i$$

となります.右辺の $\beta_1+\beta_2 x_i+\beta_3 f_i$ は線形予測子 z_i そのものです.

オッズと「リスク」について考えてみましょう.よく世間で「生活習慣 X によってナントカ病の発病リスクが7倍になります」といった報道がなされます.ここでいう「リスク」とは(近似的には)オッズ比(odds ratio)のことです[*20].ある人間集団におけるナントカ病の発病と生活習慣のデータにもとづいたデータ解析をしたとしましょう.個人 i の生活習慣 X の効果をあらわす係数が β_s であるとして,発病確率をロジスティック回帰で調べたら,その最尤推定値 $\hat{\beta}_s=1.95$ が得られたとしましょう.この場合は,

---

[*19] ポアソン回帰の統計モデルにおいて,対数リンク関数を使えば平均 $\lambda_i \geq 0$ となるだけでなく,平均がいろいろな要因の積として解釈できて便利だ(そして積になっていることに注意しなさい),というのと同じことです.

[*20] 「リスクが7倍」と報道される場合,リスク比もしくは相対危険率をさすこともあります.これは厳密にはオッズ比とは異なりますが,発症確率が低い疾病の場合にはリスク比はオッズ比の近似になっています.

$$\frac{(\text{X の odds})}{(\text{非 X の odds})} = \frac{\exp(\text{X・非 X の共通部分}) \times \exp(1.95 \times 1)}{\exp(\text{X・非 X の共通部分}) \times \exp(1.95 \times 0)}$$
$$= \exp 1.95$$

となるので，病気になるオッズ比(近似的には「リスク」)は $\exp 1.95$ 倍(7 倍)ぐらいと見つもられます．

6.4.4 ロジスティック回帰のモデル選択

6.4.2 項では，サイズ x_i と施肥処理 f_i を説明変数とするロジスティック回帰の統計モデルを，データにあてはめてみました．しかし，これが種子の生存数をもっとも良く予測するモデルなのかどうかは不明です．ネストしているモデルたち，すなわち，説明変数はどちらか一方だけを使ったモデル，あるいはどちらも使わないモデルのほうが良い予測が得られるかもしれません．第 4 章で説明した，AIC によるモデル選択によって，これらのモデルの中から良い予測をするものを選ぶことにしましょう．

R の MASS package の stepAIC() 関数を使うと，ネストしているモデルたちの AIC を自動的に比較しながら，AIC 最小のモデルを選択できます．植物の体サイズ x_i と施肥処理 f_i の両方に影響されるモデルを x + f モデルとして，その glm() による推定結果が fit.xf に格納されているとしましょう．以下のようにすれば，ネストしているモデルたち，つまり x + f モデル，f モデル，x モデルの AIC を比較してくれます．

```
> library(MASS) # stepAIC を定義する MASS package よみこみ
> stepAIC(fit.xf)
```

ここでは R の出力は示しませんが，第 4 章と同じように，R の出力にもとづいて最大対数尤度($\log L^*$)・逸脱度・AIC などを表 6.2 にまとめてみました．

体サイズと施肥処理を同時に組みこんだ x + f モデルが AIC の観点から最良になりました．

表 **6.2** 種子の生存確率のモデルの AIC など．各列については表 4.2 の説明を参照．f, x, x + f モデルはそれぞれ，施肥処理 f_i だけ，体サイズ x_i だけ，そして両者に依存するモデル．

モデル	k	$\log L^*$	deviance $-2\log L^*$	residual deviance	AIC
一定	1	-321.2	642.4	499.2	644.4
f	2	-316.9	633.8	490.6	637.8
x	2	-180.2	360.3	217.2	364.3
x+f	3	-133.1	266.2	123.0	272.2
フル	100	-71.6	143.2	0.0	343.2

6.5 交互作用項の入った線形予測子

ここまで使ってきた線形予測子 $\beta_1+\beta_2 x_i+\beta_3 f_i$ をさらに複雑化して，交互作用 (interaction) 項を追加してみます．この例題の場合の交互作用とは，植物の体サイズ x_i と施肥処理の効果 f_i の「積」の効果です．

交互作用項をいれた線形予測子は

$$\text{logit}(q_i) = \beta_1+\beta_2 x_i+\beta_3 f_i+\beta_4 x_i f_i$$

となります．施肥処理の要因は「無処理 (C)」「肥料をやる (T)」の 2 水準なので，ここでも，この因子型の説明変数 f_i は C のとき 0 で T のときに 1 となることにしましょう[*21]．ですから，交互作用項 $\beta_4 x_i f_i$ は単純に「x_i と f_i の積に係数 β_4 の値をかけたもの」と考えてよいでしょう．たとえば，交互作用が大きな影響をもつ場合，図 6.8 のように平均生存種子数のサイズ x_i 依存性は，施肥処理 f_i によって大きく変わります[*22]．

それでは，ロジスティック回帰の例題である生存種子数のデータ (図 6.2) の交互作用を推定してみましょう．R でこのような交互作用をいれた統計モデルを推定する場合には，

[*21] 第 3 章の 3.5 節と同じ考えかたですが，ここでは d_i というダミー変数は使っていません．

[*22] サイズ依存性が施肥処理によって変わると考えたいときには $\text{logit}(q_i)=\beta_1+(\beta_2+\beta_4 f_i)x_i+\beta_3 f_i$ といった式を，施肥処理の効果がサイズ依存だと考えたいときには $\text{logit}(q_i)=\beta_1+\beta_2 x_i+(\beta_3+\beta_4 x_i)f_i$ などと思いうかべればよいのかもしれません．どちらも同じ式を書きかえているだけです．

6 GLM の応用範囲をひろげる

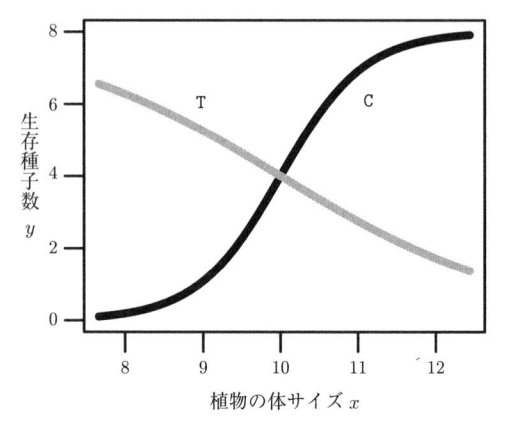

図 6.8 交互作用項が大きいので，サイズ依存性が施肥処理によって大きく変わる場合の一例．C は無処理，T は施肥処理．

```
> glm(cbind(y, N - y) ~ x * f, family = binomial, data = d)
```

と指示します．モデル式の右辺 x * f は x + f + x:f を省略する記法です．省略していないモデル式の x:f 項が交互作用をあらわしています．

このように交互作用項を含めたモデルを使って，パラメーター推定をすると以下のような結果が得られました．

```
Coefficients:
(Intercept)            x             fT          x:fT
  -18.5233        1.8525        -0.0638        0.2163

Degrees of Freedom: 99 Total (i.e. Null);   96 Residual
Null Deviance:      499
Residual Deviance: 122    AIC: 274
```

この推定結果と，前の 6.4.4 項で AIC 最良モデルとして選ばれた x + f モデル fT の係数の推定値（fT の推定値は 2.02，p. 123）がずいぶんと異なるように見えます．しかし，図 6.9 をみるとモデルの予測としてはほとんど変化していません．

(A) 交互作用のないモデル　　　(B) 交互作用のあるモデル

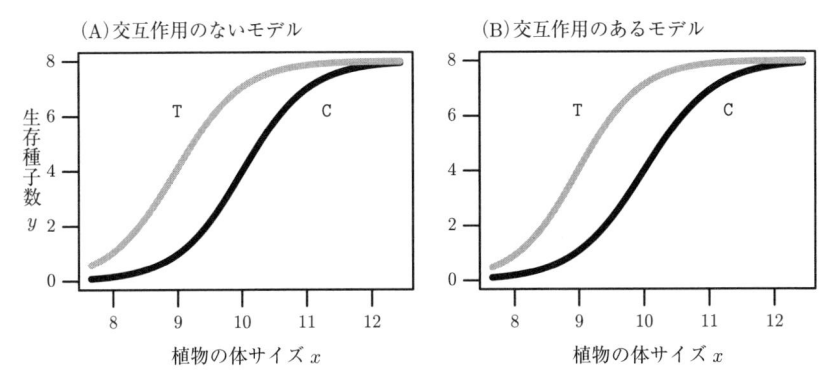

図 6.9　交互作用の有無を調べる図示．(A)交互作用のない x + f モデル．(B)交互作用のある x * f モデル．それぞれのモデルの平均生存数の予測．交互作用を追加してもほとんど変化しない．

施肥処理をしなかった場合(C)は，おおよそ

$$\mathrm{logit}(q_i) = -18.5 + 1.85 x_i$$

となり，一方で施肥処理をした場合(T)は，

$$\mathrm{logit}(q_i) = -18.5 - 0.0638 + (1.85 + 0.216) x_i = -18.6 + 2.07 x_i$$

となります．図示するとよくわかりますが，モデルの予測もあまり変わりません(図 6.9)．また，x + f モデルの AIC は 272 でしたが，交互作用を入れると 274 に悪化します[*23]．この例題に関して言えば，交互作用項を追加してもモデルがわかりにくくなっただけで，予測能力は何も改善されなかったと結論できます．

交互作用項はその係数だけ見ていても解釈できない場合が多く，上のように

[*23] ただしこの例題データでは，glm() のモデル式の右辺を x:f としたモデルが AIC 最良となります．つまり，施肥処理によって傾きだけが変わるモデルです．また，これは第 4 章でも述べた，AIC が「真のモデル」(この場合は x + f)を選ぶわけではない——の一例になっています．

推定結果にもとづく予測などを図示する必要があります[*24]．交互作用項を使うときに注意すべきは，むやみに**交互作用項をいれない**ということです．説明変数が多い場合には交互作用項の個数が「組み合わせ論的爆発」で増加してパラメーター推定が困難になります．また，交互作用項をいれてみたものの，それが何をあらわしているのか解釈できなくなる事例もよく見かけます．

　交互作用の推定とは，観測データから複雑なパターンの抽出をねらったものであり，実際の観測データにもとづいて，それを特定するのはなかなか困難な場合もあります．

　現実のデータに GLM をあてはめた場合，交互作用項を多数含んだ統計モデルの AIC が最良になることがよくあります．しかしながら，これは交互作用項の効果を過大推定している，つまりニセの交互作用でつじつまあわせをしている可能性もあります．現実のデータでは，説明変数では説明できない「個体差」「場所差」によるばらつきが発生します．それらを考慮していない GLM をあてはめた場合には，過度に複雑なモデルが選ばれる傾向があります[*25]．

6.6　割算値の統計モデリングはやめよう

　二項分布とロジットリンク関数を使ったロジスティック回帰を使う利点のひとつは，「種子が生存している確率」「処理に応答する確率」といった何かの生起確率を推定するときに，(観測データ)/(観測データ)といった**割算値**を作りだす必要がなくなるということです．

　割算値[*26]による回帰や相関解析は現在でも見かける手法です．たとえば，この例題のような種子の生存確率が何に依存しているのかを知りたい，といったときに，観測値どうしの割算をしてしまいがちです．

　観測値をこねくりまわして指標を創作してしまう別の例として，観測値の変

[*24]　これは交互作用項に限らず，どんな統計モデルの推定結果の解釈においてもそうすべきですが．

[*25]　実際のデータ解析では，次の第 7 章以降で説明する，「個体差」「場所差」の効果をくみこんだ GLM を使う必要があります．このような統計モデルを使うと，たいていの場合において，ここで書いているような「ニセの交互作用」は消えます．

[*26]　生態学のような分野だと，割算値どうしの割算値などもしょっちゅう登場します．

6.6 割算値の統計モデリングはやめよう ◆ 131

数変換もありがちな作法です．これは観測値の対数をとったり，あるいは複数の観測値をひとつの平均値になおしてしまうような操作です．

このように変形した観測値を統計モデルの応答変数にするのは，不必要であるばかりでなく，場合によってはまちがった結果を導きかねないものです．たとえば，観測データどうしの割算によって生じる問題としては，以下のようなものがあげられます：

- **情報が失われる**：たとえば野球の打率で，1000 打数 300 安打の打者と 10 打数 3 安打の打者は，どちらも同じ程度に確からしい「三割打者」と言えるのでしょうか？　このように打数・安打数という 2 つのデータをひとつにまとめることで確からしさの情報が失われます．
- **変換された値の分布はどうなる？**：分子・分母にそれぞれ誤差が入った数量どうしを割算して作られた割算値はどんな確率分布[*27]にしたがうのでしょうか？　カウントデータに 1 を加えて対数変換すれば，それは正規分布になるのでしょうか？

6.6.1 割算値いらずのオフセット項わざ

データ解析において，観測値の割算や変数変換によって数値を作成し，それを統計モデルの応答変数として使用しなければならない——といった状況はほとんどないでしょう[*28]．それよりはずっとマシな，より理解しやすい統計モデリングの方法が必ずあります．

ロジスティック回帰の統計モデルのように，「N 個のうち y 個で事象が生じる確率」を明示的にあつかう二項分布を使うことで，割算値の使用は回避できます[*29]．

ここでは，人口密度のように「単位面積あたりの個体数」といった概念に興

[*27] 割算値の確率分布が導出できる場合もありますが，一般には難しい問題です．分子・分母が独立ではない場合はさらにややこしくなります．
[*28] 作図のときには，使わざるをえない場合もあります．そのような図を作ったからと言って，パラメーター推定で割算値を使う必要はありません．
[*29] 「生存確率といった概念そのものが無意味だ」といったことを主張しているわけではありません．そのような指標を調べたいときに，観測値どうしで割算した数量を統計モデルの応答変数にする必要もなければ，正当化のリクツもないということです．

132 ◆ 6　GLM の応用範囲をひろげる

(A) 観測データ

(B) 推定されたモデルによる予測

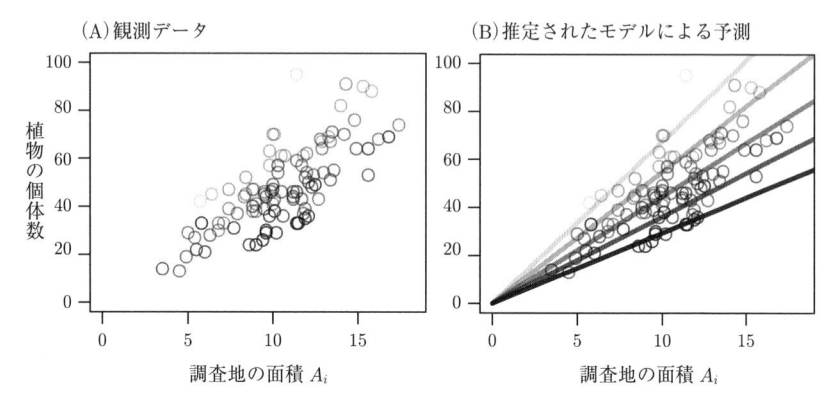

図 6.10　オフセット項を利用する GLM を説明するための例題．(A) 架空植物集団のデータ．縦軸は個体数，横軸は調査地の面積 A_i．暗い点は暗い場所(x_i が小さい)，明るい点は明るい場所(x_i が大きい)．(B) 推定されたモデルによる予測．明るさ $x_i \in \{0.1, 0.3, 0.5, 0.7, 0.9\}$ ごとに平均個体数を予測した．明るい場所(x_i 大)ほど明るい直線．

味があって，観測データを観測データで割ったような数量なんかが使われがちな場面で，どのように統計モデルを作ればよいのか考えてみましょう．このようなときに便利なのがオフセット(offset)項わざです．

ここでは，ポアソン回帰におけるオフセット項わざを，図 6.10(A) のような架空データを使って説明してみましょう．この調査の概要は以下のようになっていることにします．

- 森林のあちこちに調査地 100 箇所を設定した($i \in \{1, 2, \cdots, 100\}$)
- 調査地 i ごとにその面積 A_i が異なる[*30]
- 調査地 i の「明るさ」x_i を測っている
- 調査地 i における植物個体数 y_i を記録した
- (解析の目的)調査地 i における植物個体の「人口密度」が「明るさ」x_i にどう影響されているか知りたい

ここでいう人口密度とは，個体数/面積といった単位面積あたりの個体数といった概念ですが，そういう数量をあつかうからといって，観測値 y_i と A_i

---

[*30]　どうしてそんなデータのとりかたをするんだ！——と問いつめてみたくなる気分になるデータを，ときどきみかけますよね．

で割算値をこしらえる必要はありません．このような問題は GLM のオフセット項を利用して解決できます．

面積が A_i である調査地 i における人口密度は，

$$\frac{\text{平均個体数}\lambda_i}{A_i} = \text{人口密度}$$

となります．人口密度は正の量なので，指数関数と明るさ x_i 依存性を組み合わせて，

$$\lambda_i = A_i \times \text{人口密度} = A_i \exp(\beta_1 + \beta_2 x_i)$$

とモデル化してもよいでしょう．これを変形すると，

$$\lambda_i = \exp(\beta_1 + \beta_2 x_i + \log A_i)$$

となり，$z_i = \beta_1 + \beta_2 x_i + \log A_i$ を線形予測子とする対数リンク関数・ポアソン分布の GLM になります．

ただし，この線形予測子 z_i の中の $\log A_i$ には係数がついていません．このように線形予測子の中でパラメーターがつかない $\log A_i$ のような項を**オフセット項**とよびます．線形予測子に $\log A_i$ という「げた」をはかせている，と考えてください．

R の glm() ではオフセット項を下のように指定できます．

```
> glm(y ~ x, offset = log(A), family = poisson, data = d)
```

ここではデータフレイム d にデータが格納されていて，y, x, A 列がそれぞれ調査地内での個体数・明るさ・面積をあらわしているものと考えてください[*31]．

このようにオフセット項を使うと，個体数平均は調査地の面積 A_i に比例する，といった仮定を反映させつつ明るさ x_i の効果を推定できます．個体数を調査地面積で割って密度にする，といった観測値どうしの割算はまったく不要

[*31] もちろんオフセット項をふくむ GLM の推定結果であっても，モデル選択できます．この例題の場合，説明変数に調査地の明るさが入っているモデルと，「切片」だけのモデルの AIC を比較するといった方法で，モデルの予測の良さを評価できるでしょう．

です.図 6.10(B) に推定されたモデルを使った予測を示しています[*32].

オフセット項は GLM(とそれを発展させた統計モデル)でいろいろと応用できるわざであり,たとえば「単位面積あたり」ではなく「単位時間あたり」の事象を調べたいときにも使えます.たとえば,調査地 A と B それぞれである時間に上空を通過した鳥の個体数をカウントして,調査地によって通過する鳥密度が異なるかどうか調べたいとします.このときに,もし A と B でそれぞれ観察時間が異なっていたとしても,それぞれの**観察時間の対数**をオフセット項にして,通過した鳥の個体数を応答変数,調査地を因子型説明変数とすれば,単位時間あたりの通過個体数のちがいを推定できます[*33].

単位面積・単位時間あたりのカウントデータだけでなく,概念としては (連続値)/(連続値) となるような比率・密度なども,オフセット項を使った統計モデリングが可能です[*34].

6.7 正規分布とその尤度

カウントデータをあつかうポアソン分布や二項分布とは異なり,**正規分布** (normal distribution) は**連続値**のデータを統計モデルであつかうための確率分布です.正規分布は,ガウス分布 (Gaussian distribution) とよばれることもあります.

正規分布はポアソン分布と同じく平均値のパラメーター μ をもち,これは $\pm\infty$ の範囲で自由に変化できます[*35].またポアソン分布とは異なり,値のばらつきをあらわす**標準偏差**[*36]をあらわすパラメーター σ でデータのばらつきも指定できます.

[*32] この図で予測された平均個体数 λ が直線であらわされているのは,この図の横軸が説明変数 x_i ではなく,調査地の面積 A_i であるためです.

[*33] このような状況でロジスティック回帰をしたい——たとえば 2 種類の鳥の割合を調べたい場合には,complementary log-log リンク関数と観察時間の対数のオフセット項を指定します.

[*34] さらに,分子・分母どちらにも誤差がある場合に関しても,第 10 章以降で説明するベイズ統計モデルで工夫すれば,観測値どうしの割算は回避できます.ただし,この本ではそこまでは説明しません.

[*35] ポアソン分布の平均 λ は非負でなければならないという制約があります.

[*36] 標準偏差^2=分散.

6.7 正規分布とその尤度

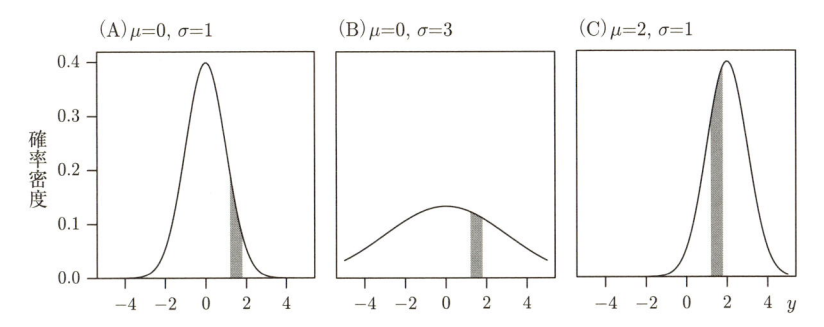

図 **6.11** 正規分布の確率密度関数. 横軸は確率変数 y, 縦軸は確率密度. グレイの領域の面積は $1.2 \leqq y \leqq 1.8$ となる確率をあらわす.

平均パラメーター μ と標準偏差パラメーター σ の正規分布の数式表現は,

$$p(y \mid \mu, \sigma) = \frac{1}{\sqrt{2\pi\sigma^2}} \exp\left\{-\frac{(y-\mu)^2}{2\sigma^2}\right\}$$

となっています. これは正規分布の**確率密度関数**です[*37].

この確率密度関数とは何なのかを理解するために, 上で与えた $p(y \mid \mu, \sigma)$ の式を図示してみましょう. R で正規分布の密度関数を図示する場合には, 以下のようにします.

```
> y <- seq(-5, 5, 0.1)
> plot(y, dnorm(y, mean = 0, sd = 1), type = "l")
```

すると, 図 6.11(A) 内の曲線が描かれます. 図 6.11 の縦軸は, 今までの離散確率分布の図示[*38]とは異なり, 確率ではなく確率密度をあらわしています.

連続値の確率分布では, 確率密度を積分した量が確率と定義されています. 図 6.11(A)-(C) では, いずれの図でも確率変数 y が $1.2 \leqq y \leqq 1.8$ となる確率の大小が, グレイの領域の面積としてあらわされています. 正規分布の確率密度関数を $p(y \mid \mu, \sigma)$ とすると, この確率 $p(1.2 \leqq y \leqq 1.8 \mid \mu, \sigma)$ は $\int_{1.2}^{1.8} p(y \mid \mu, \sigma) dy$

[*37] この本では, 確率密度を確率と同じように $p(y \mid \mu, \sigma)$ と書くことにします.
[*38] この本で「離散確率分布の図」として示してきた, 横軸が確率変数で縦軸が確率の分布は, 確率質量関数とよばれる場合もあります.

と書けます.

Rでこの確率を計算したい場合には pnorm(x, mu, sd) 関数を使います. 引数 mu は平均 μ, sd は標準偏差 σ を指定しているので,これは $\int_{-\infty}^{x} p(y\,|\,\mu,\sigma)dy$ を計算してくれるので,たとえば,平均 $\mu=0$ で標準偏差 $\sigma=1$ の場合[39]に $p(1.2\leqq y\leqq 1.8\,|\,\mu,\sigma)$ を評価したければ,このように pnorm() 関数を使えば,

```
> pnorm(1.8, 0, 1) - pnorm(1.2, 0, 1)
[1] 0.07914
```

確率は 0.079 ぐらいとわかります.

図 6.11 のグレイの領域の面積計算のやりかたのひとつとして,$y=1.2$ と 1.8 の中間の値である $y=1.5$ における確率密度 $p(y=1.5\,|\,0,1)$ を「高さ」,$1.8-1.2=0.6$ を幅 Δy とする長方形であると近似してみると,

```
> dnorm(1.5, 0, 1) * 0.6
[1] 0.07771
```

確率は 0.078 であることがわかります.これは幅 Δy が小さいほど良い近似になります.

確率=確率密度関数×Δy という考えかたにもとづく,正規分布の**最尤推定**について簡単に説明します.たとえば,N 人からなる人間の集団の身長データを $\boldsymbol{Y}=\{y_i\}$ としましょう.個体 i の身長が y_i です.

ある y_i が $y_i-0.5\Delta y \leqq y \leqq y_i+0.5\Delta y$ である確率は確率密度関数 $p(y_i\,|\,\mu,\sigma)$ と区間幅 Δy の積であると近似できるので,正規分布を使った統計モデルの尤度関数は

$$L(\mu,\sigma) = \prod_i p(y_i\,|\,\mu,\sigma)\Delta y$$
$$= \prod_i \frac{1}{\sqrt{2\pi\sigma^2}} \exp\left\{-\frac{(y_i-\mu)^2}{2\sigma^2}\right\}\Delta y$$

となり,対数尤度関数は以下のようになります.

---

[39] これは標準正規分布とよばれています.

$$\log L(\mu,\sigma) = -0.5 N \log(2\pi\sigma^2) - \frac{1}{2\sigma^2}\sum_i(y_i-\mu)^2 + N\log(\Delta y)$$

しかし，正規分布など連続値の確率分布を使った統計モデルの最尤推定で，区間幅 Δy をいちいち設定する必要はありません．区間幅 Δy は定数ですから，パラメーター $\{\mu,\sigma\}$ の最尤推定値に影響を与えません．このため，尤度関数や対数尤度関数の表記では，Δy や $\log(\Delta y)$ を無視して省略し，たとえば上の対数尤度関数は，

$$\log L(\mu,\sigma) = -0.5 N \log(2\pi\sigma^2) - \frac{1}{2\sigma^2}\sum_i(y_i-\mu)^2$$

と書き，この式を使って最尤推定をします．

連続確率分布の統計モデルの尤度は，データが得られる確率の積ではなく確率密度の積になっています．尤度が確率密度の積である場合には，対数尤度は負の値になるとは限らないので[*40]，正規分布など連続値の確率分布を使った統計モデルでは対数尤度が正の値になったり，AIC や逸脱度が負の値になることもあります．

最小二乗法と最尤推定法の関係を確認しておきましょう．上の対数尤度の式をみればわかるように，いま標準偏差パラメーターである σ が μ とは無関係な定数だとすると，二乗誤差の和 $\sum_i(y_i-\mu)^2$ を最小にするようなパラメーター $\hat{\mu}$ において，$\log L(\mu,\sigma)$ が最大になります．このことから，標準偏差 σ が一定である正規分布のパラメーターの最尤推定が，最小二乗法による推定と等しくなることがわかります．

正規分布を使った統計モデルのあてはめとしてよく使われている直線回帰については，第 3 章の 3.7 節で簡単に説明しました．これは正規分布を部品とする GLM であり，数量的な説明変数である x_i を使って，線形予測子を $z_i = \beta_1 + \beta_2 x_i$，恒等リンク関数を使って平均を $\mu_i = z_i$ と指定します．このような GLM の最尤推定法によるパラメーター推定と，いわゆる「最小二乗法による直線のあてはめ」は，上で説明したように同等なものとみなすことができます．

[*40] たとえば σ^2 がゼロに近い場合．

6.8 ガンマ分布のGLM

ガンマ分布(gamma distribution)は確率変数のとりうる範囲が0以上の連続確率分布です[*41]．確率密度関数は，

$$p(y \mid s, r) = \frac{r^s}{\Gamma(s)} y^{s-1} \exp(-ry)$$

と定義されていて，sはshapeパラメーター，rはrateパラメーター[*42]とよばれます．$\Gamma(s)$はガンマ関数です．平均はs/r，分散はs/r^2となります．このことから分散=平均$/r$となります．また$s=1$のときは指数分布(exponential distribution)になります．

Rのdgamma(y, shape, rate)関数をつかうとガンマ分布の確率密度を評価できます．ガンマ分布の確率密度関数は図6.12のようになります．

さて，このガンマ分布を使ったGLMの例題にとりくんでみましょう．図6.13に示しているような架空データ[*43]を解析します．この例題は，架空植物50個体の葉の重量と花の重量の関係を調べます．個体iの葉重量をx_i，花重量をy_iとするのですが，x_iが大きくなるにつれy_iも大きくなっているようです．応答変数をy_i，説明変数をx_iとして両者の関係をGLMで記述してみましょう．

ここでは，ある個体の花の重量y_iが平均μ_iのガンマ分布にしたがっていることにします．応答変数y_iは連続値ですが，重量なので正の値しかとりません．したがって，そのばらつきは正規分布ではなくガンマ分布で説明したほうがよさそうです．

平均花重量μ_iが葉重量x_iの単調増加関数であり，さらに何らかの生物学的な理由があって，

[*41] ただし後で説明するガンマ分布のGLMでは，応答変数yにゼロが含まれている場合には，Rのglm()を使ってパラメーターを推定できません．どうしても推定したい場合には，ごまかしわざとして10^{-10}といった小さな数値を応答変数に加えるか，Rのoptim()関数などを使って最尤推定のプログラムを作ればよいでしょう．

[*42] $1/r$はscaleパラメーターとよばれます．

[*43] データはサポートwebサイト(まえがき末尾を参照)からダウンロードできます．

6.8 ガンマ分布のGLM ◆ 139

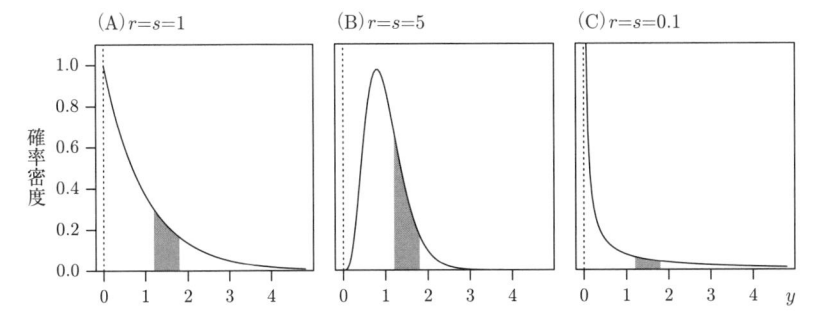

(A) $r=s=1$ **(B)** $r=s=5$ **(C)** $r=s=0.1$

図 6.12 ガンマ分布の確率密度関数．横軸は確率変数 y, 縦軸は確率密度．グレイの領域の面積は $1.2 \leqq y \leqq 1.8$ となる確率をあらわす．

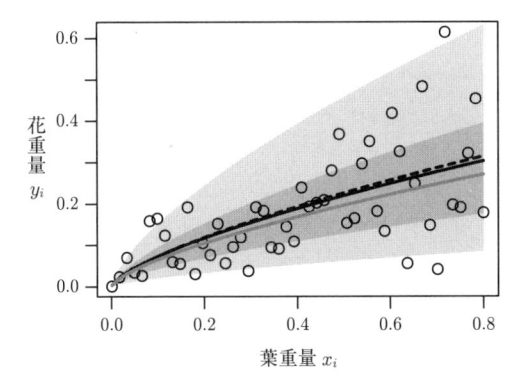

図 6.13 ガンマ分布を使った GLM の例題．横軸は架空植物の葉の重量 x, 縦軸はその植物の花の重量 y. 丸が観測値, 破線が真の平均．黒い曲線が glm() 関数による平均の予測．グレイの曲線が予測分布の中央値(50%点)．うすい・さらにうすいグレイの領域は，それぞれ 50% 予測区間 (25-75% の区間) と 90% 予測区間 (5-95% の区間)．

$$\mu_i = A x_i^b$$

と仮定したとしましょう．この右辺で $A=\exp(a)$ とおいてから，全体を指数関数でまとめてみます．

$$\mu_i = \exp(a) x_i^b = \exp(a + b \log x_i)$$

この両辺の対数をとると，

$$\log \mu_i = a + b \log x_i$$

このように線形予測子 $a+b\log x_i$ と対数リンク関数を使って平均 μ_i が与えられました．この線形予測子では説明変数は x_i ではなく $\log x_i$ となり，推定すべきパラメーターは切片 a と傾き b です．

このように線形予測子を設定した GLM のパラメーターを，R の glm() 関数で推定してみましょう．glm() による推定では，平均 μ_i を決める線形予測子とリンク関数だけを指定すればよい——という便利さがあります．つまり平均・分散を shape/rate パラメーターとどう対応づけるかといったことを気にする必要はありません．ここまで紹介してきた他の GLM の推定値と同じように，

```
> glm(y ~ log(x), family = Gamma(link = "log"), data = d)
```

と指定します．推定された結果から得られた予測を図 6.13 に示しています[*44]．ここでは花重量の予測だけではなく，ガンマ分布を使って評価された 50% と 90% 区間の予測も示しています[*45]．

6.9 この章のまとめと参考文献

この章では GLM のさまざまな拡張と応用を紹介しました．

- GLM では応答変数のばらつきを表現する確率分布は正規分布だけでなく，ポアソン分布・二項分布・ガンマ分布などが選択できる（6.1 さまざまな種類のデータで応用できる GLM）
- 「N 個の観察対象のうち k 個で反応がみられた」というタイプのデータ

[*44] このような図を作成するためには，glm() の推定結果にふくまれている分散を決めるパラメーターの推定値が必要です．くわしくはサポート web サイト（まえがき末尾を参照）を見てください．

[*45] このような予測区間の評価をするときに，推定値の誤差も考慮する場合もあります．ここでは考慮していません．

にみられるばらつきをあらわすために二項分布が使える(6.3 二項分布で表現する「あり・なし」カウントデータ)

- 生起確率と線形予測子を結びつけるロジットリンク関数を使った GLM のあてはめは,ロジスティック回帰とよばれる(6.4 ロジスティック回帰とロジットリンク関数)
- 線形予測子の構成要素として,複数の説明変数の積の効果をみる交互作用項が使える(6.5 交互作用項の入った線形予測子)
- データ解析でしばしばみられる観測値どうしの割算値作成や,応答変数の変数変換の問題点をあげ,ロジスティック回帰やオフセット項の工夫をすれば,情報消失の原因となる「データの加工」は不要になる(6.6 割算値の統計モデリングはやめよう)
- 連続値の確率変数のばらつきを表現する確率分布としては,正規分布・ガンマ分布などがあり,これらを統計モデルの部品として使うときには,離散値の確率分布とのちがいに注意しなければならない(6.7 正規分布とその尤度, 6.8 ガンマ分布の GLM)

ここまでで何度か注記してきたように,現実のデータ解析ではもう少し複雑な統計モデルが必要であり,次の第 7 章以降で GLM をさらに強化します.この第 6 章までに登場してきた,さまざまな GLM の理解はその発展の基盤となるものです.

◇　　　◇　　　◇

カウントデータの統計モデリングについてさらに詳しく知りたい人は,まず Agresti の入門的教科書『カテゴリカルデータ解析入門』[1]を読んでください.原著 "An introduction to categorical data analysis" は第 2 版が出版されていて,第 1 版よりもさらに GLM 利用の範囲を拡大する方向に改訂されています.

Agresti の教科書では,この本ではあまり説明していない交互作用についてくわしい検討があります.また,ロジスティック回帰モデルと**対数線形モデル** (log linear model)の関係についても説明されていて,ロジスティック回帰と

ポアソン回帰の関係が理解できるようになります．これによって，たとえば，一見すると二項分布を使った統計モデリングが必要になりそうな場合でも，ポアソン分布を使ったより簡単なモデルで代替しうることがあるとわかります．

　岩崎『カウントデータの統計解析』[20]では，二項分布・ポアソン分布その他の離散確率分布を使った統計モデリングについて詳しく説明されています．この本ではとりあげなかった，ゼロ過剰(zero-inflated)・ゼロ除去(zero-truncated)なカウントデータのあつかいについても説明されています．

　第3章の末尾で紹介した，Faraway "Extending the linear model with R"[8]ではガンマ分布のGLMなどについても解説されています．

7

一般化線形混合モデル（GLMM）
―個体差のモデリング―

実際のデータ解析でよく遭遇する「GLM ではうまく説明できない」現象をうまくあつかえるように GLM を強化します．

一般化線形モデル（GLM）は確率分布・リンク関数・線形予測子を組み合わせて，応答変数 y_i と説明変数 x_i を関連づけるシステムです．この本の前半では，この GLM についてひたすら説明してきましたが，その理由は「データにあわせて統計モデルを作る」という考えかたを学ぶ人たちにとってこれが良い教材であるからです．しかし，ここまでに登場した単純な GLM では，**現実のデータ解析に応用できません**．その理由は，実験・調査で得られたカウントデータのばらつきは，ポアソン分布や二項分布だけではうまく説明できないからです．

たとえば，第 3 章の例題のような，植物個体の種子数の調査をしたとしましょう．仮に説明変数は，どの個体でも同じ値だったとします．「観測された個体差」である説明変数にちがいがないのであれば，どの個体の種子数も同じ平均 λ のポアソン分布にしたがうはずです．しかしながら，現実の生物では「説明変数以外は全部均質」といった条件は満たされないでしょうから，平均 λ の値が全個体共通とはならないでしょう．このように，説明変数が同じであるなら平均も同じという GLM の仮定が成立しないので，集団全体の種子数の分布はポアソン分布で期待されるよりも大きくばらつきます．

この話の要点は，データにばらつきをもたらす「個体間の差異」なるものを定量化できないところです．第 1 章でも述べたように，人間は自然のあれこれすべてを測定できるわけではありません．しかし，「何か原因不明の個体差がある」ことは統計モデルとして表現できます．

この章では，このような「人間が測定できない・測定しなかった個体差」をくみこんだ GLM である**一般化線形混合モデル**（generalized linear mixed model, GLMM）を説明します（図 7.1）．多くの実際のデータ解析では，この GLMM を基盤とした統計モデルを使うのが適切でしょう．これはデータのばらつきは二項分布・ポアソン分布で，個体のばらつきは正規分布であらわすような，**複数の確率分布を部品とする統計モデル**です．

この章以降の説明では，個体差・場所差といった用語をかなり限定した意味で使っていることに注意してください．これは観測者がデータ化していないけれど，個体や調査地に由来する原因不明の差異をあらわします．観測されてデータになっている個体の属性，つまり統計モデルの説明変数として使えるよ

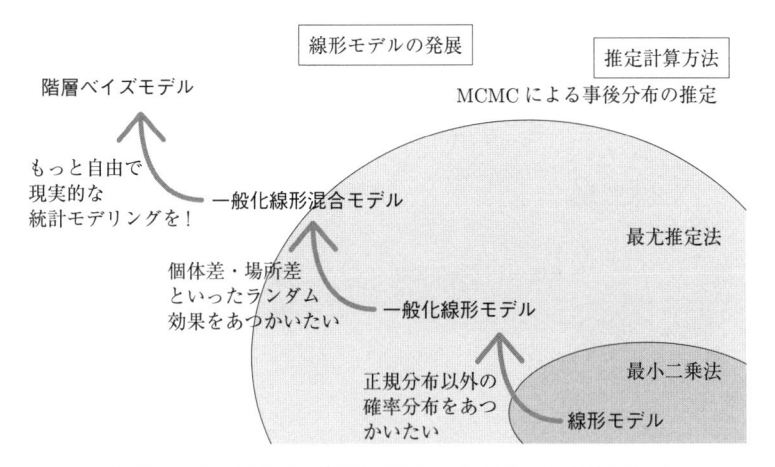

図 7.1 この本の中で線形モデルを発展させていく説明のプラン．この章では，「データ化されていない個体差・場所差」などをあらわすランダム効果を組みこんだ統計モデルである一般化線形混合モデル (GLMM) を解説する．

うな数量・因子は個体差とはよびません．

7.1 例題：GLM では説明できないカウントデータ

第 6 章のロジスティック回帰の例題と同じように[*1]，架空植物の各個体から 8 個の種子をとってきて，そのうちいくつが生存しているかを調べたとしましょう[*2]（図 7.2）．この観測データにもとづいて，図 7.2(B) の中で破線で示されているような，生存種子数が葉数とともにどのように増大するかを解明するのが，このデータ解析の目的です．

調査対象の架空植物の個体数は 100 です．個体 i ごとの調査種子数は 8 個（全個体共通），そのうち生存していた種子数は y_i 個です．全種子が生存していた場合には $y_i=8$ となり，全滅していると $y_i=0$ となります．このような種子の生存確率が，個体ごとに異なる葉数 x_i に依存していることにしましょう．葉数 x_i の最小値は 2 で最大値は 6 となるように調査対象となる 100 個体を選

[*1] 「生存確率」などの用語の意味も第 6 章と同じです．
[*2] データはサポート web サイト（まえがき末尾を参照）からダウンロードできます．

7 一般化線形混合モデル（GLMM）

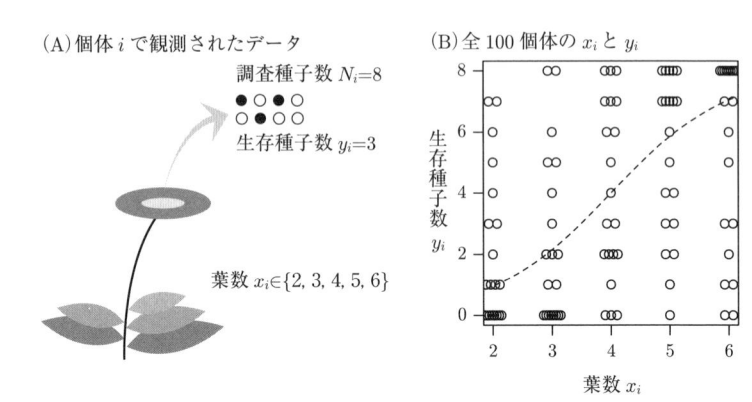

図 7.2 GLM ではうまくあつかえない生存種子数の例題. (A)架空植物の第 i 番目の個体，調査種子数 $N_i=8$ 個，生存種子数 y_i 個．植物個体の葉数 x_i は 2 枚から 6 枚．(B) 説明変数 x_i（横軸）と応答変数 y_i（縦軸）．ここでは個体数をあらわすために，データ点をずらして表示している．破線は「真の」生存確率の一例．

んだとします[*3]．葉数ごとの調査個体数は 20 です．

まず最初に，第 6 章と同じように，GLM を使ってデータから種子の生存確率を推定してみましょう．線形予測子とロジットリンク関数[*4]を組み合わせて，以下のように個体 i での種子の生存確率 q_i が葉数 x_i に依存するようにします．

$$\mathrm{logit}(q_i) = \beta_1 + \beta_2 x_i$$

観測された生存種子数が y_i である確率が二項分布にしたがうとすると，

$$p(y_i \mid \beta_1, \beta_2) = \binom{8}{y_i} q_i^{y_i}(1-q_i)^{8-y_i}$$

[*3] 説明変数がこのような整数であっても，特に問題なく数量型の変数としてあつかえます．x_i を整数にした理由は，図示などが簡単になるからです．
[*4] ロジットリンク関数については，第 6 章の 6.4 節を参照．

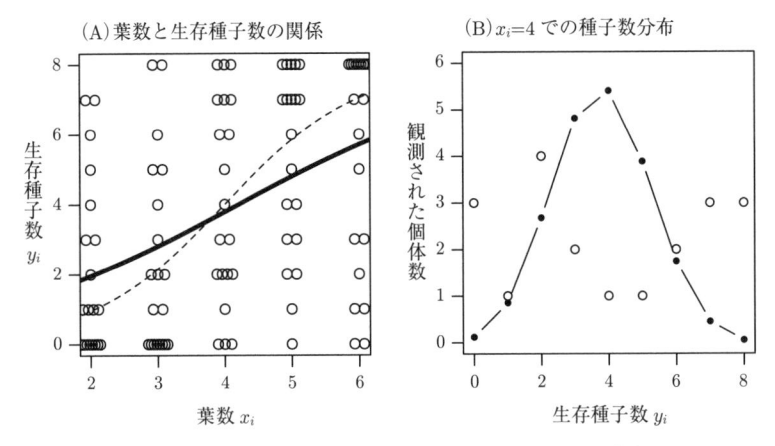

(A) 葉数と生存種子数の関係   (B) $x_i=4$ での種子数分布

図 7.3 ロジスティック回帰がうまくいかない例題．(A) 図 7.2(B) のデータの上に GLM の予測結果 (実線) を重ねたもの．真の葉数依存性 (破線) より小さい傾きが推定されている．(B) 葉数 $x_i=4$ における種子数分布 (白丸) と，推定された GLM から予測される二項分布 (黒丸と実線)．

となるので[*5]，全個体の対数尤度は $\log L = \sum_i \log p(y_i \mid \beta_1, \beta_2)$ となります．この $\log L$ が最大になるような切片 β_1 と葉数 x_i の傾き β_2 をさがしだすのが，この統計モデルの最尤推定です．R の glm() 関数を使ってパラメーターの最尤推定値を探索してみたところ，切片 $\hat{\beta}_1 = -2.15$ で傾き $\hat{\beta}_2 = 0.51$ となりました．

この推定結果にもとづく予測を図 7.3(A) に示しています．生存種子数の曲線の「真の傾き」である $\beta_2 = 1$ と比べると，推定された傾きである $\hat{\beta}_2 = 0.51$ はかなり小さな値になってしまいました．

そもそも，このデータ $\{y_i\}$ の分布は二項分布なのでしょうか？ 図 7.3(B) の葉数 $x_i = 4$ である 20 個体の生存種子数を見て下さい．推定されたモデルで予測すると，$x_i = 4$ のときには，生存確率が $\text{logistic}(-2.15+0.51\times 4) = 0.47$ である二項分布となるはずです．しかしながら，図 7.3(B) で示したように，データは二項分布にしたがっているようには見えません．

[*5] これは β_1 と β_2 だけでなく，葉数 x_i にも依存していますが表記を省略しています．

7.2 過分散と個体差

ここでは「N 個の種子のうち y 個が生存した」というカウントデータをあつかっているのに,そのばらつきが二項分布で説明できないように見えます.それにもかかわらず,二項分布であると仮定したモデルを無理矢理にあてはめたので,正しい推定値が得られなかったようです.

このように二項分布で期待されるよりも大きなばらつきを過分散(または過大分散,overdispersion)といいます[*6].

7.2.1 過分散:ばらつきが大きすぎる

まずは,葉数 $x_i=4$ の個体の生存種子数のデータ(図 7.3(B))が,どのように「二項分布にあっていない」のか R で調べてみましょう.この例題のデータがデータフレイム d に格納されているとしましょう.この d は第 6 章のロジスティック回帰の例題と同じデータ構造になっていて,調査種子数の N 列にはどの個体も 8 という数字が格納されていて,y 列は応答変数である生存種子数,そして x 列は説明変数である葉数です.

まず,葉数が $x_i=4$ という条件を満たすデータのサブセット d4 を作ってみます.

```
> d4 <- d[d$x == 4,]
```

生存数が y_i 個であった個体を R にカウントさせてみると,

```
> table(d4$y)
0 1 2 3 4 5 6 7 8
3 1 4 2 1 1 2 3 3
```

となり,これを図示すると図 7.3(B) となります.このデータの平均と分散を

[*6] 逆に期待される分散より標本分散がかなり小さくなるのは過小分散(underdispersion)です.過小分散の統計モデリングも可能ですが,この本ではとりあつかいません.

調べてみましょう[*7].

```
> c(mean(d4$y), var(d4$y))
[1] 4.05 8.366
```

葉数 $x_i=4$ における生存確率の平均は 4.05/8=0.5 ぐらいになります．生存種子数 y_i が二項分布にしたがうのであれば，その分散は $8×0.5×(1-0.5)=2$ ぐらいとなるはずです．しかし，実際の分散は 8.37 ぐらいなので，期待される分散より 4 倍ほど大きくなっています．これが二項分布における過分散の例です[*8]．つまり，このデータは二項分布とよぶには「ばらつきが大きすぎる」ので，二項分布を使って説明できないだろうということです．

7.2.2 観測されていない個体差がもたらす過分散

単純な二項分布モデルからのずれの原因のひとつとして，観測されていない個体差があげられるでしょう．たとえば，図 7.4 に示したような極端な過分散の例を考えてみましょう．これは，観測データの上ではどれも「同じ」に見える植物個体たちの種子数を調べたところ全体の半数の個体で生存種子数がゼロ，残り半数で全種子が生存と観測されたという状況です．

これも単純な二項分布の統計モデルでは説明できない例です．種子の生存確率の集団平均は全生存数/全調査種子数と定義されますが，これは 0.5 となります．各個体の調査種子数は 8 ですから，平均生存種子数は 4 となります．しかし，図 7.4 を見ても生存種子数 4 の個体はひとつもいません．

図 7.4 の 8 個体の標本分散は $8×4^2/8=16$ となります．一方で，二項分布から期待される分散は $Nq(1-q)=8×0.5×0.5=2$ なので，これもまた過分散であることがわかります．個体差を無視して，全生存数/全調査種子数という割算

[*7] この例題では，説明変数は x_i だけであり，しかもこれが離散的な数量なので，このように簡単に分散の比較をしたり，図示ができます．このように簡単ではない構造のデータの場合，過分散を示すためにはいろいろと工夫が必要になるでしょう．

[*8] 二項分布以外に過分散が生じる確率分布の例として，ポアソン分布があげられます．ポアソン分布は平均と分散が等しい確率分布ですが，現実のカウントデータでは平均よりも分散のほうが大きくなる場合がほとんどです．ポアソン分布の過分散については，この章の 7.6 節などを参照してください．

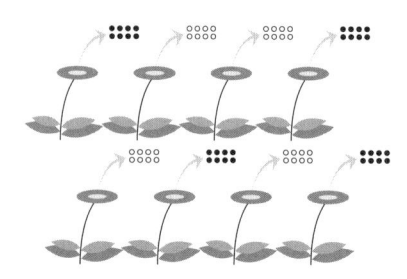

図 **7.4** 極端な過分散の集団の一例．黒丸が生存種子数をあらわす．葉数 $x_i=4$，平均生存種子数が 4 の個体は存在せず，全個体の半数は生存種子数が 8，残り半数はゼロ．

値を算出してみても，これだけでは観察された現象のパターンをうまく説明できません．

図 7.4 のような極端な例を考えることで，個体差があれば過分散は生じうるとわかりました．そもそも過分散とは，現象の状態を記述しているのではなく，統計モデリングしている人間の錯誤をあらわしています．「この個体たちはみんな均質」などと過度に単純化した仮定をもうけて，「全個体の生存種子数の分布は，ただひとつの二項分布で説明できる」と期待していたのに失敗してしまう——これが過分散です[*9]．

7.2.3 観測されていない個体差とは何か？

この章の最初で述べたように，この本でいう個体差とは，データとしては定量化も識別もされていないけれど，「各個体(観測の単位)の何かに起因しているように見える差」です．

この種子生存データが現実のものであるとするならば，生物の個体差をもたらしうる要因は，少なくとも 2 種類あります．ひとつは，生物的(biotic)な要因であり，たとえば個体の遺伝子，年齢や過去に経験した履歴の相違などです．もうひとつは，非生物的(abiotic)なもので，局所的な栄養塩類量や水分環境・光環境が異なるといった生育環境の微妙なちがいなどがあげられるでし

---

*9 図 7.7 で，個体差のばらつきの大きさと，過分散の関係の例を示します．

ょう.

観測対象が植物であるなら,そのまわりの環境からも影響を受けているはずです.たとえば,この例題では,じつは植物が1個体ごとに個別の植木鉢に植えられていたのだとしましょう.いくら実験の準備に注意しても,植木鉢の置き場所や土の状態変化に差異が生じてしまって,それが植物の種子の生存確率に影響を与えているかもしれません.このような非生物的な局所環境の影響のことを,この本では**場所差**あるいは**ブロック差**とよぶことにします.

それでは,そのような植木鉢の効果をデータから推定できるのでしょうか? 7.5 節でも説明しますが,ひとつの植木鉢に1個体を植えている場合には,植木鉢の差と個体差の識別はできません.つまり,この例題の場合は個体由来・植木鉢由来のばらつきをまとめたものが「個体差」となります.

個体差と場所差が識別できない・できる場合のいずれにせよ,観測者はこの架空植物に影響をあたえている要因すべてを定量・特定することは,どうやっても不可能です.したがって,個体差や場所差を原因不明のまま,これらのおよぼす影響をうまくとりこんだ統計モデルが必要になります.

7.3 一般化線形混合モデル

一般化線形混合モデル (GLMM) は個体差や場所差の効果を GLM にくみこんだ統計モデルです.この節では,種子の生存確率の例題データをうまくあつかえるような,個体差の効果を考慮したロジスティック回帰の GLMM について説明します.

7.3.1 個体差をあらわすパラメーターの追加

架空植物の種子の生存確率 q_i をあらわす式に,個体 i の個体差をあらわすパラメーター r_i を追加してみましょう.

$$\text{logit}(q_i) = \beta_1 + \beta_2 x_i + r_i$$

この r_i は $-\infty$ から $+\infty$ までの範囲をとる連続値と考えてください.「観測されていない個体差などない」と仮定している GLM は,種子数を調査した全個

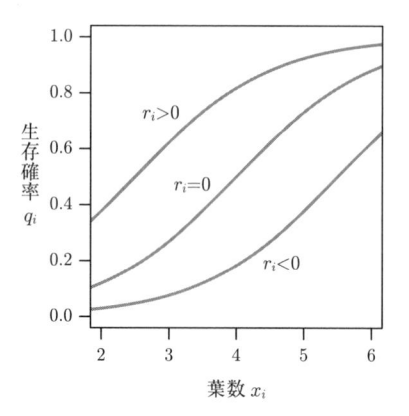

図 **7.5** 個体差 r_i と生存確率 q_i.

体で $r_i=0$ と設定していることになります.

　個体差 r_i の値の大小が生存確率 q_i に与える影響を図 7.5 に示しています. 同じ葉数 x_i であっても, 個体差 $r_i>0$ となった場合には「平均的な個体 ($r_i=0$)」より生存確率が高くなり, $r_i<0$ では低くなります.

7.3.2 個体差のばらつきをあらわす確率分布

　GLMM の特徴は, 個体差をあらわすパラメーター $\{r_1, r_2, \cdots, r_{100}\}$ が何か確率分布にしたがっていると仮定するところです. つまり, 個体差のばらつきを確率分布であらわすことができて, しかもデータにもとづいて, その確率分布のパラメーターを推定できると考えています. ただし, 切片 β_1 や傾き β_2 といったパラメーターについては, とくに何か確率分布にしたがうと考えているわけではありません.

　ここではとりあえず, 個体差 r_i は平均ゼロで標準偏差 s の正規分布にしたがうと仮定してみます. r_i の分布が正規分布である根拠は何もなく, そもそも個体差 r_i は観測できない・観測しなかった量なので, どのような確率分布にしたがうのかわかりません. 正規分布を使うのは, それが正しい分布であるからではなく, ただ単に, このような統計モデリングに便利であるという理由

7.3 一般化線形混合モデル ◆ 153

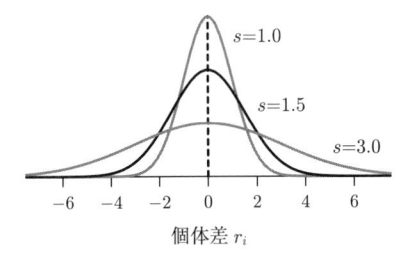

図 7.6 個体差をあらわす平均ゼロの正規分布の確率密度関数 $p(r_i \mid s)$.

確率 $q_i = \dfrac{1}{1+\exp(-r_i)}$ の二項乱数を発生させる

$p(r_i|s)$ が生成した 50 個体ぶんの $\{r_i\}$

$p(y_i|q_i)$ が生成した生存種子数の一例

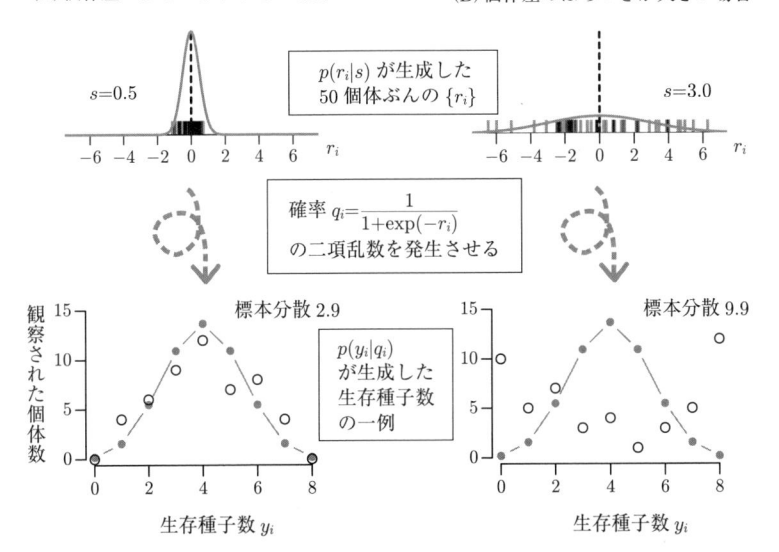

図 7.7 個体差 r_i のばらつきの大きさ s と過分散の関係. s が大きくなるにつれ過分散になる. 上の段は 50 個体ぶんの r_i(縦の線分). これは平均ゼロで標準偏差 s の正規分布(グレイの曲線)から発生させた. さらに, 種子生存のモデルで $\beta_1 = \beta_2 = 0$ とおいて, 生存確率が r_i だけに依存するモデルを作り, 例題の統計モデルを使って各個体 8 個の種子の生死をシミュレイションした. 下段はその結果の一例. 生存種子数ごとの頻度(白丸). グレイの丸と実線は「全個体均質(s=0)」と仮定したモデルの予測を示している. (A) ばらつき s が小さい場合. (B) 大きい場合.

です[*10]．また単純化のため，各個体の r_i は個体間で相互に独立した確率変数である[*11]と仮定します．

これらの前提をうけいれると，確率密度関数 $p(r_i \mid s)$ は以下のようになります（図 7.6）．

$$p(r_i \mid s) = \frac{1}{\sqrt{2\pi s^2}} \exp\left(-\frac{r_i^2}{2s^2}\right)$$

この確率密度 $p(r_i \mid s)$ は r_i の「出現しやすさ」をあらわしていると解釈すればよいでしょう．図 7.6 の $r_i=0$ 付近で $p(r_i \mid s)$ が高くなっているので，r_i がゼロにちかい個体はわりと「ありがち」で，r_i の絶対値が大きな個体は相対的に「あまりいない」ということを表現しています．

ここで新しく導入したパラメーターである標準偏差 s は「集団内の r_i のばらつき」をあらわしています．図 7.7 で示したように，s が大きければ個体差の大きい集団であり，s が小さければ個体差の小さい均質な集団と表現できます．個体差のばらつき s が大きいほど，過分散がひどくなりそうだとわかります．

7.3.3　線形予測子の構成要素：固定効果とランダム効果

最後に，一般化線形混合モデル（GLMM）という名前の「混合」とは何かを簡単に説明します．統計モデルに線形予測子が含まれている場合，その構成要素は伝統的・便宜的に固定効果（fixed effects）とランダム効果（random effects）に分類されてきました[*12]．線形予測子に固定効果とランダム効果のあらわす項をもっているので，そのような GLM は混合（mixed）モデル，あるいは混合効果モデル（mixed effects model）とよばれています．

データのばらつきが正規分布で，「リンク関数なし」つまり恒等リンク関数と指定した場合――すなわち「一般化」ではない線形モデルでは，固定効果は全体の平均を変え，ランダム効果は平均は変化させないけれど，全体のばらつ

[*10]　「変わりもの」が多い集団を対象とする場合には，r_i がもっと「すその重い」確率分布にしたがうと仮定します．たとえば t 分布などを使います．「r_i の分布は正規分布より複雑かも」という問題は，第 10 章で登場する階層ベイズモデルを使えば少しは解決するでしょう．r_i の分布は，さまざまなばらつきの正規分布を混合したものになるからです．
[*11]　r_i が独立同分布にしたがうということです．
[*12]　これらの訳語については 1.4 節も参照．

きを変えると説明されていました*13．たとえば，このモデルの線形予測子は $\text{logit}(q_i) = \beta_1 + \beta_2 x_i + r_i$ となっていますが，切片 β_1 と葉数の影響 $\beta_2 x_i$ は固定効果，個体差 r_i はランダム効果に相当します．

固定効果・ランダム効果といった分類はあまりわかりやすいものではなく，これらの用語を知っている人でも，それを統計モデルの設計に正しく反映できていない事例もよく見かけます．このように区別するのではなく，パラメーターにはデータのかなり広い範囲を説明する大域的なものと，ごく一部だけを担当している局所的なものがあると整理して統計モデルを作るのがよいかもしれません．第 10 章で，この問題のつづきを考えます．

7.4 一般化線形混合モデルの最尤推定

例題のデータにもとづいて，種子の生存確率モデルに含まれるパラメーターを推定したいのですが，ここで問題になるのは個体差パラメーター r_i のあつかいです．GLM のロジスティック回帰ではパラメーター β_1 や β_2 を最尤推定しました．しかし，GLMM に含まれている個体差 r_i は**最尤推定できません**．その理由は，100 個体ぶんの生存数データ y_i を説明するために 100 個のパラメーター $\{\hat{r}_1, \hat{r}_2, \cdots, \hat{r}_{100}\}$ の値を最尤推定するのはフルモデル (full model) になってしまうからです*14．データは 100 個しかないのに，100 個体ぶんの r_i とその他パラメーター $\{\beta_1, \beta_2, s\}$，あわせて 103 個のパラメーターを最尤推定するのはナンセンスです．

個体差 r_i は最尤推定できないにもかかわらず，切片 β_1 と傾き β_2 を最尤推定したいときには，どうしたらよいのでしょうか？ このような場合のひとつの対処方法として，ここでは個体ごとの尤度 L_i の式の中で，r_i を積分してしまいます*15．

---

*13 一般化線形混合モデルのランダム効果はばらつきを増大させることによって，全体の平均を変える場合もあります．ただし中央値は変えません．
*14 第 4 章の 4.2 節を参照．
*15 積分しない対処方法は第 8 章以降で説明します．

$$L_i = \int_{-\infty}^{\infty} p(y_i \mid \beta_1, \beta_2, r_i) \, p(r_i \mid s) dr_i$$

このようにすると[*16]，尤度から r_i は消えてしまいます．この操作の意味とは，いろいろな r_i の値における尤度を評価し，その期待値の算出に相当します．このときに，どの r_i も等価としているのではなく，$p(r_i \mid s)$ による「重みづけ」をした期待値になっています．

尤度 L_i を評価するときに，二項分布 $p(y_i \mid \beta_1, \beta_2, r_i)$ と正規分布 $p(r_i \mid s)$ をかけて r_i で積分する操作は，図7.8で示しているように，この **2種類の分布を混ぜている**ことに相当します[*17]．

図7.8の見かたを説明します．確率分布を二項分布 $p(y \mid q, N=8)$，リンク関数・線形予測子を $\mathrm{logit}(q)=\beta+r$ とする GLMM について考えているとしましょう．この図では $\beta=0$ と設定していて，個体差 r は平均ゼロで標準偏差3の正規分布にしたがいます．左の列は個体差 r に依存して変化する二項分布たちを示しています．これらの分布に，それぞれに重み $p(r \mid s)$ をかけあわせて(中央の列)，たしあわされたものが「混ぜあわされた」分布(右の列)となります．

このように，無限個の二項分布を混ぜることで[*18]，平均よりも分散の大きい過分散な確率分布を作りだせます．

確率分布を混ぜて新しい確率分布を作るというのは，統計モデル作りの基本的な技法のひとつです．図7.9ではポアソン分布と正規分布を混ぜる例を示しています[*19]．この図では，先ほどあげたモデルで $\beta=0.5$ と設定していて，個体差 r は平均ゼロで標準偏差1の正規分布にしたがうとしています．混合された分布は平均よりも分散が大きいので，過分散なカウントデータをあつかう統計モデルの部品として使えます．

[*16] 上の式では，個体ごとの r_i がたがいに独立であると仮定しています．第11章では，個体差・場所差のようなパラメーターが独立ではない例をあつかいます．

[*17] この場合は無限個の二項分布を混ぜあわせているので，無限混合分布(infinite mixture distribution)とよばれます．蛇足ながら，一般化線形混合モデルという呼び名の中の「混合」とは，この混合分布とは関係なく，7.3.3項で説明したように，固定効果とランダム効果がいっしょになっているという意味です．

[*18] サンプルサイズは有限個ですが，無限個の二項分布を混ぜます．

[*19] ポアソン分布を使った GLMM については，7.6節で紹介しています．

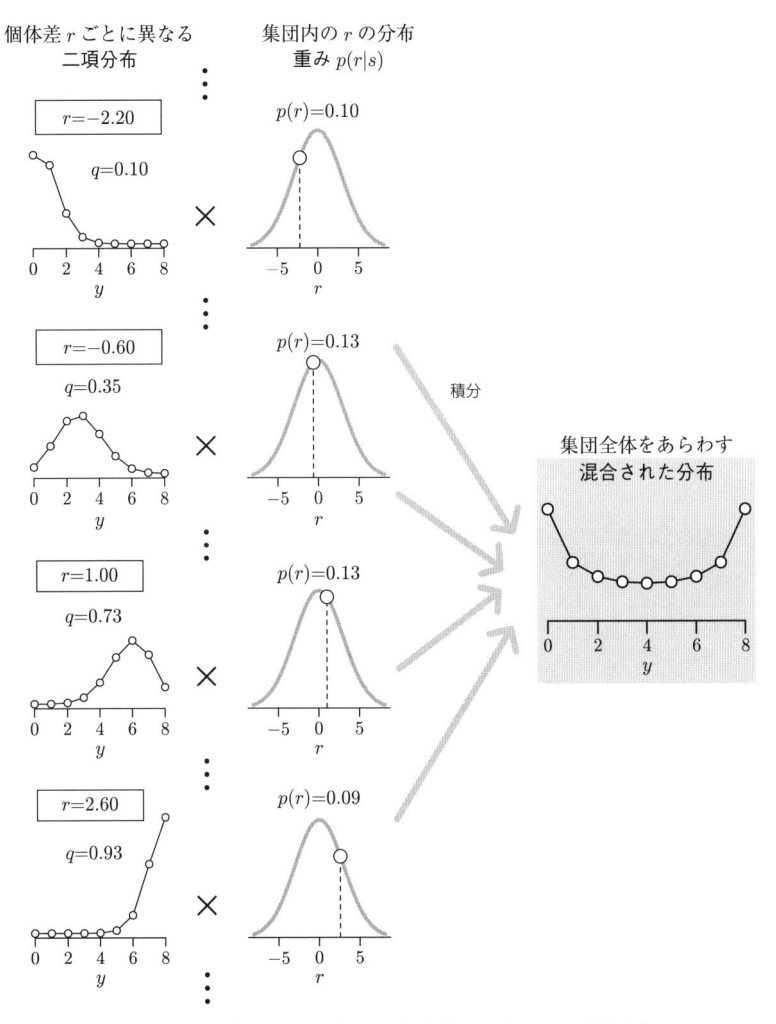

7.4 一般化線形混合モデルの最尤推定 ◆ 157

図 7.8 「分布を混ぜる」という考えかた(I)．二項分布と正規分布の無限混合分布の例．図 7.10(B)のような確率分布がどのように作られているかを図示している．くわしくは本文を参照．

158 ◆ 7　一般化線形混合モデル（GLMM）

個体差 r ごとに異なる
ポアソン分布

$r=-1.10$
$\lambda=0.55$

$r=-0.30$
$\lambda=1.22$

$r=0.50$
$\lambda=2.72$

$r=1.30$
$\lambda=6.05$

集団内の r の分布
重み $p(r|s)$

$p(r)=0.22$

$p(r)=0.38$

$p(r)=0.35$

$p(r)=0.17$

積分

集団全体をあらわす
混合された分布

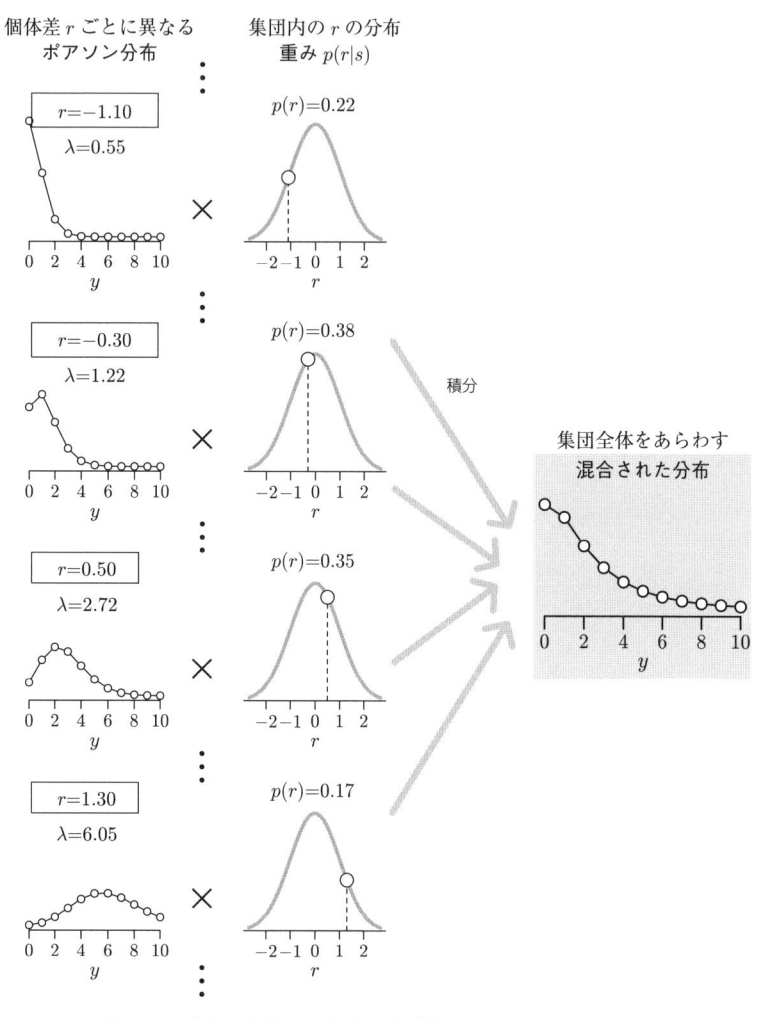

図 7.9　「分布を混ぜる」という考えかた(II)．ポアソン分布と正規分布の無限混合分布の例．図 7.8 のポアソン分布版．くわしくは本文を参照．

さて，この章の例題のパラメーター推定にもどりましょう．全データの尤度は L_i の 100 個体ぶんの積なので，$L(\beta_1, \beta_2, s) = \prod_i L_i$ となります．個体差 r_i がどこにも入っていない対数尤度 $\log L(\beta_1, \beta_2, s)$ が最大になるような，パラ

メーター β_1, β_2, s の最尤推定値を探すことになります[*20].

7.4.1 R を使って GLMM のパラメーターを推定

このようなカウントデータの GLMM の最尤推定をするために，ここでは R の glmmML package を使いましょう[*21]．この glmmML package は R 標準 package ではないので CRAN サイト[*22]からダウンロードしてインストールします[*23]．さて，インストールが完了したら，library(glmmML) と指示してください．これによって，glmmML package が読みこまれて，glmmML() 関数が使えるようになります．

この glmmML() 関数による推定は，glm() を使った場合とほとんど同じですが，r_i が「個体ごとに異なる独立なパラメーター」であることを cluster オプションを使って指定する必要があります．これはデータフレイム d の id 列に格納されている個体番号を使えばよく，cluster = id と指定します[*24].

```
> glmmML(cbind(y, N - y) ~ x, data = d, family = binomial,
+ cluster = id)
```

するとこのような結果が得られます．

```
            coef se(coef)     z Pr(>|z|)
(Intercept) -4.13    0.906 -4.56  5.1e-06
x            0.99    0.214  4.62  3.8e-06
```

[*20] このように最尤推定する方法とは別に，以前は準尤度 (quasi likelihood) を使って過分散のあるデータの統計モデリングをしていました．しかし，現在では使用する利点がないので使われなくなっています．
[*21] glmmML という名前は GLMM を ML (最尤推定) するといった意味です．データのばらつきの確率分布として指定できるのは，二項分布とポアソン分布です．
[*22] R の機能拡張用の追加 package 置き場，The Comprehensive R Archive Network (CRAN) http://cran.r-project.org/
[*23] update.packages() してから install.packages("glmmML") とすればよいでしょう．
[*24] glmmML() 関数の cluster 引数では 1 種類のランダム効果発生源しか指定できません．

160 ◆ 7　一般化線形混合モデル(GLMM)

```
Scale parameter in mixing distribution:   2.49 gaussian
Std. Error:                               0.309

Residual deviance: 264 on 97 degrees of freedom   AIC: 270
```

この推定結果の読みかたを説明しましょう：

- `coef`(係数)はパラメーターの最尤推定値[25]です：$\hat{\beta}_1 = -4.13$(真の値は-4)，$\hat{\beta}_2 = 0.99$(真の値は1)とうまく推定できています
- `Scale parameter...` は「個体差r_iのばらつき」ことsの最尤推定値，その下の`Std. Error`はsの推定値のばらつき(標準誤差)です：$\hat{s} = 2.49$(ホントのsの値は3)と過小推定されました
- 100個のデータにたいして$\{\beta_1, \beta_2, s\}$の3パラメーターを使っているので(使える)残りの自由度は100−3=97，そのときの`Residual deviance`は264でAICは270ということです[26]

上の推定結果から得られたモデルの予測を図7.10に示しています[27]．生存確率q_iのx_i依存性や，生存種子数y_iの分布が改善されました．

7.5　現実のデータ解析にはGLMMが必要

この章の前半では，カウントデータが過分散である場合には，GLMではそのデータのばらつきを説明できないので，GLMMが必要だと説明しました．このように過分散の有無を調べてGLMMを採用するのはまちがいではありません．

しかしながら，より本質的には，GLMMのような考えかたが必要になるかどうかの判断のポイントは，「同じ個体・場所などから何度もサンプリングし

---

[25] そしてその近似標準誤差やWaldのz値など．
[26] このモデルのモデル選択規準AICを評価する場合には，このモデルのパラメーター数が必要になります．これは「最尤推定したパラメーター数」なので，$\{\beta_1, \beta_2, s\}$の3個となります．最尤推定していない100個のr_iは含まれません．
[27] 図7.10に示しているような予測をするためには，推定結果を組みあわせた数値計算が必要です．第10章の10.3.2項を参照してください．

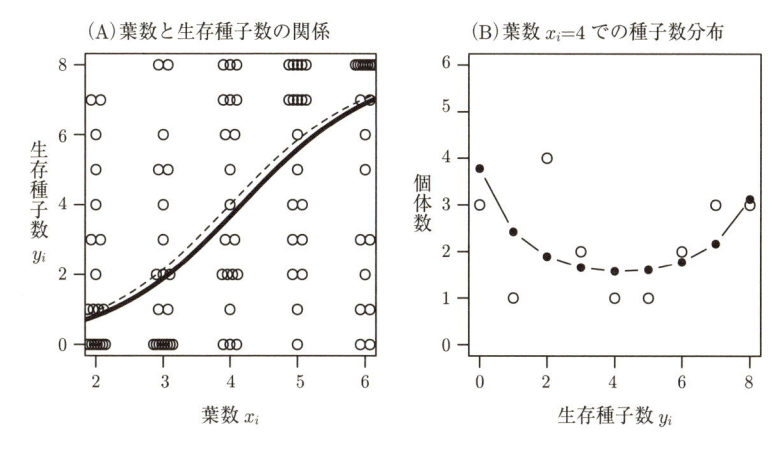

図 7.10 GLMM 化したロジスティック回帰の推定にもとづく予測．(A) 図 7.2(B) のデータの上に GLMM の予測結果(実線)を重ねたもの．真の葉数依存性(破線)を推定できている．(B) 葉数 $x_i=4$ における生存種子数分布(白丸)と，推定された GLMM から予測される混合された二項分布(黒丸)．

ているか」[*28] あるいは「個体差や場所差が識別できてしまうようなデータのとりかたをしているか」といったところにあります．

7.5.1 反復・擬似反復と統計モデルの関係

データをどのようにとったのか——個体差・場所差をどのように統計モデルに組みこむかの方法は，これに依存しています．この節では図 7.11 のような場合わけにそって考えてみましょう．要点は，個体差・場所差が「見えてしまう」データのとりかたをしているかどうかです．

この章の例題のように，種子の生存確率を知るために，植物から種子をとってきてその生死を調べたとしましょう．ここまでは明示的に場所とか植木鉢とか，植物のおかれている環境についてはあつかっていませんが，ここからは調査対象の植物たちは植木鉢で育てられているとします．

図 7.11(A) のように，各個体でひとつだけ種子の生死を調べていたのであれ

[*28] この章では，個体差・場所差が個体ごと・場所ごとに完全に独立している場合を想定しています．独立でない場合の統計モデルの作りかたの一例を，第 11 章で説明します．

162 ◆ 7　一般化線形混合モデル（GLMM）

(A) 個体・植木鉢が反復

個体差も植木鉢差も推定できない

$\mathrm{logit}(q_i) = \beta_1 + \beta_2 x_i$

pot A　　pot B

q_i：種子の生存確率

(B) 個体は擬似反復，植木鉢は反復

個体差は推定できる
植木鉢差は推定できない

$\mathrm{logit}(q_i) = \beta_1 + \beta_2 x_i + r_i$

pot A　　pot B

(C) 個体は反復，植木鉢は擬似反復

個体差は推定できない
植木鉢差は推定できる

$\mathrm{logit}(q_i) = \beta_1 + \beta_2 x_i + r_j$

pot A　　pot B

(D) 個体・植木鉢が擬似反復

個体差も植木鉢差も推定できる

$\mathrm{logit}(q_i) = \beta_1 + \beta_2 x_i + r_i + r_j$

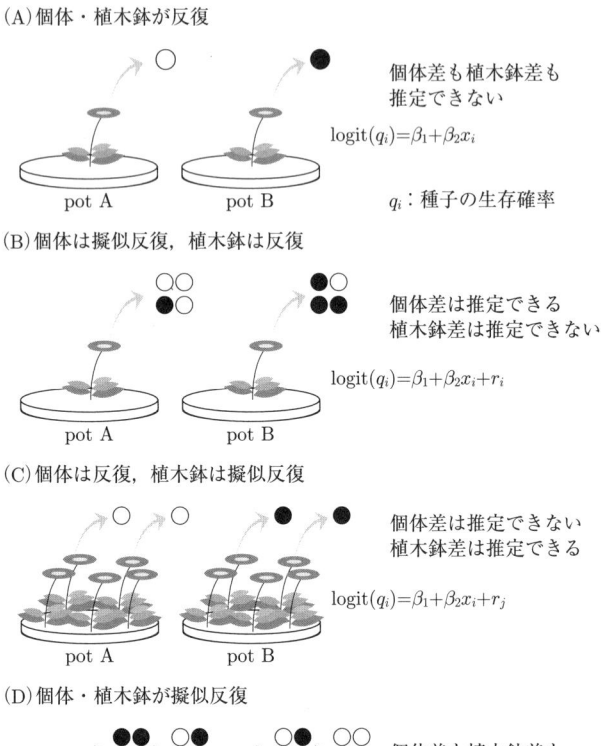

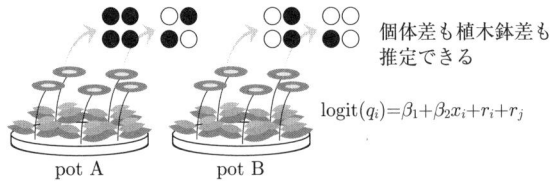

pot A　　pot B

図 7.11　反復・擬似反復と個体差・植木鉢差の推定が可能かどうかの関係．(A)(C) では 1 個体から 1 個の種子を取り，その生死を調べているのに対して，(B)(D) では N 個の種子を調べている（白丸が死亡種子，黒丸が生存種子）．また (C)(D) ではひとつの植木鉢で複数の個体を育てている．

ば，過分散も生じませんし個体差のばらつきも推定できません．それだけでなく，ひとつの植木鉢に 1 個体がいるだけなので，個体差と植木鉢差の区別がつきません．つまり，このようなデータのとりかたをすれば，統計モデルに個体差・場所差をいれようがないので，GLMM を使えません．生存確率を

7.5 現実のデータ解析には GLMM が必要

$\text{logit}(q_i) = \beta_1 + \beta_2 x_i$ と指定する GLM で推定して問題ないということです．

このようなデータのとりかたを**反復**(replication)，あるいは独立した反復といいます．図 7.11(A) についていえば，個体と植木鉢の両方が反復になっていて，個体差や場所差の影響を考慮しない統計モデルが使えます．実験において反復をとる目的のひとつは，データから個体差・場所差の効果を除去し，このように統計モデルを簡単にすることです．

次に図 7.11(B) のような場合を考えてみましょう．これは，この章の例題に相当すると考えてください．同じ個体から採取した N 個 ($N>1$) の種子の生死を調べた場合には，「この個体では種子がやたらと死んでいるな」「こっちの個体は同じ x_i だけれど，生存確率が高いみたいだ」といったことがデータから読みとれますし，個体差をいれた GLMM を使えば「個体差のばらつき」s が推定されます[*29]．

このような場合，「個体から複数のデータをとる」という実験操作は反復ではなく，**擬似反復**(pseudo replication) となります．「擬似」とは，反復っぽく見えるけれど個体差などを打ち消す反復になっていない——ぐらいの意味なのでしょう．擬似反復の場合は個体差が推定可能であり，かつ個体差の影響を考慮しなければ推定結果に偏りが生じます．つまり，個体差が推定可能な場合は常に統計モデルの中で生存確率を $\text{logit}(q_i) = \beta_1 + \beta_2 x_i + r_i$ といったように，個体差 r_i を明示的に組みこまなければなりません．これが GLMM が必要とされる理由です．

この (B) の場合でも，植木鉢は反復になっていて，個体に差があるのか植木鉢に差があるのか区別ができないので，植木鉢差だけを分離して推定できません．

つぎに個体差にくわえて場所差についての反復・擬似反復について考えてみましょう．図 7.11(C) のような場合には，(A) と同じように 1 個体から 1 種子しかとっていないので，個体は依然として反復になっています．しかし，ひとつの植木鉢に複数の個体が植えられているので，「こっちの植木鉢では死亡

[*29] GLMM では個体差 r_i を最尤推定するわけではないのですが，r_i の影響を考慮して他のパラメーターを推定しているので，以下ではこのような場合は「個体差を推定できる」と表現します．

確率が高い」といったことが推定可能です．このようなときには，個体 i のいる植木鉢の効果が r_j だとすると，生存確率が $\text{logit}(q_i)=\beta_1+\beta_2 x_i+r_j$ となる GLMM でパラメーターを推定しなければなりません．

最後の例である，図 7.11 (D) では，個体も植木鉢も擬似反復になっています．種子の生存確率が $\text{logit}(q_i)=\beta_1+\beta_2 x_i+r_i+r_j$ であると指定しなければなりません．このように個体差・場所差も考慮しながら β_1, β_2 にくわえて個体差・場所差それぞれのばらつきの大きさを最尤推定するのは，数値計算の問題としてはなかなか難しいものになります．そこで，このようなときには GLMM と最尤推定の組みあわせではなく，階層ベイズモデルと MCMC を使って統計モデルをデータにあてはめましょうというのが，次の章からの展開となります[*30]．

擬似反復というと何か実験計画の失敗のような印象があります．しかし，ここで述べてきたように，正しい統計モデリングをすれば，個体差・場所差などを定量化できるデータのとりかただと考えることもできます．問題にされるべきは，擬似反復なデータなのに，あたかも反復であるかのような統計モデリングをしてしまうことです．

7.6　いろいろな分布の GLMM

応答変数のばらつきが二項分布ではない GLMM について簡単に紹介します．

ポアソン分布で説明できそうなカウントデータの場合も，この章の例題と同じように過分散を調べることで，個体差の相対的な大きさがわかります．第 2 章でも述べたように，平均と分散がだいたい等しくなりますが，過分散のデータでは平均より分散がずっと大きな値になります．このような過分散のカウントデータの解析には[*31]，GLMM が必要となります．この GLMM は

[*30] 図 7.11 (D) のように個体差と場所差を同時にくみこんだ統計モデルは，第 10 章の 10.5 節であつかいます．

[*31] 植物個体の種子数のようなカウントデータは，つねに擬似反復になります．データを見れば「この個体はポアソン分布で期待されるより明らかに種子数が多い」といったことがすぐにわかるからです．ただし，前の節でも述べたように，擬似反復だからといってつねに過分散になるとは限

ポアソン分布と正規分布を混ぜあわせる(図 7.9)統計モデルがよく使われます．二項分布 GLMM の場合と同じように，このモデルのパラメーター推定に glmmML() 関数が使えます．

また応答変数のばらつきが**負の二項分布**(negative binomial distribution)であると仮定する GLMM も使われます[*32]．負の二項分布は，ポアソン分布 $p(y \mid \lambda)$ とガンマ分布の無限混合分布であり，λ があるばらつきをもったガンマ分布にしたがいます．

観測データのばらつきが正規分布やガンマ分布であるときには，過分散を定義することはできません．第 6 章で説明したように，これらの確率分布では平均とは独立に分散を決められるからです．しかし，前の節でも述べたように，GLMM が必要になるかどうかの本質は過分散の有無ではなく，「1 個体から何度もデータをとる」ような擬似反復が含まれているかどうかで決まります．

したがって，データのばらつきが正規分布やガンマ分布であるときにも，サンプリングが擬似反復になっている可能性がある場合には，GLMM のように個体差・場所差を考慮したモデルをあてはめなければなりません．ガンマ分布や正規分布などの GLMM あてはめには，lme4 package の glmer() 関数などが使えます[*33]．また，分布は正規分布で恒等リンク関数とする統計モデルは，**線形混合モデル**(linear mixed model)とよばれることがあります．これも上記の glmer() 関数その他であつかえます．

7.7 この章のまとめと参考文献

この章では，「観測されなかった個体差」を組みこんだ GLM である，一般化線形混合モデル(GLMM)が登場しました．第 6 章までが GLM の基本的な考えかたを説明するためのパートだとすると，この第 7 章は GLM を現実の

りません．
[*32] このモデルの推定関数としては MASS package の glm.nb() などがあります．
[*33] glmmML() 関数は二項分布・ポアソン分布のモデルのあてはめにしか使えません．またモデルが複雑な場合は，glmer() を使わず，次の章以降で説明する方法を使って下さい．

データ解析に使えるよう強化するパートの始まりであり，この本の中の転換点であると言えます．

- ここまでの章の例題のような架空データならば，簡単な GLM を使ってデータに見られるパターンを説明できたが，現実のデータでは GLM がうまくあてはまらない場合がある (7.1 例題：GLM では説明できないカウントデータ)
- GLM では「説明変数が同じならどの個体も均質」と仮定していたが，観測されていない個体差があるので，集団全体の生存種子数の分布は二項分布で期待されるより過分散なものになる (7.2 過分散と個体差)
- このような状況に対応している GLMM とは，線形予測子に個体差のばらつきをあらわすパラメーター r_i を追加し，全個体の r_i がある確率分布にしたがうと仮定した統計モデルである (7.3 一般化線形混合モデル)
- 積分によって r_i を消去した尤度を最大化することで，GLMM の切片・傾きそして個体差 r_i のばらつきといった，大域的なパラメーターを最尤推定できる (7.4 一般化線形混合モデルの最尤推定)
- ひとつの個体から複数のデータをとったり，ひとつの場所に多数の調査対象がいるような状況は擬似反復とよばれ，このような構造のデータに統計モデルをあてはめるときには，個体差・場所差などをくみこんだ GLMM が必要である (7.5 現実のデータ解析には GLMM が必要)
- データのばらつきをあらわす確率分布の種類がどのようなものであっても，個体差・場所差などに影響されるデータの部分集合があれば，これらの効果をランダム効果としてくみこんだ統計モデルで推定しなければならない (7.6 いろいろな分布の GLMM)

「人間には観測できなかった・できない，しかし観測データにばらつきをもたらす」要因をくみこんだ統計モデリングは重要です．何でも測定すればいいのだと考える研究者もいますが，莫大な労力を費やして多少のデータを増やしたところで，すべての「ばらつき」要因が特定できるわけではありません．

したがって，実際のデータ解析では個体差だけでなく，さまざまな場所差などを考慮した統計モデルづくりが必要になります．たとえば，個体差＋場所差

の統計モデルは,第10章であつかいます.また,空間相関のある場所差なども考慮した統計モデルを設計できます.これは,第11章であつかいます.

実際のところ,このように複雑化したGLMMのパラメーターの推定は簡単ではありません.次の第8章以降では,この困難をのりこえていく推定方法を紹介します.

また,このような複雑化した統計モデルでは局所的なパラメーター——この章の例題では個体差 r_i として,積分で「消されて」しまったパラメーターたち——の推定・予測が「データ解析で明らかにしたいこと」のひとつとなる場合があります.このような局所的なパラメーターの位置づけについても,次の第8章以降に登場する統計モデルのわくぐみの中で検討されます.

◇　　◇　　◇

Crawley『統計学:Rを用いた入門書』[6]には固定効果とランダム効果をどう区別すべきなのか,具体的な説明があります.

カウントデータのばらつきが負の二項分布であると仮定するGLMをあつかう関数 `glm.nb()` については Venables & Ripley "Modern applied statistics with S" [41]に説明があります.

Faraway "Extending the linear model with R" [8]ではGLMMや線形混合モデルにおけるランダム効果のあつかいや,縦断的データについての入門的な解説があります.

8

マルコフ連鎖モンテカルロ(MCMC)法とベイズ統計モデル

より複雑な統計モデルと観測データを対応づけるために,マルコフ連鎖モンテカルロ(MCMC)法を使ってみましょう.それから,やや強引ながら,MCMC に関連づけてベイズ統計モデリングを導入してみます.

第7章では，観測できない不均質さなどを内包しているデータに対処するために，一般化線形混合モデル（GLMM）を導入しました．しかし，実際のデータ解析では，第7章より複雑な，たとえば個体差だけでなく場所差なども同時に考慮した統計モデルが必要になるかもしれません．

統計モデルに組みこまれたランダム効果の発生源の種類が増えるにつれ，パラメーターの推定は困難になります．第7章の例題では，ランダム効果の発生源は個体差 r_i だけでしたから，この r_i を積分すれば対数尤度を評価できました．しかし，発生源の種類が K 個の場合は K 回の多重積分が必要とされます．この K が大きいほど数値的な最尤推定に要する計算時間が長くなったり，最尤推定値の探索そのものが困難になります．

このように複雑な統計モデルのあてはめで威力を発揮するのが，**マルコフ連鎖モンテカルロ法**(Markov chain Monte Carlo method, MCMC method)です．以下ではMCMCのさまざまな手つづきを総称して**MCMCアルゴリズム**とよびます．また，あるデータに対してMCMCアルゴリズムを適用すると，推定結果はある確率分布からのランダムサンプルとして得られます——この点については，あとでくわしく説明します．このような操作を**MCMCサンプリング**，得られた結果を**MCMCサンプル**とよぶことにします．とりあえず，MCMCアルゴリズムは多変量の確率分布からの巧妙な乱数発生方法であり，統計モデルを観測データにあてはめるとMCMCサンプルが得られると考えてください．

まず，この章の前半では，

- （効率のよくない）試行錯誤による最尤推定法を紹介する
- それをMCMCアルゴリズムに改造し，MCMCサンプリングをする

という手順でMCMC法を導入します．MCMC法の本来の使いどころは，さきほど述べたように多変量の確率分布からの乱数発生なのですが，この章ではわかりやすい一変量の例題をあつかいます．

この章の後半では，MCMCサンプリングで得られた結果と，統計モデルを対応づけるひとつの方法として，**ベイズ統計モデル**(Bayesian statistical model)という考えかたを紹介します*1.

8.1 例題:種子の生存確率(個体差なし)

この章では,図 8.1 に示しているようなデータをあつかう統計モデリングにとりくみます.これは MCMC 法などまったく必要としない簡単なものですが,MCMC アルゴリズムの導入には適当でしょう.

第 6 章の 6.2 節の例題と同じように,各植物個体 8 個の種子の生死を調べたとします.ここでは 20 個体を調べたとして,個体 i の生存種子数は $\{y_1, y_2, \cdots, y_{20}\} = \{4, 3, 4, 5, 5, 2, 3, 1, 4, 0, 1, 5, 5, 6, 5, 4, 4, 5, 3, 4\}$ となっていたとしましょう.

このデータをヒストグラムで図示すると,図 8.1(B)のようになります.これを見ると,とくに過分散ではないようなので,生存種子数 y_i が二項分布にしたがうと仮定します.均質な 20 個体たちに共通する種子生存確率を q とすると,ある個体 i の種子数が y_i である確率は,

$$p(y_i \mid q) = \binom{8}{y_i} q^{y_i} (1-q)^{8-y_i}$$

となります.尤度 $L(q)$ は 20 個体ぶんの「データが得られる確率」の積なので(2.4 節を参照),

$$L(q) = p(\boldsymbol{Y} \mid q) = \prod_i p(y_i \mid q)$$

となります.両辺の対数をとると*2,

---

*1 この本では MCMC 法(パラメーター推定法のひとつ)とベイズ統計モデル(統計モデリングのひとつの様式)の結びつきの重要性を強調しています.しかしながら歴史的には,これらはそれぞれ互いに何の関係もなく発明されたものであり,一方が他方に依存しているといった関係ではありません.つまり,「ベイズは MCMC と不可分」とか「MCMC はベイズの考えかたにもとづいている」といった考えかたは必ずしも正しくありません.章末のまとめも参照してください.

*2 対数尤度 $\log L(q)$ の式の中の(定数)項はパラメーター q を含まない部分です.第 6 章の 6.4.2 項を参照.

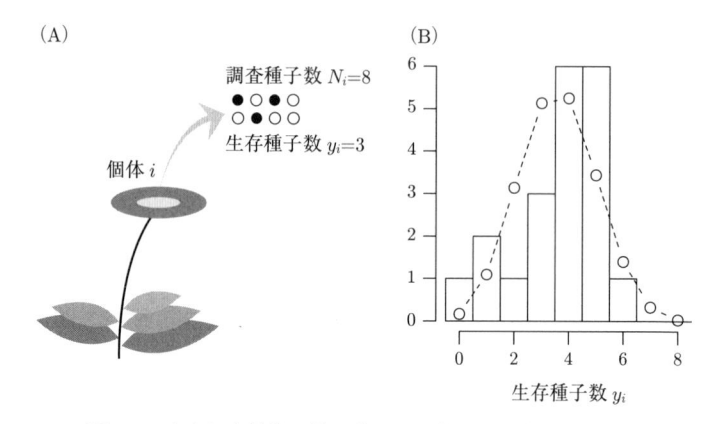

図 **8.1** (A)架空植物の第 i 番目の個体．この植物の種子の生存確率を推定したい．どの個体でも調査種子数 N_i は 8 個．(B)例題の架空データのヒストグラム．縦軸は個体数，サンプルサイズは 20 である．丸と破線はこの架空データを生成した「真の」分布で，$q=0.45$ の二項分布である．

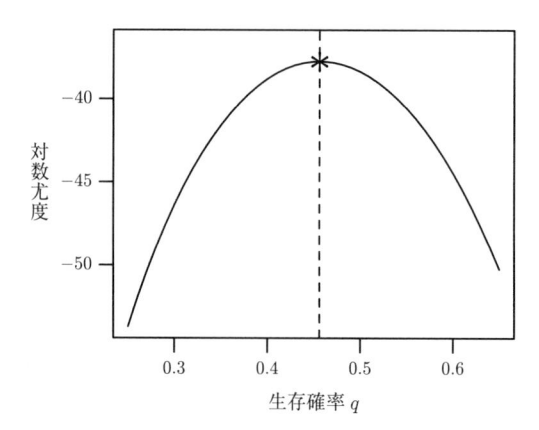

図 **8.2** 生存確率 q と対数尤度 $\log L(q)$．$q=0.46$ あたりで対数尤度が最大になる．

$$\log L(q) = \sum_i \{y_i \log q + (8-y_i)\log(1-q)\} + （定数）$$

となります．この対数尤度 $\log L(q)$ を最大化するような q が最尤推定値 $\hat{q}$ です．

対数尤度の傾きがゼロになる（図 8.2 を参照），つまり $d \log L(q)/dq = 0$ となる $\hat{q}$ をもとめると，データ Y のもとでの最尤推定値は以下のようになります．

$$\hat{q} = \frac{\text{合計生存種子数}}{\text{合計調査種子数}} = \frac{73}{8 \times 20} = 0.45625$$

このデータから生存確率は 0.46 ぐらいだと推定されました[*3]．

8.2 ふらふら試行錯誤による最尤推定

もし仮に，最尤推定量 $\hat{q}$ が解析的にもとめられないとすれば，どうすればよいでしょうか？ そのような場合であっても，計算機による繰り返し試行錯誤によって q を少しずつ変化させることで，対数尤度が高くなる $\hat{q}$ を探しだせます．

このような数値的な最尤推定法を実現するための，さまざまな効率の良いアルゴリズムが提案されています[*4]．しかしここでは，このあとに登場する MCMC アルゴリズムの説明にそなえて，**効率が悪く精度もよくない試行錯誤による最尤推定方法**を紹介します．これは本当に劣悪な方法なので，数値的な最尤推定をしたい場合には他の方法を使ってください．

まず図 8.3 で示しているように生存確率 q を離散化します．離散化というのは，連続値であるはずの q をとびとびの値の集まりに変換することです[*5]．ここでは，$q=0.01$ から $q=0.99$ まで 0.01 きざみの値をとるとしましょう[*6]．

次に，何か q の初期値（試行錯誤スタート時点での値）を選び，その対数尤度を評価します．図 8.4 で示しているように，$q=0.30$ を選んでみると，その対数尤度は -46.38 となります．

[*3] 架空データを生成するときに使った「真の」生存確率は 0.45 です．
[*4] R の glm() でも数値的な最尤推定法でパラメーター推定をしています．アルゴリズムの種類を明示的に指定したいときは，method 引数を使います．
[*5] q を離散化する理由は説明を簡単にするためで，本来は必要ありません．MCMC アルゴリズムは，推定したいパラメーターが連続値・離散値にかかわりなく適用できます．
[*6] 図 8.3 のように離散化と同時に対数尤度も評価できるのであれば，最尤推定のための試行錯誤は必要ありません．ただ単に対数尤度が最大になっている q を見つければよいだけです．ここではその方法を知らなかったので試行錯誤していることにしましょう．

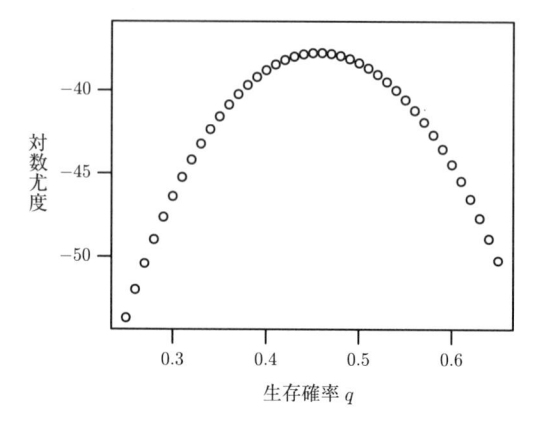

図 **8.3** 数値的な試行錯誤によるパラメーター推定のため，生存確率 q を離散化する．生存確率 q を 0.01 から 0.99 まで 0.01 きざみでとり（横軸），各 q における $\log L(q)$ をプロットしたもの．

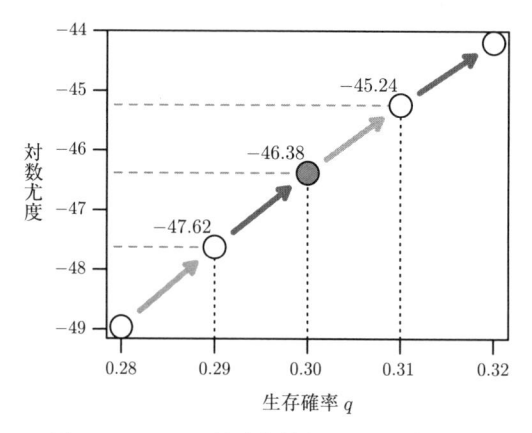

図 **8.4** 図 8.3 の $q=0.30$ 付近を拡大した図．各点の左上の数値は対数尤度．試行錯誤による対数尤度最大化の出発点として $q=0.30$ を選んだとする．もし，$q=0.29$ に移動すると対数尤度は 1.24 減少し，$q=0.31$ に移動すると対数尤度は 1.14 増加する．グレイの矢印はこのアルゴリズムで q が変化していく方向．

8.2 ふらふら試行錯誤による最尤推定 ◆ 175

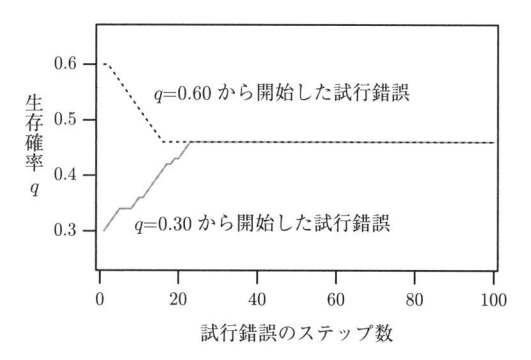

図 8.5 試行錯誤による対数尤度最大化にともなう q の変化．横軸は試行錯誤のステップ数，縦軸はそのステップにおける q の値．「対数尤度の高い方向にだけ移動する」というルールで試行錯誤すると，q の初期値とは関係なく，対数尤度 $L(q)$ が最大になる（図 8.3 参照）ような $q=0.46$ に移動する．

試行錯誤による最尤推定法では，このようにいいかげんに決めた q をふりだしにして，q を増減させながら対数尤度が高くなる q を逐次的に探していきます．その手順の例を以下に示していきましょう．

まず q は「となりの値」にしか変化できない，とします．ここでいう「となり」とは，たとえば図 8.4 の例でいえば，$q=0.30$ のとなりは 0.29 と 0.31 です．次に q を変化させるルールを「ランダムにとなりを選び[*7]，対数尤度がいまの q より高ければそちらに移動する」とします．さて，次の値として $q=0.31$ が選ばれたとしましょう．この場合は，$q=0.30$ のときより対数尤度が高くなりますから（図 8.4 を参照），パラメーターの値を $q=0.31$ に変化させます．いっぽうで，もし $q=0.29$ となったとすると，対数尤度は $q=0.30$ のときより下がります．この場合は $q=0.29$ には移動せずに，もとの $q=0.30$ にとどまります．

このような試行錯誤のアルゴリズムを R で実装し，q を探索させてみた一例を図 8.5 に示しています．この図の横軸はステップ数で，これは試行錯誤の 1 段階つまり「ランダムにとなりを選び，そこに移動するかどうかを決める」に

[*7] 上の例の場合では $q=0.29$ となる確率が 0.5 で $q=0.31$ になる確率が 0.5 です．

対応しています．

このようなルールにしたがって q を変化させていくと，図8.5で示しているように，ところどころでつまずきながらも，q の初期値にかかわりなく，対数尤度の「山」(図8.3)を登りながら q の値が最尤推定値($q=0.46$)の方向に変化していくでしょう[*8]．

8.3　MCMCアルゴリズムのひとつ：メトロポリス法

さて，ここからいよいよMCMCアルゴリズムの説明です．「そのMCMCとやらによって何が得られるの？」といった疑問は次の節にまわすことにして，ここではまず，MCMCのアルゴリズムの中でもっとも簡単なメトロポリス法(Metropolis method)の手順を説明します．

前の節に登場した「ふらふら試行錯誤による最尤推定」の手順を少し修正するとメトロポリス法になります．ふらふら最尤推定は，

(1)　パラメーター q の初期値を選ぶ

(2)　q を増やすか減らすかをランダムに決める(新しく選んだ q の値を $q^{新}$ としましょう)[*9]

(3)　$q^{新}$ において尤度が大きくなる(あてはまりが良くなる)なら q の値を $q^{新}$ に変更する

といったルールで q の値が変化しなくなるまでは(2)にもどって q を変化させつづけていくアルゴリズムでした．ここまではメトロポリス法も同じです．メトロポリス法は上のルールに加えて，

(4)　$q^{新}$ で尤度が小さくなる(あてはまりが悪くなる)場合であっても，確率 r で q の値を $q^{新}$ に変更する

というルールも追加します．このときに悪くなる方向に q を変化させる確率 r

[*8]　くりかえしになりますが，たとえばRの glm() で使われている数値的な最尤推定法のアルゴリズムは，これよりもずっと洗練されたものです．ここで例示した方法のように，パラメーターを離散化する必要もありませんし，もっと少ない試行錯誤ステップ数で，つまり効率よく最尤推定値に近づいていきます．

[*9]　この方法の場合，$q=0.01$ や $q=0.99$ といった「端」で問題が生じます．この章ではこれをうやむやのままにしているので，あとで事前分布などが決められなくなってしまいます．

が尤度比 $r = \dfrac{L(q^{新})}{L(q)}$ に等しいと設定します.

あてはまりが悪くなる方向に移動する確率 r の計算例を示してみましょう.たとえば現在は $q=0.30$ であり,次の移動先候補として $q^{新}=0.29$ が選ばれたとします.図 8.4 を見ると,対数尤度が $\log L(q) = -46.38$ から $\log L(q^{新}) = -47.62$ に変化するので,移動する確率は $r = \exp(-47.62+46.38) = 0.29$ となります.もともとの「ふらふら試行錯誤による最尤推定」の場合,$\log L(q) > \log L(q^{新})$ の場合には移動する確率がゼロでしたが,メトロポリス法の場合は移動する確率がゼロでなく,対数尤度差が小さい(尤度比が 1 に近い)ほど移動しやすいというルールです.

このようなルールにもとづいて値を変化させていく方法が,MCMC すなわち Markov chain Monte Carlo とよばれている理由について説明しておきましょう.MCMC アルゴリズムでは,ひとつのステップの中で前の状態 q にもとづいて新しい状態 $q^{新}$ を作りだしているので,**マルコフ連鎖**(Markov chain)になっています.また一般に,乱数を利用した計算アルゴリズムは**モンテカルロ法**(Monte Carlo method)とよばれています.メトロポリス法の手順(2)と(4)で乱数を使っているので,マルコフ連鎖なモンテカルロ法のひとつであることがわかります[*10].

8.3.1 メトロポリス法でサンプリングしてみる

メトロポリス法のルールにしたがって,生存確率 q と対数尤度 $\log L(q)$ の 10 ステップの変化を図 8.6 に示しています.ふらふら試行錯誤による最尤推定とは異なり,$\log L(q)$ は増大あるいはその場で停滞するだけでなく,減少するステップもあります.

今度はステップ数を 100 まで増やしてみましょう(図 8.7).おおまかな傾向として,対数尤度が小さい q からスタートさせると,$\log L(q)$ が大きくなる方向に動いていくように見えます.これはふらふら試行錯誤による最尤推定に似ているようですが,いったん対数尤度が最大になる q に到達しても,そこか

[*10] マルコフ連鎖でないモンテカルロ法を使って統計モデルのパラメーターを推定することも不可能ではありませんが,それはあてずっぽうの探索となるので,MCMC に比べると格段に効率が悪くなります.

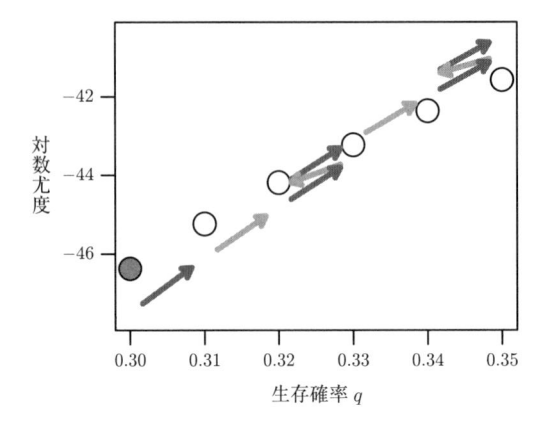

図 8.6 メトロポリス法によるサンプリングの過程(10 ステップぶん)の例.横軸は生存確率 q で,縦軸は対数尤度 $\log L(q)$.0.30 からスタートした q の値が変化していく様子をグレイの矢印で示している.

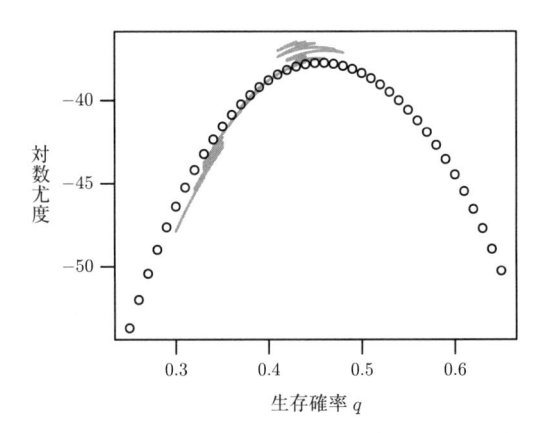

図 8.7 図 8.6 と対応するメトロポリス法によるサンプリングの過程(100 ステップぶん)の例.横軸は生存確率 q,縦軸は対数尤度 $\log L(q)$.最尤推定とは異なり,尤度が小さくなる(あてはまりが悪くなる)ような q に変化する場合もある.

らずり落ちるところが異なっています.

図 8.8(A) の左のパネルでは,q がステップ数とともに変化していく様子を示しています.ふらふら試行錯誤による最尤推定の場合(図 8.5)と比べると,

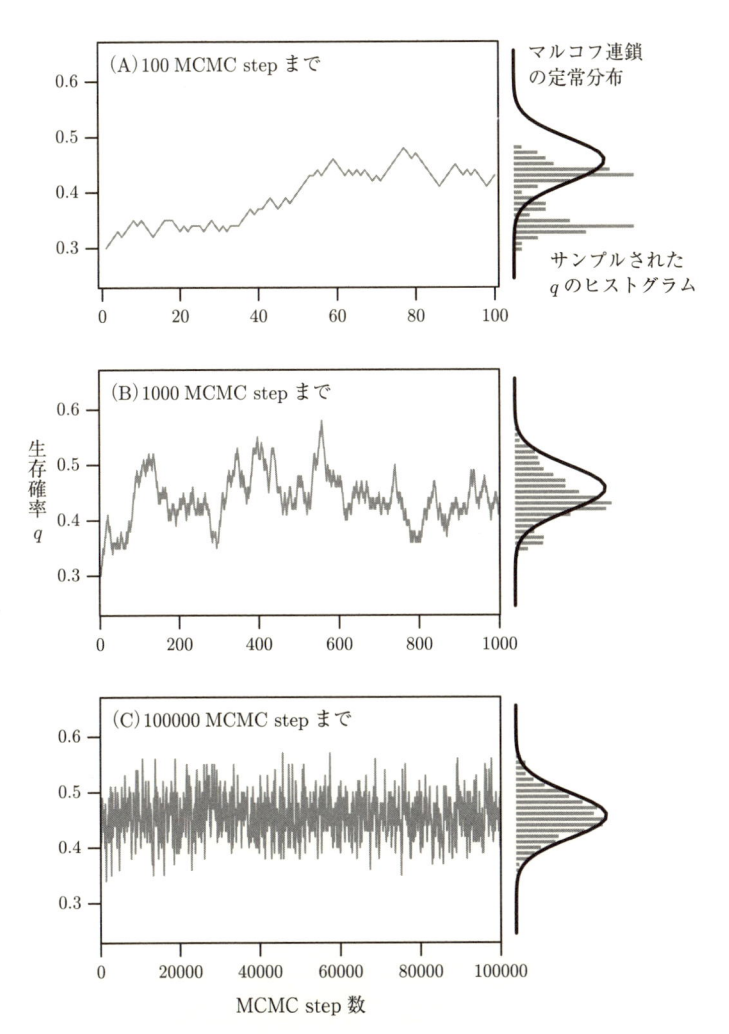

図 **8.8** メトロポリス法による MCMC サンプリングの例．図 8.5 と同様に，横軸は試行錯誤のステップ数，縦軸はそのステップにおける q の値．図の右側のヒストグラムは，サンプルされた q の頻度分布をあらわしている．このヒストグラムといっしょに示されている曲線は，このマルコフ連鎖の定常分布．(A) 100 ステップ，(B) 1000 ステップ，(C) 100000 ステップ（サンプリングの間隔は 100 ステップおき）．

尤度が大きい(あてはまりが良い)ところに到達するまで時間がかかり，しかもいったん対数尤度最大の地点に到達しても，そこにはとどまらずに q がでたらめに変化しつづけているかのように見えます．つまり，最尤推定法のときのように「どこかにある一番いい値」に到達するわけではありません．

　メトロポリス法など MCMC アルゴリズムの目的は，何か特定の値の探索ではなく，ステップ数とともに変化するパラメーターの値の生成です．これをサンプリング(sampling)とよびます．図 8.8 の右側にはサンプルされた値のヒストグラムを示しています．

　ステップ数が増えると，このヒストグラムの形状が，図 8.8 の右側に示している確率分布(確率密度関数)に似たものになっているようです．この曲線で示された確率分布は，この例題の統計モデルとメトロポリス法によって決まるマルコフ連鎖の「定常分布」です．図 8.8 をみると，メトロポリス法の適用によって，この分布からランダムサンプルが得られているようです．あとで 8.4 節で説明するように，このようなサンプリングが，MCMC 法を使った統計モデルのあてはめに相当します．

8.3.2　マルコフ連鎖の定常分布

　前の項の最後に登場した**定常分布**(stationary distribution)とは，ある変数 q のマルコフ連鎖が一定の条件を満たしているときに，そのマルコフ連鎖から発生する q の値がしたがう確率分布です．この条件については章末にあげている文献を参照してください．

　ここではとりあえず，この章の例題のメトロポリス法によって作りだされたマルコフ連鎖はその条件を満たしているので，図 8.8 の右側に示しているような定常分布をもつと考えてください．ここでは定常分布を $p(q \mid \boldsymbol{Y})$ と表記します．

　メトロポリス法による MCMC サンプリングを示す図 8.8 を見ると，MCMC ステップ数が小さいときにはサンプルされた q の分布は定常分布とは異なっているけれど，ステップ数を増やすにつれ定常分布に近づいていくらしい——ということがわかります．このようになる原因は，MCMC サンプリング開始

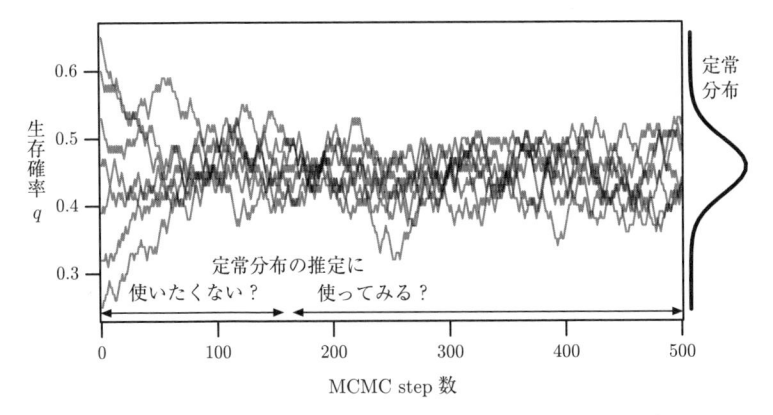

図 8.9 いろいろな q の値から開始した，メトロポリス法によるサンプリングの反復(第 9 章ではサンプル列とよんでいる)の例．図 8.8 と同様に，横軸は試行錯誤のステップ数，縦軸はそのステップにおける q の値．

時に定常分布とは関係なく，q の値をいいかげんに決めて[*11]，さらに q の値が少しずつしか変化しないので，定常分布に近づくのに時間がかかるためです．

MCMC サンプリングと定常分布の関係を調べるために，異なる q の初期値から開始した複数のメトロポリス法の試行例を図 8.9 に示しています．これをみると，どのような初期値から開始しても，MCMC サンプリングされた q の値の集合は最終的には定常分布にしたがうように見えます．

ただし定常分布 $p(q \mid Y)$ を近似できるような q の標本集団を得るためには十分な数の MCMC サンプリングが必要です．図 8.8(A) の 100 ステップの MCMC サンプリングでは定常分布とは異なる分布にしか見えません．図 8.8(B) のように 1000 ステップまで増やしても，まだ不十分なようです．メトロポリス法を使って q を変化させると，ある q とそこから生成される新しい q のあいだには相関があります[*12]．つまり，「ゆっくり」変化しているので，

[*11] それでは「いいかげんではない」決めかたがあるかというと，まあそういうものは無いと考えてください．

[*12] メトロポリス法では q がまったく変化しない場合もあるからです．さらに，この例題のメトロポリス法の場合，q は「となり」にしか移動できないので，変化した場合にもひとつ前のステップの q と似たような値になります．

この程度の長さのサンプリング数では定常分布からのランダムサンプルには見えません．この例題の場合，図 8.8(C) で示しているように，100000 ステップの MCMC サンプリングが必要でした[*13]．

ひたすら長く MCMC サンプリングをすれば，q の定常分布 $p(q\,|\,\boldsymbol{Y})$ が推定できるのですが，この例題のような簡単な推定問題を解決するためには，いかにも無駄であるように思います．

効率のよい MCMC サンプリングを実現するにはいろいろな方法があります．ひとつはメトロポリス法よりも「良い」MCMC アルゴリズムを使うことです．この場合の「良い」とは，あるステップと次のステップでサンプルされた値の相関を低くするようなアルゴリズムです．

また，図 8.9 を見ると，MCMC サンプルから定常分布を推定するためには，図中の「(定常分布の推定に) 使いたくない？」と示している部分を捨ててしまったほうが良さそうにみえます．この区間は，いいかげんに決めた q の初期値の影響をひきずっているように見えるからです．さらに，MCMC 試行がひとつだけの図 8.8 と，複数の試行の図 8.9 を比較すると，後者のほうが「定常分布への近づきぐあい」がわかりやすいように見えます．

ここであげた，MCMC アルゴリズムを変える，初期状態を捨てる，複数の MCMC サンプリングを比較するといった定常分布の推定の改善につながりそうな方法については，第 9 章以降でも検討をつづけます．この章では，図 8.8(C) のように，ひたすら長く 100000 ステップもくりかえしたので，定常分布が推定できるような q の値のサンプルが得られたとします．

8.3.3　この定常分布は何をあらわす分布なのか？

MCMC アルゴリズムのひとつであるメトロポリス法によって生存確率 q の値がサンプルされ，定常分布 $p(q\,|\,\boldsymbol{Y})$ が推定可能になりました．この分布は何をあらわしているのでしょうか？　この例題について言えば，定常分布

[*13]　必要なステップ数は事前にはわかりません．事後的に，サンプリング数が十分だったかどうかを判定します．また図 8.8(C) では 1 ステップごとではなく，100 ステップごとに値を「まびき」サンプリングしています．判定とまびきについては，次の章も参照してください．

8.3 MCMCアルゴリズムのひとつ：メトロポリス法

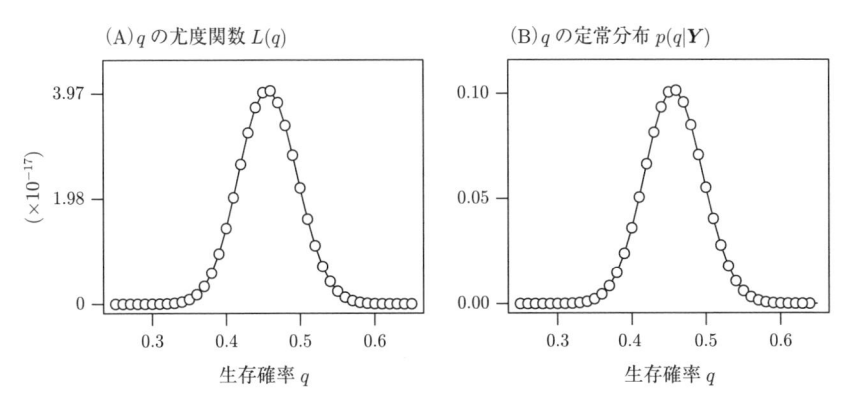

図 8.10 尤度関数と定常分布の関係．(A)図 8.2 の対数尤度 $\log L(q)$ の縦軸を尤度 $L(q)$ になおしたもの．(B)このマルコフ連鎖における q の定常分布 $p(q\,|\,\boldsymbol{Y})$．これは尤度 $L(q)$ に比例する確率分布．

$p(q\,|\,\boldsymbol{Y})$ は尤度 $L(q)$ に比例する確率分布です[*14]（図 8.10）．尤度 $L(q)$ に比例する離散化した q の確率分布とは，

$$p(q\,|\,\boldsymbol{Y}) = \frac{L(q)}{\sum_q L(q)}$$

このように定義されます．この分母はすべての $L(q)$ を足しあわせた値で，データ $\boldsymbol{Y}$ だけに依存する定数なので，$p(q\,|\,\boldsymbol{Y}) \propto L(q)$ という比例関係にあります．このような，メトロポリス法のルールと定常分布 $p(q\,|\,\boldsymbol{Y})$ の結びつきについては，8.5.1 項で少し補足説明をしています．

メトロポリス法によって得られた，十分に長い MCMC サンプルは定常分布 $p(q\,|\,\boldsymbol{Y})$ からのランダムサンプルです[*15]．

ここまでやったことをまとめてみましょう．ある観測データ $\boldsymbol{Y}$ を説明するために，二項分布を部品とする統計モデルを作りました．このモデルとメトロ

[*14] パラメーター q を連続値としてとりあつかっている場合には，$L(q)$ に比例する密度関数をもつ連続確率分布からのサンプリングとなります．連続値パラメーターのメトロポリス法は，$q^{新}$ の候補の探しかたにさらに工夫が必要になるので，この本では解説しません．

[*15] ただし，サンプルされた順番は無視します．前項で述べたように，ある q とメトロポリス法で生成された次の q の間には相関があります．

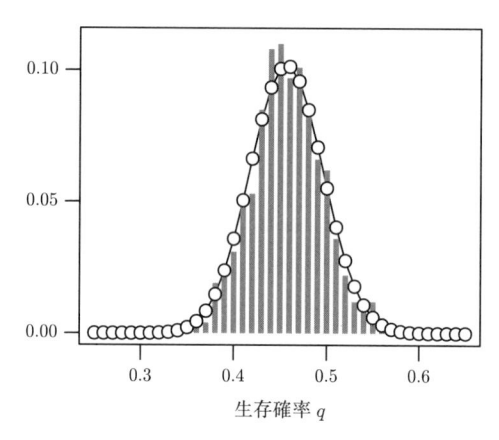

図 8.11 メトロポリス法によるデータへのあてはめによって得られたパラメーター q の確率分布．MCMC サンプリングによって得られた標本のヒストグラム(図 8.8(C)と対応)．白丸は尤度 $L(q)$ に比例する定常分布 $p(q\,|\,\boldsymbol{Y})$．

ポリス法を使って MCMC サンプリングをすると，尤度に比例する q の確率分布 $p(q\,|\,\boldsymbol{Y})$ を推定できるようなサンプルが得られました(図 8.11)．
　このように推定された $p(q\,|\,\boldsymbol{Y})$ という確率分布は q の尤もらしさである尤度 $L(q)$ に比例しているので，あるデータ $\boldsymbol{Y}$ に統計モデルをあてはめたときに q がとる値の確率分布と解釈しても良いでしょう．つまり，ここまでやってきた MCMC サンプリングとは，統計モデルのあてはめの一種だったのです．
　また，この標本分布の平均値・中央値・標準偏差・95% 区間といった統計量を評価すれば，あてはめの結果として得られた q の分布を要約して示せます．このようなことがわかれば，推定されたパラメーターの分布と現象の対応関係を検討したり，統計モデルによるさまざまな予測ができそうです．

8.4　MCMC サンプリングとベイズ統計モデル

　MCMC サンプリングは，統計モデルを観測データにあてはめる方法のひとつであり，その結果として，与えられたデータとモデルのもとでのパラメー

8.4 MCMCサンプリングとベイズ統計モデル ◆ 185

ターの確率分布が得られました.

さて,パラメーターの確率分布と述べましたが,これは留保なしに使ってよい表現ではありません.この本で紹介してきた最尤推定法によるパラメーター推定は,統計学のわくぐみのひとつである**頻度主義**(frequentism)を前提にしているといえます.この前提のもとでは,「パラメーター q の分布」といった考えかたはありえません.

頻度主義では,現象の背後にあるパラメーターとは何かばらつきをもった確率分布ではなく,たとえば $q=0.45000\cdots$ といった1個の数である「真の値」だと措定されていて,それに対応する推定値もデータにもとづいて決まる1個の数値であり,確率変数ではありません[*16].

これに対して,統計モデルのパラメーターを確率分布としてあつかうわくぐみとしては,ベイズ統計学があげられます.ベイズ統計学で使う統計モデルでは,推定したいパラメーターは確率分布として表現されます.

さてさて――実際のところまったくのあとづけなのですが,この章のメトロポリス法による統計モデルのあてはめは,じつはベイズ統計学のわくぐみでなされていたと考えたらどうだろう――などといったつじつまあわせが許されるとしたらどうでしょう.そう考えるためには,この二項分布を使った生存種子数の統計モデルもベイズ統計モデルとして見なおさなければなりません.

ベイズ統計はベイズの公式の形式で推論を行う統計学です.ベイズの公式とは,条件つき確率の性質を記述する簡単な等式にすぎません.これについては8.5.2項で説明することにして,ここではひとまず,この章の例題の統計モデルに対応するようにベイズの公式を導入します.種子の生存確率 q を,ベイズの公式の形式で書くと以下のようになります.

$$p(q\,|\,\boldsymbol{Y}) = \frac{p(\boldsymbol{Y}\,|\,q)\,p(q)}{\sum_{q} p(\boldsymbol{Y}\,|\,q)\,p(q)}$$

まず,左辺の $p(q\,|\,\boldsymbol{Y})$ はデータ $\boldsymbol{Y}$ が得られたときに q がしたがう確率分布で,ベイズ統計学ではこれを**事後分布**(posterior distribution あるいは poste-

---

[*16] たとえば,第3章の図 3.6 はパラメーターの確率分布であると解釈できません.また推定値の信頼区間も,パラメーターの分布をあらわすものではありません.

rior)とよびます．図 8.11 に示している q の確率分布に相当します．

次に右辺の分子を見てみましょう．最初の $p(\boldsymbol{Y}\,|\,q)$ は，q の値が決まっているときにデータ $\boldsymbol{Y}$ が観測される確率です．この例題の場合，二項分布の積である尤度 $L(q)$ がそれに相当するので，$p(\boldsymbol{Y}\,|\,q)=L(q)$ となります．

この尤度のうしろについている $p(q)$ はデータ $\boldsymbol{Y}$ がないときの q の確率分布で，ベイズ統計モデルではこれを**事前分布**(prior distribution あるいは prior)とよびます[*17]．データがないときの種子の生存確率 q の事前分布などという，よくわからない確率分布をどう考えればよいのでしょうか．この問題はちょっとあとまわしにしましょう．

右辺の分母は単純に考えると規格化のための定数，つまり左辺の $p(q\,|\,\boldsymbol{Y})$ ですべての q について和をとったときに，$\sum_{q} p(q\,|\,\boldsymbol{Y})=1$ となるように設定されているように見えます．また，これは条件つき確率の和ですから，$p(\boldsymbol{Y})=\sum_{q} p(\boldsymbol{Y}\,|\,q)\,p(q)$ となります．分母 $p(\boldsymbol{Y})$ は，q の値が不明であるときに，$\boldsymbol{Y}$ というデータが得られる確率であるとわかります．これは q の値によらない定数です．つまり，ベイズ統計モデルとは，

$$\text{事後分布} = \frac{\text{尤度} \times \text{事前分布}}{\text{データが得られる確率}} \propto \text{尤度} \times \text{事前分布}$$

といった構造をもつ統計モデルです．

さて，前の 8.3.3 項では，MCMC サンプリングによって定常分布 $p(q\,|\,\boldsymbol{Y})$ は尤度に比例する確率

$$p(q\,|\,\boldsymbol{Y}) = \frac{L(q)}{\sum_{q} L(q)}$$

となっているらしいと数値実験的に示しました（図 8.11）．これとベイズの公式から得られた，

[*17] もう少し丁寧に，**事後確率**(posterior probability)・**事前確率**(prior probability)といった用語を使って説明するべきかもしれません．しかし，この本ではいろいろな離散値または連続値のパラメーターがある値をとる確率といった問題しかあつかわないので，いきなり事後分布・事前分布といった用語で説明しています．

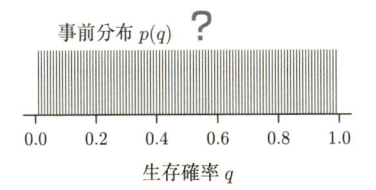

図 8.12 パラメーター q の事前分布 $p(q)$ の候補の一例. この例題の場合, q が 0.01 から 0.99 まで 0.01 きざみの離散一様分布が事前分布になりそうな気もするけれど, この章では説明を省略しすぎているので $p(q)$ を特定できない.

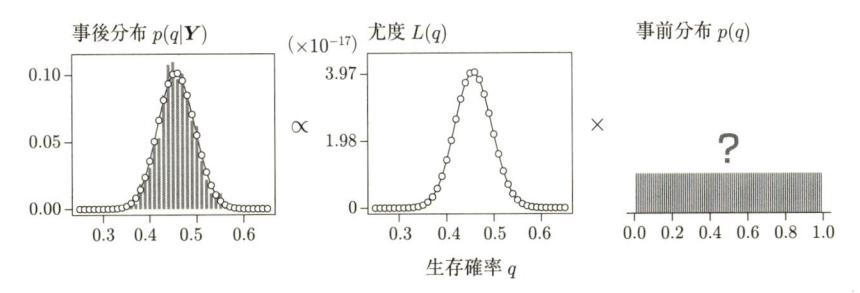

図 8.13 事後分布 $p(q\mid \boldsymbol{Y})$・尤度 $L(q)$・事前分布 $p(q)$ の関係の概念図.

$$p(q\mid \boldsymbol{Y}) = \frac{L(q)\,p(q)}{\sum_q L(q)\,p(q)}$$

を比較してみると[*18], 事前分布 $p(q)$ が q の値によらずに $p(q)=$(定数)となっていると, つじつまがあっているように見えます[*19](図 8.12).

この章の説明に使った図を並べてベイズ統計モデルをあらわすと, 図 8.13 のようになります. 二項分布の積である尤度 $L(q)=p(\boldsymbol{Y}\mid q)$ と, そのモデルのパラメーター q の事前分布 $p(q)$ の積に比例するのが, 統計モデルのデータの組み合わせで決められる q の事後分布 $p(q\mid \boldsymbol{Y})$ であるということです.

---

*18 $p(\boldsymbol{Y}\mid q)=L(q)$ です.
*19 ここまでの数値計算では, 「q を 0.01 から 0.99 まで 0.01 きざみ」となるように離散化していたので, 事前分布なるものを $p(q)=1/99$ となる離散一様確率分布だと設定すれば良いのかもしれません.

実際のベイズ統計モデリングでは，とうぜんのことながら，このようにあとづけで「事前分布はこうなっているのだろうか？」などとこじつけるのではなく，モデル設計の段階で尤度・事前分布をきちんと指定し，それに整合するようにMCMCサンプリングを実施して事後分布を推定します．次の章以降ではそのようにベイズ統計モデルをあつかいます．

8.5 補足説明

8.5.1 メトロポリス法と定常分布の関係

この項はMCMCサンプリングについての補足的な説明をします．この章の8.3節で紹介した，MCMCアルゴリズムのひとつであるメトロポリス法にしたがって，パラメーターqのサンプリングをすると，それがなぜ定常分布$p(q\,|\,\boldsymbol{Y})$からのランダムサンプルになるのか——これについて少しだけ考えてみましょう．

メトロポリス法で得られたqのサンプルが，定常分布$p(q\,|\,\boldsymbol{Y})$からのランダムサンプルであるためには，次のふたつの条件が成立していなければなりません．

(1) qが任意の初期値から定常分布$p(q\,|\,\boldsymbol{Y})$に収束する

(2) あるqが$p(q\,|\,\boldsymbol{Y})$にしたがっていて，メトロポリス法で$q^{新}$を得たときに，この$q^{新}$も$p(q\,|\,\boldsymbol{Y})$にしたがっている

今の場合，これらはどちらも成立しているのですが，ここでは簡単のため(2)の問題だけを検討しましょう[*20]．

ある時点でパラメーターqが$p(q\,|\,\boldsymbol{Y})$からランダムに得られた値であり，メトロポリス法によって次の値として$q^{新}$が選ばれ，尤度が改善された（$L(q) < L(q^{新})$）としましょう．このときに，$q \to q^{新}$となる確率$p(q \to q^{新})$は，この変化によって尤度が改善されるので，

$$p(q \to q^{新}) = 0.5 \times 1$$

---

*20 (1)の問題に関しては，章末の文献を参照してください．

となります.この 0.5 はふたとおりある「q の新しい値の選びかた」(増加または減少)のうち一方となる確率です.逆に $q^{新} \to q$ となる確率は $p(q^{新} \to q)$ であり*21,この場合は尤度が悪くなる(減少する)ので

$$p(q^{新} \to q) = 0.5 \times \frac{L(q)}{L(q^{新})}$$

となります.上のふたつの式どうしを割算して整理すると,

$$L(q^{新})\, p(q^{新} \to q) = L(q)\, p(q \to q^{新})$$

という関係が成立しています.さて,ここで定常分布 $p(q \mid \boldsymbol{Y})$ が,

$$p(q \mid \boldsymbol{Y}) = \frac{L(q)}{\sum_q L(q)}$$

となっていることを利用すると,上の関係は,

$$p(q^{新} \mid \boldsymbol{Y})\, p(q^{新} \to q) = p(q \mid \boldsymbol{Y})\, p(q \to q^{新})$$

と書き換えることができます.

今度は $q \to q^{新}$ が尤度の改善にならない場合についても考えてみましょう.この場合は,

$$p(q \to q^{新}) = 0.5 \times \frac{L(q^{新})}{L(q)}$$

$$p(q^{新} \to q) = 0.5 \times 1$$

となり,やはり $p(q^{新} \mid \boldsymbol{Y})\, p(q^{新} \to q) = p(q \mid \boldsymbol{Y})\, p(q \to q^{新})$ が成立しています.

つまり $q \to q^{新}$ が尤度の改善になるかどうかに関係なく,

$$p(q^{新} \mid \boldsymbol{Y})\, p(q^{新} \to q) = p(q \mid \boldsymbol{Y})\, p(q \to q^{新})$$

となっています.これは詳細釣り合いの条件(detailed balance)とよばれてい

---

*21 何ゆえに新しいほうから古い方向に移動するんだと不審に思われるかもしれませんが——これは仮に,いまの MCMC step において $q^{新}$ の値になっているとして,次の行き先として q の値に移動しようとしている場合について考えています.

ます.

この詳細釣り合いの条件の両辺に関して,すべての q で和をとってみましょう.

$$\sum_q p(q^{新}\,|\,\boldsymbol{Y})\,p(q^{新} \to q) = \sum_q p(q\,|\,\boldsymbol{Y})\,p(q \to q^{新})$$

この式の左辺では
- $p(q^{新}\,|\,\boldsymbol{Y})$ は q についての和とは無関係(定数のようにふるまう)
- 確率の定義から $\sum_q p(q^{新}\to q)=1$

となりますので,整理すると,

$$p(q^{新}\,|\,\boldsymbol{Y}) = \sum_q p(q\,|\,\boldsymbol{Y})\,p(q \to q^{新})$$

となります.

この等式は何を表現しているのでしょうか? 右辺は q が定常分布 $p(q\,|\,\boldsymbol{Y})$ にしたがっているときに,メトロポリス法によって $q^{新}$ となる確率をあらわしています.これが等号によって左辺 $p(q^{新}\,|\,\boldsymbol{Y})$ と結びつけられているので,q が定常分布 $p(q\,|\,\boldsymbol{Y})$ にしたがっているなら,メトロポリス法によって選ばれる $q^{新}$ もまた定常分布 $p(q^{新}\,|\,\boldsymbol{Y})$ にしたがっています[*22].これはメトロポリス法にかぎらず,すべての MCMC アルゴリズムに共通する性質です.また,ここで説明したすべての内容は,q の事前分布 $p(q)$ を考慮した統計モデルの MCMC アルゴリズムでも同じように成立しています.

8.5.2 ベイズの定理

この章の 8.4 節で登場した,事後分布 $p(q\,|\,\boldsymbol{Y})$ や事前分布 $p(q)$ などの関係を記述した式である,

$$p(q\,|\,\boldsymbol{Y}) = \frac{p(\boldsymbol{Y}\,|\,q)\,p(q)}{\sum_q p(\boldsymbol{Y}\,|\,q)\,p(q)}$$

はベイズの定理(Bayes' theorem)とよばれています.「ベイズの定理」などと

[*22] ただし,すでに指摘したように,$q^{新}$ と q は一般に独立ではありません.

書くと何やら深遠なる命題のように思われるかもしれませんが，実際のところは条件つき確率と同時確率の関係を整理したものにすぎません．その関係とは $p(A \mid B)\, p(B) = p(A, B)$ という定義です[*23]．

それでは，この章の例題にそって q と $\boldsymbol{Y}$ の条件つき確率と同時確率の関係を整理してみましょう．この例題のパラメーター q は $\{0.01, 0.02, 0.03, \cdots, 0.99\}$ と離散化された値をとり，またデータ $\boldsymbol{Y}$ とは図 8.1(B) に示されているようなものです．まず，条件つき確率と同時確率の定義から，データ $\boldsymbol{Y}$ が定まったときに q が何か 0.42 とか 0.77 といった特定の値をとる条件つき確率は $p(q \mid \boldsymbol{Y}) = p(\boldsymbol{Y}, q)/p(\boldsymbol{Y})$ となります．ここで分子の $p(\boldsymbol{Y}, q)$ とはデータが図 8.1(B) のようになり，かつ q がなにかある値をとる確率で，これもまた $p(\boldsymbol{Y}, q) = p(\boldsymbol{Y} \mid q)\, p(q)$ という条件つき確率 $p(\boldsymbol{Y} \mid q)$ と確率 $p(q)$ の積となります．これを使って，

$$p(q \mid \boldsymbol{Y}) = \frac{p(\boldsymbol{Y} \mid q)\, p(q)}{p(\boldsymbol{Y})}$$

と表記するのが，よく見かける「ベイズの公式」となります．$p(q \mid \boldsymbol{Y})$ は事後分布，$p(\boldsymbol{Y} \mid q)$ は尤度に比例する確率，そして $p(q)$ は q の事前分布です．右辺の分母である $P(\boldsymbol{Y})$ はデータが得られる確率であり，これは同時確率 $p(\boldsymbol{Y}, q)$ をすべての q について足したものなので，

$$p(\boldsymbol{Y}) = \sum_q p(\boldsymbol{Y} \mid q)\, p(q)$$

と書けます．この章に登場するベイズの定理の式の分母は，これの右辺を使って表記したものです．

8.6 この章のまとめと参考文献

この章では，多数のパラメーターを推定する方法である MCMC 法，そして MCMC という推定方法と対応の良さそうな統計モデルの一例として，ベイズ統計モデルを紹介しました．

[*23] この記法の意味がわからなくなった人は，第 1 章の 1.4 節を参照．

- 最尤推定法は尤度最大になるパラメーターを探索する最適化である（8.2 ふらふら試行錯誤による最尤推定）
- これに対して，MCMC アルゴリズムは定常分布からのランダムサンプリングが目的である——この章の例題の場合，定常分布は尤度に比例する確率分布である（8.3 MCMC アルゴリズムのひとつ：メトロポリス法）
- いまあつかっている統計モデルがベイズ統計モデルであるとすると，定常分布は事後分布であるとみなせる（8.4 MCMC サンプリングとベイズ統計モデル）

この章では新しくベイズ統計モデルが登場しました．この章より前に登場した非ベイズの統計モデルは，データへのあてはまりの良さが尤度で評価されるので，その尤度を最大化するようにパラメーターを選びました．ベイズ統計モデルには，尤度だけでなくパラメーターの事前分布もくみこまれていて，事後分布があてはめの結果として得られます．

現実のデータを解析するときには，第 10 章以降でみるように，多数のパラメーターをとりあつかうベイズ統計モデルが必要になります．このようなモデルの事後分布は多変量の確率分布となるのですが，そのようなときにこそ MCMC サンプリングはその真価を発揮します．

◇　　◇　　◇

MCMC についてさらに詳しく知りたい読者は，伊庭たちによる『計算統計 II——マルコフ連鎖モンテカルロ法とその周辺』[19]が参考になるでしょう．この本では説明を省略した MCMC アルゴリズムが満たすべき制約や，MCMC サンプルが定常分布に収束する証明なども掲載されています．

伊庭『ベイズ統計と統計物理』[18]は教科書というより，統計物理学の道具であった MCMC が統計学にもちこまれた歴史的経緯，その背後にあった発想をなでまわしてみる——といった読みものであり，頭の中でモデルをひねくりまわしてみるのが好きな人は楽しめるでしょう．

9

GLMのベイズモデル化と
事後分布の推定

複数のパラメーターをもつGLMのベイズモデル化,そしてそのパラメーターの事後分布の推定方法を説明します.

一般化線形モデル(GLM)の拡張という第 7 章までの展開と，第 8 章で新しく導入した MCMC によるパラメーター推定・ベイズ統計モデリングをこの章で合流させます．焦点は線形予測子をもつ統計モデルのベイズ化と，複数のパラメーターの事後分布[*1]からの MCMC サンプリングです．これらを説明するために，R の glm() 関数を使ってただちに推定できてしまうような，わざわざベイズ統計モデルとしてあつかわねばならぬ必然性がまったくない，ごく単純なポアソン回帰の例題をあつかいます．しかし，ベイズ統計モデルの設計と，WinBUGS というソフトウェアで事後分布を推定する方法を紹介するには適当な題材でしょう．この WinBUGS で使われている MCMC アルゴリズムなどについても説明します．

9.1　例題：種子数のポアソン回帰(個体差なし)

GLM のベイズモデル化について説明するために，図 9.1 のような例題にとりくみます．この架空植物の個体 i では体サイズ x_i に依存して，種子数 y_i の平均が増減します．架空植物の個体数は 20 です．これらの観測データを図示すると図 9.1(B) のようになります．

この架空データにもとづいて，個体ごとの平均種子数が体サイズ x_i にどう依存しているのかを調べるのが，この例題の目的です．第 7 章のような個体差は存在していないので，このデータのばらつきはポアソン分布で表現できます．ですから，第 3 章の例題のように，R を使って以下のようにすれば，切片と傾きの最尤推定値が得られます．

```
> glm(y ~ x, family = poisson, data = ...)
```

それでは，まずはこの例題の GLM をベイズ統計モデル化する方法について検

[*1] この本では，確率分布のカタチを決める数量をパラメーターとよんできました．しかし，ちょっとややこしいのですが，「複数のパラメーターの事後分布」などと表現している場合は，事後分布が多変量確率分布になっていて，あるベイズ統計モデルの平均・切片・傾き・係数・ばらつきといったパラメーターの値たちが，その確率変数となっていると考えてください．たとえば $p(\beta_1, \beta_2 \mid Y)$ という事後分布を「パラメーター β_1 と β_2 の事後分布」と表記しますが，これは β_1 と β_2 を確率変数とする二変量確率分布ということです．

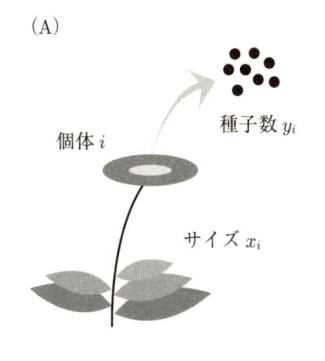

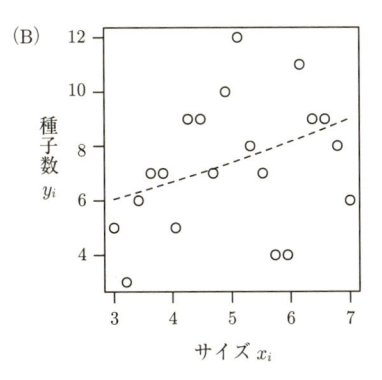

図 **9.1** (A)架空植物の第 i 番目の個体．個体ごとに観測された種子数 y_i が個体サイズ x_i にどのように依存しているかを調べたい．第 3, 5 章と同じような例題．(B) 20 個体の架空植物のサイズ x_i と種子数 y_i の関係．破線はこのデータを生成するときにつかったポアソン分布の平均 $\lambda = \exp(1.5+0.1x)$．

討し，そのパラメーターの事後分布の推定にとりくんでみましょう．

9.2 GLM のベイズモデル化

ベイズモデル化した GLM でも，モデルの中核部分は先ほど登場したポアソン回帰の GLM です．個体 i の種子数 y_i のばらつきを平均 λ_i のポアソン分布 $p(y_i \mid \lambda_i)$ にしたがうとします．線形予測子と対数リンク関数を使って，この平均を $\lambda_i = \exp(\beta_1 + \beta_2 x_i)$ と指定します[*2]．この例題では，個体 i ごとの個体差はないとしているので，ランダム効果の項はありません．このモデルの尤度関数 $L(\beta_1, \beta_2)$ は，

$$L(\beta_1, \beta_2) = \prod_i p(y_i \mid \lambda_i) = \prod_i p(y_i \mid \beta_1, \beta_2, x_i)$$

となります（$\boldsymbol{X} = \{x_i\}$）．この例題でも説明変数 x_i を定数のようにあつかいます[*3]．尤度関数は離散確率分布で定義されているので，パラメーター $\{\beta_1, \beta_2\}$

[*2] 植物のサイズ x_i と平均種子数 λ_i を関係づけるモデリングについては，第 3 章の p. 47 の脚注も参照してください．
[*3] x_i も確率変数としてあつかうベイズモデルも設計できますが，この本では説明しません．

が何かある値をとっているときに $\boldsymbol{Y}$ が得られる確率は $p(\boldsymbol{Y} \mid \beta_1, \beta_2) = L(\beta_1, \beta_2)$ となります.

ベイズモデルの事後分布は（尤度）×（事前分布）に比例しますから，この例題では以下のような関係がなりたちます[*4].

$$p(\beta_1, \beta_2 \mid \boldsymbol{Y}) \propto p(\boldsymbol{Y} \mid \beta_1, \beta_2) \, p(\beta_1) \, p(\beta_2)$$

左辺の $p(\beta_1, \beta_2 \mid \boldsymbol{Y})$ は事後分布であり，データ $\boldsymbol{Y}$ が与えられたときの $\{\beta_1, \beta_2\}$ の同時確率分布です．右辺の $p(\beta_1)$ と $p(\beta_2)$ はそれぞれ切片 β_1 と傾き β_2 の事前分布であり，これらを適切に指定すればベイズモデル化した GLM となります．

9.3 無情報事前分布

それでは，この章の GLM のパラメーター β_*（切片 β_1 または傾き β_2）の事前分布 $p(\beta_*)$ をどう設定すればよいのでしょうか？

ベイズ統計モデルにおける事前分布 $p(\beta_*)$ とは，観測データ $\boldsymbol{Y}$ が得られていないときのパラメーター β_* の確率分布——などと定義されますが，当然ながら，ここでいきなり登場した架空植物の平均種子数を増減する切片 β_1 だの体サイズ x_i の効果をあらわす傾き β_2 だのの確率分布などがわかるはずもありません．

そこで，線形予測子のパラメーター β_* の値は $[-\infty, \infty]$ の範囲で「好きな値をとってよい」といったことを表現する事前分布 $p(\beta_*)$ を設定します．このような事前分布は**無情報事前分布**(non-informative prior)とよばれます[*5].

それでは無情報事前分布とは，どのような確率分布なのでしょうか？ 無限

[*4] ここでは，切片 β_1 と傾き β_2 がそれぞれ独立した別の事前分布にしたがうと仮定しています．これらの事前分布が何か多変量分布 $p(\beta_1, \beta_2)$ であるとするベイズ統計モデルも可能ですが，この本ではあつかいません．

[*5] 第 8 章でも同じように考えて，生存確率をあらわすパラメーター q について，$0.01 \leq q \leq 0.99$ を範囲とする離散一様分布（図8.12）が事前分布 $p(q)$ であれば都合がよいのでは——と措定して放置しました．

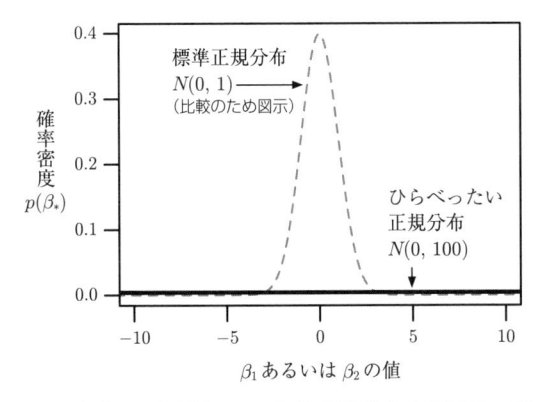

図 9.2 切片 β_1 と傾き β_2 の無情報事前分布(実線).真の意味で無情報ではないが,平均 0,標準偏差 100 の正規分布で代用している.比較のため,グレイの破線で標準正規分布を示している(平均 0,標準偏差 1).

区間の一様分布といった確率分布があれば便利なのですが[*6],区間全体で密度関数を積分しても 1 にならないところが気になります.

そこでこのような場面では,「無情報っぽい」事前分布として以下の 2 種類の確率分布がよく使われています.ひとつは,たとえば $-10^9 < \beta_* < 10^9$ の範囲をとる一様分布を設定する方法です.もう一方は,図 9.2 に示しているような,平均ゼロで標準偏差がとても大きい「ひらべったい正規分布」を事前分布 $p(\beta_*)$ とします.どちらも値の範囲や標準偏差の与えかたに依存しますが,とりうる β_* の範囲が十分に広ければ推定される結果にはほとんど影響はありません.この本では,β_* のようなパラメーターの事前分布 $p(\beta_*)$ として「ひらべったい正規分布」を使います.

9.4 ベイズ統計モデルの事後分布の推定

パラメーター β_* の事前分布 $p(\beta_*)$ を無情報事前分布と決めることができ

[*6] $p(\beta_*)=$定数 となるような事前分布も使われることがあります.このように β_* の全区間の積分が無限大になる事前分布は improper prior とよばれます.improper prior は便利なので,後述する WinBUGS など MCMC 用のソフトウェアでも利用できます.

たので，次にこのベイズ統計モデルと例題データ(図 9.1)にもとづいて，切片 β_1 と傾き β_2 の事後分布——つまり複数の連続値パラメーターの事後分布 $p(\beta_1, \beta_2 \mid Y)$ を MCMC サンプリングを使って推定します．

複数のパラメーターの同時分布となっている事後分布の推定の場合でも，このモデルにあわせてメトロポリス法などの MCMC アルゴリズムを実装できます．しかし，あつかう問題がもう少し複雑になると，R やその拡張 package を使ってこのようなプログラミングをするのは，なかなかめんどうになりがちです．

そこで，この本では WinBUGS というソフトウェア[*7]を使って，ベイズ統計モデルのパラメーターの事後分布を推定します．WinBUGS は，ベイズ統計モデルを BUGS 言語で書かれた **BUGS コード**で定義すると，観測データにもとづいて，その事後分布からの MCMC サンプリングを実施してくれるソフトウェアのひとつです[*8]．この BUGS 言語についてはあとで説明しますが，さまざまなベイズモデルを柔軟に記述できる，一種のプログラミング言語のようなものだと考えてください[*9]．

WinBUGS を使うと，さまざまなベイズ統計モデルを簡単にあつかえるだけでなく，使用する MCMC アルゴリズムの詳細を指定しなくてよくなります．

9.4.1 ベイズ統計モデルのコーディング

それでは，まずこの章の例題の統計モデル，すなわちベイズモデル化した GLM を BUGS コードで表現してみましょう．あとで WinBUGS に BUGS コードをわたすために，以下のような内容をテキストファイルに記述します[*10]．

```
model
{
```

[*7] インストール方法はサポート **web** サイト(まえがき末尾を参照)を参照してください．
[*8] 他にも汎用性のある MCMC サンプリングのためのソフトウェアがあります．章末を参照してください．
[*9] あとで説明するように，厳密な意味でのプログラミング言語とは言えません．また，BUGS は Bayesian Using Gibbs Sampling(ギブスサンプリングを利用するベイジアン)の略です．
[*10] BUGS コード，あるいは後述する WinBUGS をよびだす R コードは，何かテキストエディタで記述すればよく，特別なソフトウェアは必要ありません．R の R2WinBUGS package で定義される `write.model()` 関数を使えば，R コード内に BUGS コードをうめこめます．

```
  for (i in 1:N) {
    Y[i] ~ dpois(lambda[i])
    log(lambda[i]) <- beta1 + beta2 * (X[i] - Mean.X)
  }
  beta1 ~ dnorm(0, 1.0E-4)
  beta2 ~ dnorm(0, 1.0E-4)
}
```

この BUGS コードを解読してみましょう（図 9.3[*11] も参照してください）．

全体が model { ... } でくくられていて，この内部が統計モデルの記述です．最初に，

```
for (i in 1:N) {
  Y[i] ~ dpois(lambda[i])
  log(lambda[i]) <- beta1 + beta2 * (X[i] - Mean.X)
}
```

という部分があります．このように for { ... } で囲まれている部分はブロックとよばれ，WinBUGS に解釈されるときには，

```
  Y[1] ~ dpois(lambda[1])
  log(lambda[1]) <- beta1 + beta2 * (X[1] - Mean.X)
  Y[2] ~ dpois(lambda[2])
  log(lambda[2]) <- beta1 + beta2 * (X[2] - Mean.X)
  ...中略...
  Y[20] ~ dpois(lambda[20])
  log(lambda[20]) <- beta1 + beta2 * (X[20] - Mean.X)
```

このように展開されると考えてください．Y や lambda についている [1] や [20] といった数字は y_1 や λ_{20} といった変数の添字と同じものだと考えてください．

この for { ... } ブロック内の 1 行目もみると，

```
    Y[i] ~ dpois(lambda[i])
```

となっています．これは個体 i の種子数 Y[i] が平均 lambda[i] のポアソン

[*11] このような統計モデル内の依存関係をあらわす方式を有向非巡回グラフ（directed acyclic graph, DAG）といいます．

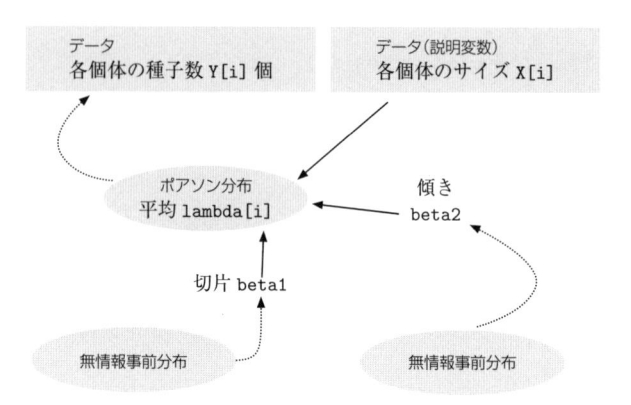

200 ◆ 9　GLM のベイズモデル化と事後分布の推定

図 9.3　この章の例題の(階層ではない)ベイズモデルの概要．実線は決定論的関係，破線は確率論的関係をあらわしている．

分布 dpois(lambda[i]) にしたがっていることをあらわしています．ここで登場する ~ は「左辺は右辺の確率分布にしたがう」といった，確率論的な関係(stochastic relationship)をあらわす二項演算子です．

また次の行の，

　　log(lambda[i]) <- beta1 + beta2 * (X[i] - Mean.X)

これは個体 i の平均種子数 lambda[i] の指定には対数リンク関数を使い，さらにその線形予測子を右辺に記述しています．ここで beta1 と beta2 はそれぞれ切片 β_1 と傾き β_2，X[i] は説明変数である個体 i のサイズ x_i，そして Mean.X は x_i の標本平均です[*12]．ここで登場する二項演算子 <- は左辺の内容は右辺であるといった，決定論的な関係(deterministic relationship)をあらわしています．

細かい技法の説明なのですが，この BUGS コードでは説明変数 x_i のあつかいが，これまでの章とは少し異なります．ここではデータをそのまま使って平均種子数 λ_i を決めるのではなく，x_i から標本平均(BUGS コード中では Mean.X)をさし引く中央化(centralization)をしています．これは WinBUGS 内での計算を高速化するための手段にすぎないものであり，推定される結果

---

*12　X[i] - Mean.X たちの平均がゼロに近い値になるなら Mean.X はどんな値でもかまいません．あとで説明するように，この Mean.X はデータとして WinBUGS にわたします．

は中央化しようがしまいが本質的には同じです[*13].

統計モデルとデータの関係を記述している for { ... } ブロックの下には,

```
beta1 ~ dnorm(0, 1.0E-4)
beta2 ~ dnorm(0, 1.0E-4)
```

と記述されていて，これらは確率論的な関係をあらわす二項演算子 ~ を使って，パラメーター β_1, β_2 の事前分布 $p(\beta_1)$, $p(\beta_2)$ を指定しています．どちらのパラメーターも同じタイプの無情報事前分布にしたがっています．関数 dnorm(mean, tau) では mean は平均，tau は分散の逆数を指定するので，標準偏差は $1/\sqrt{\text{tau}}$ となります．ここでは，tau は 1.0E-4 つまり 10^{-4} となっているので，β_1 と β_2 の無情報事前分布は，どちらも平均ゼロで標準偏差 100 の正規分布（図 9.2）です[*14].

WinBUGS で事後分布を推定するときには，このような何かプログラミング言語のように見える BUGS 言語でベイズ統計モデルをコーディングします．しかし，BUGS 言語とふつうのプログラミング言語にはいろいろな相違点があります．たとえば BUGS コード内で，定義式をどんな順番に並べても推定計算の結果にはほとんど影響がありません[*15].

9.4.2 事後分布推定の準備

この WinBUGS で事後分布を推定するためには，統計モデルを BUGS コードで記述するだけでなく，モデル中で使われるデータやパラメーターの初期値，さらにサンプリング回数などを指示する必要があります．

[*13] まあ，実務的には高速化は重要です．試行錯誤の回転が速くなるので．それから，WinBUGS による MCMC サンプリングでは，説明変数の範囲などによっては中央化だけでなく，中央化した値をさらに標本標準偏差で割る標準化（standardization）もやったほうがよい場合もあります．

[*14] 標準偏差 100 ぐらいで「無情報」などと言えるのだろうか――と疑問に思われるかもしれませんが，この場合は対数リンク関数を使っているので，$\lambda \propto \exp(\pm 100)$ といった効果があるので十分に無情報でしょう．もしリンク関数がない場合，つまり恒等リンク関数の場合はもっと大きな標準偏差を指定する必要があるかもしれません．パラメーターが係数であるときには，共変量の値の範囲にも依存します．

[*15] 他のちがいとしては，制御構文がない，自分で関数を定義できない，ある変数を二項演算子の左辺に置いてよい回数に制約がある――などです．

このような設定・操作をするために，WinBUGS にはグラフィカルユーザーインターフェイスが準備されていますが，あまり使いやすいものではありません．そこで，この本ではそれは使わずに，R を使って WinBUGS を操作します．このように R を使うほうが，推定に必要なデータを準備したり，推定後に MCMC サンプルを調べたりするには格段に便利です．基本的な手順としては，以下のようになります．

(1) R 内で推定に必要なデータを準備する
(2) R 内で推定するパラメーターの初期値を指定する
(3) R から WinBUGS を呼びだし，データ・初期値・MCMC サンプリングの回数や BUGS コードファイル名などを伝達する
(4) R の指示どおりに WinBUGS が MCMC サンプリングする
(5) MCMC サンプリングが終了したら[*16]結果を WinBUGS から R に渡す
(6) MCMC サンプリングの結果を R 内で調べる

R と WinBUGS をこのように連携させるためには，R の R2WinBUGS package を使います．ただし，この R2WinBUGS package はこれもまたそのままでは使いにくいので，この本では R2WBwrapper.R ファイル[*17]で定義したラッパー関数を使うことにします．これらのラッパー関数を使って WinBUGS を呼びだす R コードは以下のようになります．

```
source("R2WBwrapper.R")  # ラッパー関数の読みこみ
load("d.RData")          # データの読みこみ
clear.data.param()       # データ・初期値設定の準備

# データの設定
set.data("N", nrow(d))   # サンプルサイズ
set.data("Y", d$y)       # 応答変数：種子数 Y[i]
set.data("X", d$x)       # 説明変数：植物の体サイズ X[i]
set.data("Mean.X", mean(d$x)) # X[i] の標本平均
```

[*16] WinBUGS の終了については，9.5 節を見てください．
[*17] これはサポート web サイト（まえがき末尾を参照）からダウンロードできます．

```
# パラメーターの初期値の設定
set.param("beta1", 0)
set.param("beta2", 0)

# WinBUGS をよびだし，サンプリング結果を post.bugs に格納
post.bugs <- call.bugs(
  file = "model.bug.txt",
  n.iter = 1600, n.burnin = 100, n.thin = 3
)
```

コード中のコメントを参考にしながら解読してください．たとえば「# パラメーターの初期値の設定」のセクションでは MCMC サンプリングを開始するときの β_1 と β_2 の値を指定しています[*18]．

上の R コードの最後の call.bugs() 関数で，WinBUGS を呼びだしています．このときに，以下のように MCMC サンプリングの手順を指示しています．

- file = "model.bug.txt"：ベイズ統計モデルを BUGS コードで書いたファイルの名前を指定している
- n.iter = 1600：MCMC サンプリングを 1600 ステップ実施する
- n.burnin = 100：ただし最初の 100 ステップの結果は使わないと指定している——これは MCMC サンプリングにおける burn-in（適切な日本語訳がありません）とよばれる
- n.thin = 3：これは 101 から 1600 ステップまでの 1500 ステップのあいだを 2 個とばしでサンプリング結果を記録して，500 個のサンプルを得る

上のような設定はいったい何を意図しているのでしょうか？ これらは，事後分布（定常分布）をうまく推定できるような，MCMC サンプリングの手順を指示するものです．次の項でくわしく説明します．

[*18] ユーザーが初期値を指定しなかったパラメーターには，WinBUGS が初期値を設定します．それでも問題ない場合もありますが，収束に時間がかかったりサンプリングが途中で停止することもあります．したがって，各パラメーターの初期値として何か問題のなさそうな値を与えておくのが無難でしょう．

9.4.3 どれだけ長く MCMC サンプリングすればいいのか？

MCMC サンプリングの結果から定常分布（この例題の場合は事後分布）を推定するためには，サンプリングする長さや値を記録する間隔に注意が必要です．前の項では call.bugs() 関数の引数として，これらの値をとくに根拠もなく指定していました——実際のところ，何が正しい値なのかは誰も知りません．

あるデータと統計モデルが与えられたときに，妥当な事後分布を推定できるような MCMC サンプリングの手順を決める方法としては，得られた結果を見ながら試行錯誤をくりかえすしかありません．ここでは，その試行錯誤で注意すべき点を検討してみましょう．

まず，第 8 章の図 8.8 で見たように，サンプリングした値の量が少ないと，事後分布を正確に推定できません．上の R コードの中では n.iter でサンプルする分量を指定しています．図 8.8(A) のような結果が得られたら，n.iter の値を増やさなければなりません．

MCMC サンプリングの長さを決めるときに役にたつのが，第 8 章の図 8.9 のように複数のサンプリング[19]の比較です．たとえば，図 8.9 に示しているように，開始してしばらくステップ数を進めて初期値の影響がなくなるまでは，事後分布推定用の値としては使わないほうがよさそうに見えます[20]．この「使いたくない区間」の長さを n.burnin で指定します．すると MCMC ステップ 1 から n.burnin では値が記録されません．

上の call.bugs() では指定していませんが，n.chains オプションを使うと MCMC サンプリングの反復数を変更できます．上のように何も指定しないときには，つまりデフォルトでは n.chains = 3 となります．つまり 3 回の反復になります．ここでは，反復ごとの MCMC サンプルをサンプル列 (sample sequence) とよぶことにしましょう．WinBUGS などでは，このサンプル列のことを chain とよんでいます．

複数のサンプル列を比較することによって，必要な burn-in の区間の長さだ

---

[19] 可能ならば初期値を変えてください．
[20] たとえば，図 8.9 の「（定常分布の推定に）使いたくない？」の区間．

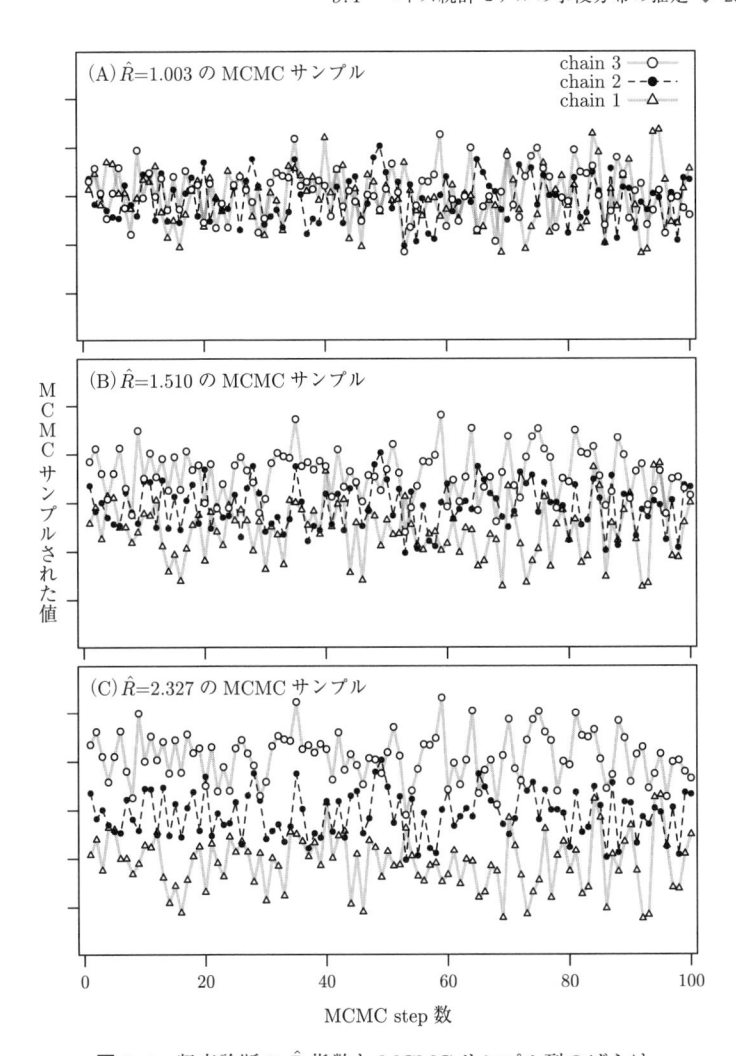

図 9.4 収束診断の $\hat{R}$ 指数と MCMC サンプル列のばらけかた.図示されている内容は,この章の例題とは直接には関係ないことに注意.$\hat{R}$ が小さいほど反復間の差が小さい.経験的には $\hat{R}>1.1$ である場合には,サンプル列間の差が大きすぎるのでモデルやサンプリング法に何か問題があり,定常分布の推定は不可能とされている.

けでなく，MCMC サンプリングの手順や統計モデルの問題の妥当性もわかります．MCMC サンプル列のばらつきかたのいくつかの例（この章の例題とは関係ありません）を，図 9.4 に示しました．たとえば (A) のように，どのサンプル列も同じような値でうろうろしているなら，これらのサンプル列を使って事後分布を推定しても問題ないでしょう[*21]．しかしながら，(C) のようにサンプル列ごとに異なる挙動を示しているときには，データ・統計モデル・MCMC サンプリングのどこかに何か問題があると考えるべきであり，この結果を使って事後分布の推定はできません．

図 9.4 に示しているような，サンプル列間の乖離の大小を調べることを，**収束診断**（convergence assessment）とよぶことがあります．図 9.4(A) のような場合は収束している，(C) は収束していない状態と言えます．

収束診断にはいろいろな方法がありますが，$\hat{R}$ 指数であらわすのがお手軽でしょう．図 9.4(A)-(C) それぞれに対応する $\hat{R}$ 指数の推定値を図中に示しています．

この $\hat{R}$ 指数は 3 本（あるいはそれより多い本数）のサンプル列を比較して評価します．この指数は事後分布に含まれるパラメーターごとに評価され[*22]，$\hat{R}=\sqrt{\widehat{\mathrm{var}}^+/W}$ と定義されます．W はサンプル列ごとの分散の平均で，$\widehat{\mathrm{var}}^+$ は周辺事後分布[*23]の分散です．これは

$$\widehat{\mathrm{var}}^+ = \frac{n-1}{n}W + \frac{1}{n}B$$

と定義され，B はサンプル列間の分散です[*24]．

この指数 $\hat{R}$ の推定値が 1.0 に近ければ，サンプル列間より列内のばらつきが大きいので，収束しているとみなします．しかし，$\hat{R}$ が 1.0 より大きい——経験的には $\hat{R}>1.1$ となるようなときには，サンプル列間のばらつきが大きいので定常分布・事後分布は推定できないと判断します[*25]．このように

[*21] ただし，図 9.4 ではサンプルサイズが 100×3 個となっていて，これは 95% 区間などを推定するには少なすぎます．サンプルサイズを 500×3 個ぐらいに増やしたほうが良さそうです．
[*22] この章の例題でいうと，切片 β_1 と傾き β_2 それぞれに $\hat{R}$ が評価されます．
[*23] 次の節で説明します．
[*24] くわしい解説は章末にあげている文献を参照してください．
[*25] $\hat{R} \leqq 1.1$ は必要条件のひとつ，ぐらいに考えてください．たとえば，事後分布の 95% 区間を

MCMC サンプル列が収束しないときには，統計モデルやサンプリング法に何か問題があると考えます．

サンプル列が収束しない原因はいろいろあります．上記の n.iter や n.burnin が小さすぎるのかもしれません（図 8.8(A) のような状態）．MCMC サンプリングのくりかえし数を長くするために，n.iter の値を大きくすると，とうぜんながらサンプルの分量が増えます．これはその後のデータ処理の負担になるので，n.thin で「まびき」を調節することで，サンプルの分量を減らせます．

あるいは，サンプルサイズを多くしても収束しないこともあるでしょう．その場合には以下の点を点検し，試行錯誤しながら修正するしかないでしょう．

- 不適切な統計モデリング[*26]
- BUGS コーディングのまちがい
- データのまちがい
- パラメーターの初期値があまりにも不適切

9.5　MCMC サンプルから事後分布を推定

前の節のように BUGS と R コードを準備し，R 経由で WinBUGS を実行させると[*27]，500 個 × 3 ステップのサンプル列が得られます．これは，R コードの末尾で指示していたように，post.bugs という名前のオブジェクトに格納されます．このようにして得られた結果について調べてみます．

推定するときに $\hat{R} \leq 1.1$ であったとしても，MCMC サンプルサイズ合計が 1000-2000 ぐらいでは，サンプリングをやりなおすたびに結果がばらつくので，サンプルサイズを増やすなどして対処してください．

[*26] この章の例題でいうと，切片の個数を 2 個にする——つまり，不必要なパラメーターを含む冗長な統計モデルを作った場合です．

[*27] 9.4.2 項で説明したように，R から WinBUGS をよびだして実行した場合，この WinBUGS が終了するまで R セッション上では作業ができません．R2WBwrapper.R を使って WinBUGS に MCMC サンプリングさせた場合には，サンプリング終了（WinBUGS ウィンドウ内にグラフなどが表示される）と同時に WinBUGS が終了して，その結果が R に渡されます．このように自動的に終了すると都合の悪い場合には，call.bugs() の引数で debug = TRUE を指定してください．このように指定した場合には，ユーザーが手動で WinBUGS のウィンドウを閉じなければなりません．

まず post.bugs に格納されている情報をとりだし，それらを図示しましょう．一番簡単な方法としては，plot(post.bugs) と指示します．すると，出力されたパラメーター[*28]ごとに収束の指数である $\hat{R}$ や事後分布の概要が表示されます．しかしながら，これだけでは個々のパラメーターの事後分布の様子がよくわかりません．

もう少しわかりやすく結果を図示するために，まず R の中で，bugs クラスオブジェクトである post.bugs を mcmc クラスに変換します．このように変換すると，同じデータでもクラスごとに収納・取りだしの方法が異なるので，以下で示すようにそれぞれ適した場面で使いわければ，MCMC サンプリングされた値の取りだしや図示が簡単になります．

R の中で以下のように指示をすると，

```
> post.list <- to.list(post.bugs) # mcmc.list クラスに変換
> post.mcmc <- to.mcmc(post.bugs) # mcmc クラスに変換
> s <- colnames(post.mcmc) %in% c("beta1", "beta2")
> plot(post.list[,s,]) # "beta1", "beta2"の列を選択して図示
```

図 9.5 のような出力が得られます[*29]．ここでは R2WBwrapper.R ファイル内で定義されている to.list() 関数と to.mcmc() 関数を使って，post.bugs オブジェクトをそれぞれ mcmc.list クラスと mcmc クラスのオブジェクトに変換しています．mcmc.list クラスのオブジェクトは図 9.5 のような図を作りたいときなどに便利です．

サンプル列ごとの結果を格納している mcmc.list オブジェクトを plot() すると，図 9.5 が表示されます．この図の (A) と (C) はそれぞれ切片 β_1 と傾き β_2 それぞれの 3 本のサンプル列をまとめて表示しているので明瞭ではありませんが，サンプル列間の乖離はありません．あとで示すように $\hat{R}$ もほぼ 1 になっています．

[*28] 9.4.2 項の WinBUGS をよびだす R コード内で，set.param() で初期値を指定したパラメーターすべて．save オプションで TRUE・FALSE を指定すれば，その MCMC サンプルの出力する・しないを設定できます．

[*29] ここでは白黒の図示になっていますが，実際の R ではカラー出力されるので，図 9.5(A) と (C) などはもう少しわかりやすいものになります．

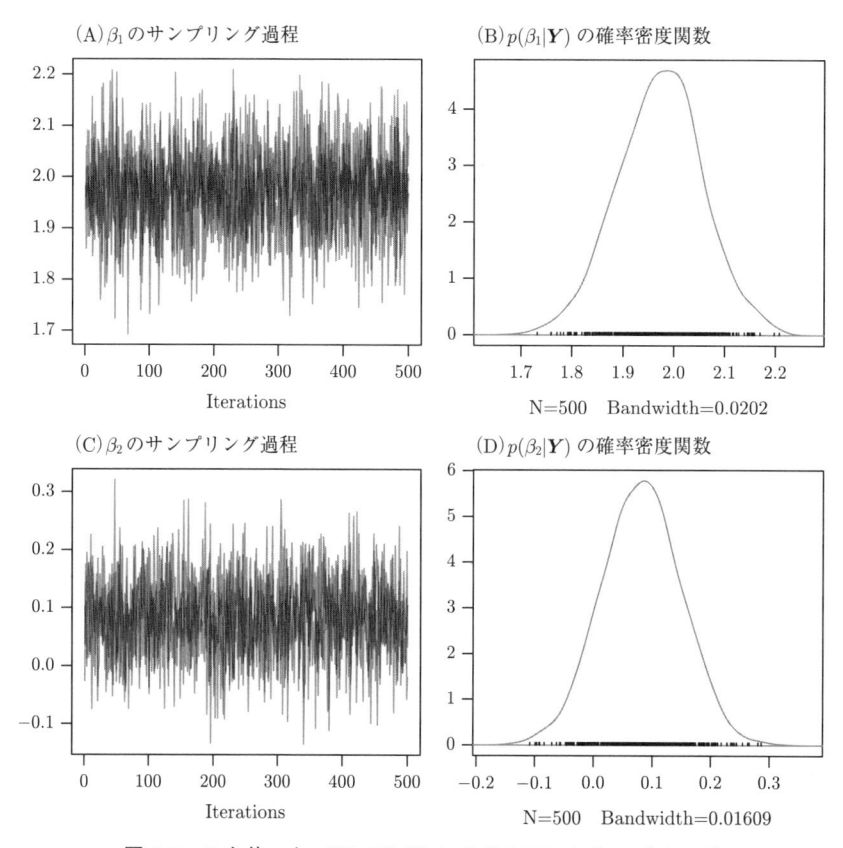

図 9.5 Rを使った，WinBUGS による MCMC サンプリングの結果の図示．(A) MCMC サンプリングステップごとの値の変化．横軸は MCMC サンプルの番号，縦軸はパラメーター β_1 の値．(B) 周辺事後分布 $p(\beta_1 \mid \boldsymbol{Y})$ のカーネル密度推定量（確率密度関数を近似している）．横軸はパラメーター β_1 の値，縦軸は確率密度．(C)(D) はそれぞれ β_2 についての (A)(B) に相当する．

同時に出力される図 9.5(B) と (D) は，合計 1500 個のサンプルから推定された，β_1 と β_2 それぞれの**周辺事後分布**(marginal posterior distribution)です．この図ではカーネル密度推定で近似された確率密度関数で表現されていま

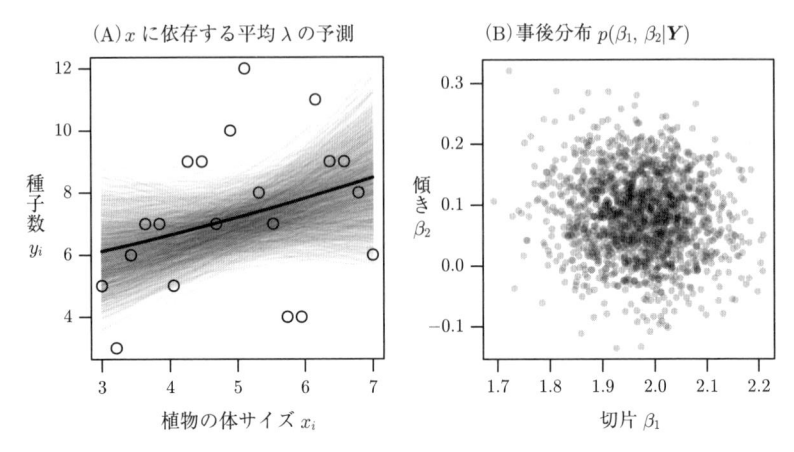

図 9.6 (A)パラメーターの事後分布からのサンプル $\{\beta_1, \beta_2\}$ の組み合わせごとの平均 λ の予測．500×3 組の $\{\beta_1, \beta_2\}$ のサンプル列を使って平均 $\lambda = \exp(\beta_1 + \beta_2 x)$ をグレイの透過色線で描いている．黒の曲線は事後分布の中央値を使った予測．(B)同時事後分布 $p(\beta_1, \beta_2 \mid \boldsymbol{Y})$ から MCMC サンプルされた $\{\beta_1, \beta_2\}$．

す[30]．同時分布である事後分布 $p(\beta_1, \beta_2 \mid \boldsymbol{Y})$ において，β_2 で積分すると β_1 の周辺事後分布 $p(\beta_1 \mid \boldsymbol{Y}) = \int p(\beta_1, \beta_2 \mid \boldsymbol{Y}) d\beta_2$ が得られます．

MCMC サンプルにもとづいて，たとえば β_1 の周辺事後分布について調べたい場合は，ただ単に β_2 を無視して，β_1 のサンプリング値だけを使って標本統計量などを評価します．この本では全パラメーターの同時事後分布と各パラメーターの周辺事後分布を特に区別しないで，どちらも「事後分布」と略称します．

また mcmc クラスのオブジェクトではサンプル列の区別なく，つまり長さ 500 の 3 サンプル列ではなく，β_1 と β_2 それぞれ長さ 1500 の MCMC サンプルを単なる行列(R の matrix クラスのオブジェクト)として格納しています．このように単純な形式に変換されているので，パラメーターごとの全サンプル

---

[30] R の density() 関数を使ったカーネル密度推定．これは，MCMC サンプル列のような数列から，それらの要素がしたがうようなノンパラメトリックな確率密度関数を推定する方法のひとつです．図 9.5(B)下の "Bandwidth=..." は density() 関数が推定したカーネル関数のバンド幅です．この数字は図示のためのものであり，統計モデルのあてはめによる事後分布の推定とは関係ありません．

を簡単にとりだせます.

この post.mcmc を使って作図してみましょう. パラメーター β_1 と β_2 の事後分布の MCMC サンプルはそれぞれ 1500 個ずつ post.mcmc[,"beta1"] と post.mcmc[,"beta2"] に格納されています. この 1500 組の $\{\beta_1, \beta_2\}$ のひとつひとつを使って, 平均種子数 λ を予測させると, 図 9.6(A) のように図示できます.

また, plot(as.matrix(post.mcmc)[,c("beta1", "beta2")]) と指示すると, 図 9.6(B) のような $\{\beta_1, \beta_2\}$ の分布を図示[*31]できます. これを見ると, $\{\beta_1, \beta_2\}$ の MCMC サンプル間には強い相関がないようだ——といったことがわかります.

9.5.1 事後分布の統計量

WinBUGS を使って得られた MCMC サンプリングの結果をもう少し詳しく調べるために, R の中で print() 関数を使って post.bugs に格納されている情報の要約を表示させてみましょう[*32].

```
> print(post.bugs, digits.summary = 3)
...(略)...
 3 chains, each with 1600 iterations (first 100 discarded), n.thin = 3
 n.sims = 1500 iterations saved
          mean     sd   2.5%    25%    50%    75%  97.5%   Rhat  n.eff
beta1    1.973  0.083  1.805  1.918  1.975  2.028  2.143  1.001   1500
beta2    0.082  0.067 -0.050  0.038  0.082  0.126  0.209  1.002   1200
...(略)...
```

このように表形式で, 行ごとにパラメーターの平均・標準偏差や分布の分位

[*31] 図 9.6(A)(B) のように, 多数の点・線を使った図示では**透過色** (transparent color) あるいは**半透過色** (semitransparent color) を使って濃淡を表現するとわかりやすくなることがあります. 詳しくはサポート web サイト (まえがき末尾を参照) を参照してください.

[*32] print() は総称関数 (generic function) です (図 9.5 を生成した plot() も総称関数です). 総称関数の引数として bugs オブジェクトを指定すると, bugs オブジェクトの内容を要約する関数である print.bugs() が自動的に呼びだされて出力を生成します. このように引数として与えたクラスに応じて挙動が変わる関数を, 総称関数とよびます.

点や収束の良さをあらわす指数が示されています[*33].

パラメーター β_1 についての情報を見てみましょう．切片である β_1 の事後分布の平均は 1.973，中央値は 1.975 であり，95% 信用区間(credible interval)[*34]は 1.805 から 2.143 です．以下では，信用区間を「区間」と略します．このような区間が得られた場合，「β_1 の値の範囲は，95% の事後確率で(およそ)1.805 から 2.143 になる」と解釈できます[*35].

傾き β_2 の事後分布の 95% 区間は -0.050 から 0.209 となりました．この β_2 が「ゼロから離れている」と主張したければ，どうすればよいのでしょうか？ たとえば，事後分布 $p(\beta_2 \mid \boldsymbol{Y})$ の 95% 区間にゼロが含まれていなければ，そのように主張してみる——これはとりあえずの決めごと[*36]としてよく使われる方法でしょう．これを適用すると，この例では β_2 はゼロから十分に離れているとは言えなくなります[*37].

事後分布の 95% 区間を推定したいのであれば，上下の両端 2.5% に十分な個数の(ほぼ)独立な MCMC サンプルが入るように，サンプリング回数を設定する必要があります．この例では，合計サンプリング数 1500 の結果から 95% 区間を推定しているので，区間内には 1425 個，区間外には 75 個の MCMC サンプルがあります．少なくともこれぐらいは必要でしょう[*38].

区間以外に β_2 の値の範囲を示す方法としては，たとえば $\beta_2>0$ となる確率

[*33] これ以外に，逸脱度(deviance)や逸脱度モデル選択規準(deviance information criterion, DIC)についても表示されます．DIC については章末を参照してください．

[*34] 信頼区間(confidence interval)のベイズ版は信用区間とよばれています．あるいはベイズ信用区間(Bayesian confidence interval)とよばれることもあります．

[*35] ベイジアンではない信頼区間では，「値がこの区間にある確率は 95%」といった信頼区間に関する解釈は正しくありません．なお，このモデルでは中央化された x を使っていることに注意してください．

[*36] このような 95% という区間幅そのものには，特別な意味は何もありません．似たような例として，Neyman-Pearson のわくぐみの検定であらかじめ決めておく有意水準を 5% とする人が多いようですが，これと同じぐらい無意味です．

[*37] この架空データを生成した「真のモデル」においては $\beta_2=0.1$ と設定しました．つまり本当は $\beta_2 \neq 0$ なのですが，データが少なくてパラメーターの推定結果に「確信」がもてないという結果になりました．

[*38] 生起確率 0.05 のベルヌーイ分布で 1500 個のサンプルをとった場合，それにもとづいて推定される生起確率の推定誤差は 0.006 ぐらいになります．ただし n.eff がサンプル数列の長さより短い場合には，さらに多くのサンプルが必要となります．

は 0.89 である[*39]と述べることもできます.

サンプル列間の収束をあらわす指数[*40]である $\hat{R}$ は Rhat 列に示されています. そのとなりにある n.eff は有効なサンプルサイズ (number of effective samples) です[*41]. となりあう MCMC ステップのサンプル間の相関が高いときに, この有効なサンプルサイズは小さくなります.

ここまでで, この章の例題データをあつかうポアソン回帰の GLM をベイズモデル化, 事後分布の推定, 得られた結果の図示は完了しました.

9.6 複数パラメーターの MCMC サンプリング

この節では, 第 8 章につづいて, MCMC アルゴリズムについて簡単に説明します. これは WinBUGS など MCMC サンプリングソフトウェアを使うときに役にたつでしょう.

まず, 複数パラメーターの事後分布から MCMC サンプリングする方法を考えてみましょう. この章の例題の事後分布 $p(\beta_1, \beta_2 \mid \boldsymbol{Y})$ はふたつのパラメーター β_1 と β_2 の同時確率分布でした. MCMC サンプリングとは値を少しずつ変更していく方式なのですが, このような複数のパラメーターを同時に変更していくのは, 簡単ではありません. そこで, β_1 と β_2 の値を交互に更新する方法を使ってみましょう[*42]. これは簡単にいうと,

- いったん β_2 を定数だとみなして β_1 を変更
- 変更された β_1 を定数だとみなして β_2 を変更

という操作をくりかえすことによって, $p(\beta_1, \beta_2 \mid \boldsymbol{Y})$ からのランダムサンプルを発生させる方法です. このような部分的なサンプリングが許される理由は, MCMC アルゴリズムによって定められる定常分布は, このような操作によっても変わらないためです.

[*39] mean(post.mcmc[,"beta2"] > 0) とすると確率の推定値がえられます.
[*40] 9.4.3 項を参照.
[*41] 章末の文献を参照してください.
[*42] 多変量確率分布を利用して, 同時に複数の更新をする方法もあります.

9.6.1 ギブスサンプリング：この章の例題の場合

WinBUGS のような MCMC サンプリングソフトウェアは，BUGS コードで指定されたベイズ統計モデルの各部の詳細にあわせて，さまざまなアルゴリズムを使って MCMC サンプリングをします．その中でも効率と汎用性の点でとくに重要なのが，ギブスサンプリング(Gibbs sampling)です．

ギブスサンプリングとメトロポリス法の相違点は各 MCMC ステップにおいて値を更新する方法にあります．メトロポリス法では「新しい値の候補をあげ，それに変化するかどうかを決める」方式でした．これに対して，ギブスサンプリングは「新しい値の確率分布を作り，その確率分布のランダムサンプルを新しい値とする」方式といえます．ここでいう「新しい値の確率分布」とは，多変量確率分布からひとつの変量をのぞいて，他の変量すべてを定数とする一変量確率分布です．これを**全条件つき分布**(full conditional distribution, FCD)といいます．

この章の例題のデータや具体的な数値を使って，ギブスサンプリングのアルゴリズムについて説明します．まずパラメーターの初期値として何か適当な値，たとえば，$\{\beta_1, \beta_2\}=\{1.5, 0\}$ とおいてみることにします．

最初に β_1 のサンプリングから始めましょう．パラメーター β_2 の初期値はゼロとおいているので，事前分布 $p(\beta_2=0)$ も何か定数となるので，β_1 の FCD はこのようになります(図 9.7)．

$$p(\beta_1 \mid \boldsymbol{Y}, \beta_2 = 0.0) \propto \prod_i \frac{\lambda_i^{y_i} \exp(-\lambda_i)}{y_i!} \, p(\beta_1)$$

ここで $\lambda_i = \exp(\beta_1 + 0)$ です．

さて，何らかの手段でこの FCD にしたがう乱数をひとつだけ発生させて[43]，新しい β_1 である $\beta_1^{新}=2.052$ が得られたとしましょう．図 9.7(C)には，β_1 の変化によって平均種子数 λ_i が変わる様子を示しています[44]．

---

[43] このときの乱数発生手段については，次の項で簡単に説明します．
[44] 第 8 章で述べたように MCMC サンプリングは最適化ではないので，一番あてはまりが良い $\{\beta_*\}$ を探索しているわけではありません．あてはまりが良くなる MCMC ステップもあれば，悪くなることもあります．

9.6 複数パラメーターの MCMC サンプリング

(A) $\beta_2 = 0.000$ という条件のもとで

(B) $\beta_1^{新} = 2.052$ がサンプリングされた

(C) 平均値の変化 $\lambda = \exp(\beta_1 + \beta_2 x)$

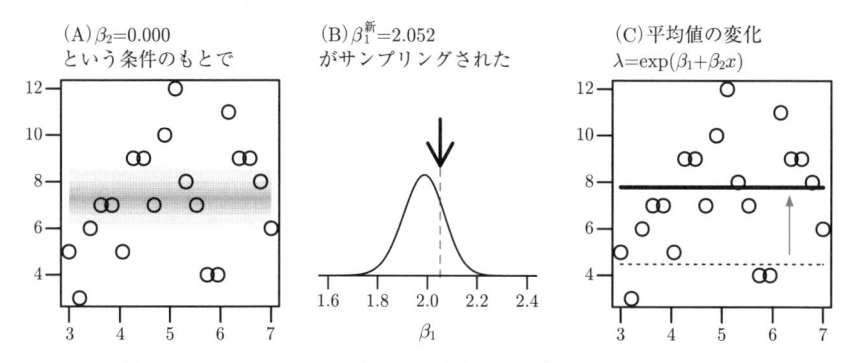

図 9.7 MCMC ステップ 1 における β_1 のギブスサンプリング．もうひとつのパラメーターは $\beta_2 = 0.0$ である状況を考える．(A) 架空植物のサイズ x と種子数 y のグラフの上に，β_1 の条件つき事後確率密度をグレイスケールで図示したもの．$\exp(2) = 7.4$ あたりの確率密度が高くなっている．(B) β_1 の条件つき事後確率密度，そしてこの MCMC ステップでサンプルされた $\beta_1^{新} = 2.052$．(C) β_1 が初期値である 1.5 から 2.052 に変化したことによって，サイズ x に依存する平均種子数 λ も変化する．

さて，ギブスサンプリングの最初の操作では，$\beta_1 = 2.052$ という値が得られたので，次は β_2 のサンプリングです．今度は平均種子数 $\lambda_i = \exp(2.052 + \beta_2 x_i)$ となるような FCD，

$$p(\beta_2 \mid \boldsymbol{Y}, \beta_1 = 2.052) \propto \prod_i \frac{\lambda_i^{y_i} \exp(-\lambda_i)}{y_i!} \, p(\beta_2)$$

から乱数を発生させます．この過程を図 9.8 に示しています．

パラメーター β_2 のサンプリングによって第 1 MCMC ステップは終了します．このあとも同じように β_1 と β_2 を交互にサンプリングします (図 9.9)．

この例題のギブスサンプリングの手順をまとめると以下のようになります：

(1) 最初に何らかの $\{\beta_1, \beta_2\}$ の初期値を設定しておく
(2) $p(\beta_1 \mid \boldsymbol{Y}, \beta_2)$ にしたがう乱数を発生させて，それを新しい β_1 とする (図 9.7)
(3) $p(\beta_2 \mid \boldsymbol{Y}, \beta_1)$ にしたがう乱数を発生させて，それを新しい β_2 とする (図 9.8)
(4) この MCMC ステップにおける β_1 と β_2 を記録しておく

(A) $\beta_1 = 2.052$
という条件のもとで

(B) $\beta_2^{新} = -0.016$
がサンプリングされた

(C) 平均値の変化
$\lambda = \exp(\beta_1 + \beta_2 x)$

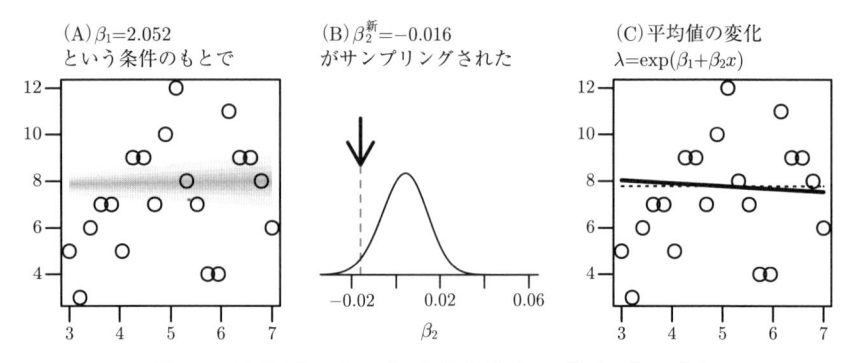

図 **9.8** MCMC ステップ 1 における β_2 のギブスサンプリング．図 9.7 で示したギブスサンプリングによって，もうひとつのパラメーター β_1 が 2.052 に変化したあとの状況を考える．(A)-(C) は図 9.7 と同様であるが，β_2 に関するもの．この例題データのもとでは，β_2 の変化の幅は小さい．

(5) 十分な個数の β_1 と β_2 のサンプルが得られるまで，(2)-(4) をくりかえす

他の MCMC アルゴリズムを使った場合でも，上と同じような手順で複数のパラメーターを MCMC サンプリングできます．メトロポリス法ではなくギブスサンプリングを使う利点としては，各 MCMC ステップにおいてもとの値と更新された値の相関がより小さい[45]，そして MCMC サンプリングの詳細を指定しなくてもよい——といったことがあげられます[46]．

9.6.2 WinBUGS の挙動はどうなっている？

WinBUGS など MCMC サンプリングソフトウェアにおいて，どのように FCD にしたがう乱数を発生させているのでしょうか？　ここでは WinBUGS のマニュアルを参照しつつ「こうなっているらしい」という想像を書いていま

---

[45] 第 8 章でも述べましたが，メトロポリス法ではあるステップの値と次のステップの値がまったく同一となる場合があります．

[46] WinBUGS であつかう MCMC サンプリングの方法は，ギブスサンプリングも含めていずれもメトロポリス-ヘイスティングス法(Metropolis-Hastings method) から派生したものとみなせます．これは前の章の 8.3 節で登場したメトロポリス法をより一般的に拡張したものです．詳しくは章末の文献を参照してください．

9.6 複数パラメーターの MCMC サンプリング ◆ 217

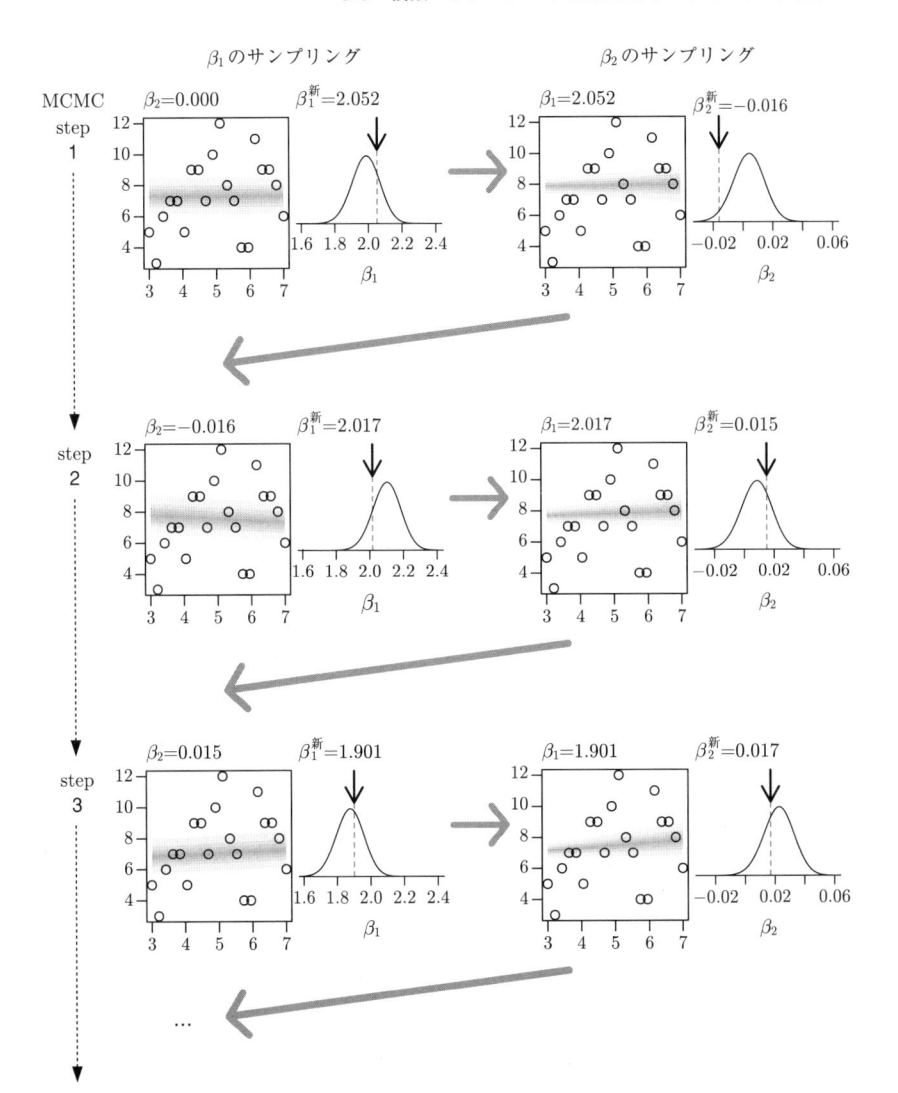

図 **9.9** β_1 と β_2 のギブスサンプリング，MCMC ステップ 1-3．図 9.7，9.8 で示したステップ 1 における変化の続き．ステップ 3 よりあとも，同様に β_1 と β_2 が変化していく．

表 9.1　共役な事前分布の例

パラメーター	共役な事前分布
正規分布の平均	正規分布
正規分布の分散	逆ガンマ分布
多変量正規分布の分散共分散行列	逆ウィシャート分布
ガンマ分布のパラメーター	ガンマ分布
ポアソン分布の平均	ガンマ分布
二項分布の生起確率	ベータ分布
多項分布の生起確率	ディリクレ分布

す．WinBUGS は内部が公開されていないので，正確なところは不明です．

WinBUGS は以下のように与えられた分布を調べて対処しているようです．最初にパラメーター β_* の事前分布 $p(\beta_*)$ が尤度に比例する確率分布 $p(Y \mid \beta_*)$ の共役事前分布 (conjugate prior) であるかどうかを調べます．事前分布と事後分布 (あるいは FCD) が同じ種類の確率分布になるような場合に，その事前分布が共役であるといいます．共役な事前分布の例のいくつかを表 9.1 に示します．

表 9.1 に示しているような，性質がよくわかっている確率分布であれば，それぞれの確率分布に対応した乱数発生方法があるので[*47]，それをつかってギブスサンプリングできます．たとえば，前の第 8 章の例題でいえば，種子の生存数は二項分布にしたがい，生存確率 q の事前分布がベータ分布[*48]であると仮定すれば，q の事後分布は (事前分布とはパラメーターの異なる) ベータ分布になります．したがってベータ乱数を発生させる方法を知っていれば，簡単に FCD からギブスサンプリングできます．

実際のベイズ統計モデリングでは，共役な事前分布をいつも設定できるわけではありません．たとえば，この章の例題の場合，データである種子数はポアソン分布 $p(Y \mid \lambda_i)$ にしたがうとしていますが，平均 λ_i の事前分布は共役なガンマ分布ではありません．平均種子数 $\lambda_i = \exp(\beta_1 + \cdots)$ であり，$p(\beta_*)$ は正規分布と指定しています．このようにモデルを設計した理由は，線形予測子と

[*47] たとえば正規乱数なら Box-Muller 法など．
[*48] ベータ分布は $[0, 1]$ の連続値を確率変数とする確率分布です．第 2 章の章末にあげている文献を参照して下さい．

対数リンク関数を使って平均 λ_i が決まるような GLM 的なモデルがわかりやすく便利であるからです．このような場合，β_1 などのパラメーターの無情報事前分布として，$[-\infty, \infty]$ の範囲をとる正規分布などを指定するのが妥当でしょう．

事前分布が共役でない場合，WinBUGS は状況にあわせてさまざまな数値的な方法による MCMC サンプリング[*49]で対処します．ベイズ統計モデルの事前分布を選ぶときに，共役な事前分布を指定すれば，解析的な事後分布が導出できたり，数値計算時間を短縮できるといった利点があるかもしれません．しかし，モデルのわかりやすさが重要なときには，無理に共役事前分布を使わなくても問題ありません．

9.7　この章のまとめと参考文献

この章の主題は，GLM のベイズモデル化と，複数のパラメーターの事後分布からの MCMC サンプリングでした．

- 全個体に共通するパラメーターの事前分布として，「どのような値でもかまわない」ことを表現する無情報事前分布を指定する（9.3 無情報事前分布）
- MCMC サンプリングソフトウェア WinBUGS を使うために，BUGS 言語でこのベイズ統計モデル化した GLM を記述する（9.4 ベイズ統計モデルの事後分布の推定）
- WinBUGS に BUGS コードを与えて MCMC サンプリングを行い，また R を使って事後分布の統計量の分布や MCMC サンプル列の収束診断ができる（9.5 MCMC サンプルから事後分布を推定）
- MCMC アルゴリズムはさまざまなものがあり，とくにギブスサンプリングは効率の良い方法のひとつである（9.6 複数パラメーターの MCMC サンプリング）

[*49] 章末にあげている文献を参照してください．

ベイズ統計モデルでも第4章で説明したようなモデル選択ができればよいのですが，どのような方法がよいのかについては現在でもまだ決着がついていないようです．交叉検証法 (cross validation) といった方法も提案されています．また，deviance information criterion, DIC といったモデル選択規準も提案されていますが，どういう場合に適用可能であるかについては議論が続いています．

この本では，現時点ではとりあえずお手軽に使える MCMC サンプリングソフトウェアとして WinBUGS をあげました．WinBUGS は 2004 年にすでに開発が終了し，現在はバグ修正のパッチの更新のみとなっています．このような状態であるにもかかわらず，2012 年の時点では，WinBUGS は学術分野ではもっともよく使われている MCMC サンプリングソフトウェアかもしれません．

WinBUGS のように，BUGS 言語で記述されたベイズ統計モデルの MCMC サンプリングができるソフトウェアとして，OpenBUGS や JAGS があります．これらは現在でも開発が継続しており，ときどき新しいヴァージョンがリリースされています．将来的にはこのような WinBUGS 以外のソフトウェアがよく使われるようになるでしょう．サポート web サイト (まえがき末尾を参照) では OpenBUGS と JAGS についても紹介していますので参考にしてください．

◇　　◇　　◇

WinBUGS の詳細については，Spiegelhalter たちの "WinBUGS User Manual" をよく読んでください．これはインターネット上で配布されていて，検索すればすぐにみつかります．

Gelman たちの "Bayesian Data Analysis" [11] はベイズ統計モデルの包括的な教科書で，手元にあると便利な1冊です．たとえば，この章に登場した収束診断の指数 $\hat{R}$ についてもくわしく説明されています．また，第8章で放置した，二項分布のパラメーター q の事前分布についての整理もあります．

Gilks ら "Markov Chain Monte Carlo in Practice" [13] はやや古い本ですが，数値的なギブスサンプリングなどの手法についてわかりやすく説明しています．

`R2WinBUGS` の詳細については，Sturtz らの論文 "R2WinBUGS: A Package for Running WinBUGS from R" [36]などを参照してください．

ベイズ統計学の入門的な本としては，Lee "Bayesian statistics: an introduction" [25]や Albert "Bayesian Computation with R" [3]などがあります．

10

階層ベイズモデル
―GLMM のベイズモデル化―

無情報事前分布と階層事前分布，この2種類の事前分布を使って，GLMM のベイズ版である階層ベイズモデルを作ります．

前の第9章では，無情報事前分布を使ったベイズ統計モデルを設計しました．この章では階層事前分布(hierarchical prior)を使って一般化線形混合モデル(GLMM)を階層ベイズモデル(hierarchical Bayesian model)[*1]としてあつかう方法を説明します．その理由は，第7章で説明したような個体差などもくみこんだ現実的な統計モデルを構築するためには，無情報事前分布だけではなく階層事前分布も使わなければならないからです．

現実のデータ解析では，個体差だけでなく「調査場所の差」などもモデルに含める必要があります[*2]．このように統計モデルを複雑にすると，パラメーター推定も難しくなります．階層ベイズモデルと MCMC サンプリングによるパラメーター推定という組みあわせが威力を発揮するのは，このような状況です．この章の最後では個体差と場所差を同時に推定する階層ベイズモデルも紹介します．

10.1 例題：個体差と生存種子数（個体差あり）

第6-8章の例題としてあつかったのと同じような，種子の生存確率を調べる問題にとりくみながら，ベイズ版 GLMM である階層ベイズモデルを説明します．図10.1(A)で示しているように，各個体から8個の種子を採集し，個体iにおいて生存している種子数y_iを調べました[*3]．調査した個体数は100としましょう．この100個体の生存種子数y_iのヒストグラムを図10.1(B)に示しています．このような観測データにみられるパターンを表現できるような統計モデルを構築することが目的です．

このデータの構造は「個体iでは8個の調査種子のうちy_i個が生存」となっていますから，統計モデルの中でデータのばらつきを説明する部品としては二項分布が使えそうです．

しかしながら，生存種子数のヒストグラムは図10.1(B)のようになり，第7

[*1] 階層モデル(hierarchical model)あるいはマルチレヴェルモデル(multilevel model)とよばれることもあります．
[*2] 実験室で得られたデータであっても，「飼育槽・培養容器の差」などをくみこんだ統計モデリングが必要になることもあります．
[*3] このデータなどはサポート web サイト(まえがき末尾を参照)からダウンロードできます．

10.2 GLMMの階層ベイズモデル化

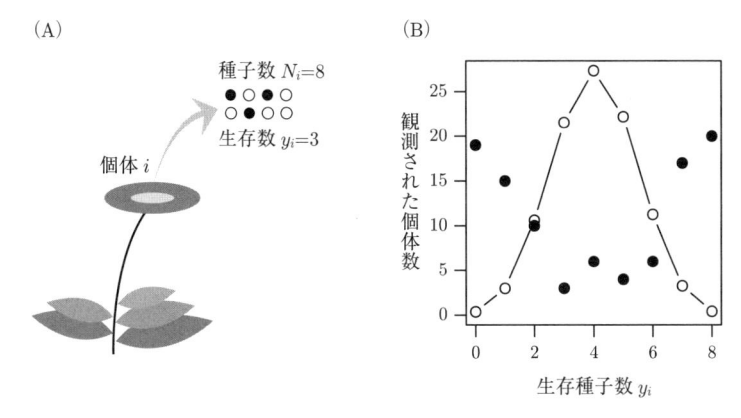

図10.1 (A)架空植物の第i番目の個体．各個体から8個の調査種子を調べて，その中の生存数y_i個をカウントした．この例題では，説明変数になりうる要因を何も観測していない．(B)黒丸は観測データ，白丸は生存確率0.504の二項分布．二項分布では観測データのばらつきをまったく説明できていない．

章の例題と同じように，ここでも個体に由来するランダム効果によって**過分散** (overdispersion)が生じているようです．もしこのデータを，全100個体で共通の生存確率qの二項分布で説明しようとすると，この例題では説明変数となるデータがありませんから，最尤推定値$\hat{q}$は0.504となります[*4]．生起確率が0.504で$N=8$の二項分布の分散は2.00ぐらいになると期待されますが，実際の観測データの分散を調べてみると9.93であり，5倍ちかくも大きな値となり，過分散となっています．

10.2 GLMMの階層ベイズモデル化

種子生存確率qが全個体で共通していると仮定する統計モデルでは，図10.1(B)のようなパターンは説明できません．また，このような過分散が生じる要因は，このデータだけでは特定できません．このように個体ごとに由来する原因不明な差異などを組みこんだGLMがGLMMです．しかし，個体差だけで

[*4] 二項分布の最尤推定量については第6章を参照．

なく場所差なども考慮する GLMM の場合は，パラメーターの最尤推定が困難になります．

この問題を解決するために，ベイズ統計モデルと MCMC サンプリングによる事後分布の推定という組みあわせが有効だろう——というのが第 7-9 章の展開でした．この章では，GLM ではなく GLMM のベイズモデル化にとりくみます．

ここで登場する GLMM でも，第 7 章と同じように，リンク関数と線形予測子を $\mathrm{logit}(q_i)=\beta+r_i$ とします[*5]．切片 β は全個体に共通するパラメーターであり，個体差をあらわす r_i は平均ゼロで標準偏差 s の正規分布にしたがうと仮定します．データが得られる確率 $p(\boldsymbol{Y} \mid \beta, \{r_i\})$ は全 100 個体の二項分布の積なので，

$$p(\boldsymbol{Y} \mid \beta, \{r_i\}) = \prod_i \binom{8}{y_i} q_i^{y_i}(1-q_i)^{8-y_i}$$

となります．推定したい事後分布は，

$$事後分布 \propto p(\boldsymbol{Y} \mid \beta, \{r_i\}) \times 事前分布$$

となるので，あとは事前分布を指定すれば統計モデルの設計は完了します．

線形予測子の切片である β は正負どのような値をとってもよい実数であり，「この範囲にあるべきだ」といった事前の制約もありません．そこで前の第 9 章のベイズ化 GLM の例題と同じように，β の事前分布として無情報事前分布を指定します．これは平均ゼロで標準偏差 100 のすごくひらべったい正規分布（図 9.2 参照），

$$p(\beta) = \frac{1}{\sqrt{2\pi \times 100^2}} \exp\left(\frac{-\beta^2}{2 \times 100^2}\right)$$

としましょう．

個体差 r_i のパラメーターの事前分布はどうすればよいでしょうか？ 第 7 章では，個体ごとに異なるパラメーター r_i が，いずれも平均ゼロで標準偏差

[*5] ロジットリンク関数やロジスティック関数については第 6 章を参照．

10.2 GLMM の階層ベイズモデル化

s の正規分布にしたがうと仮定していました．とりあえずここでも同じように r_i の事前分布が，

$$p(r_i \mid s) = \frac{1}{\sqrt{2\pi s^2}} \exp\left(\frac{-r_i^2}{2s^2}\right)$$

であるとしてみましょう[*6]．ここで登場した s は，個体差をあらわす 100 個の r_i がどれぐらいばらついているかをあらわすパラメーターです．

最後に残された問題は，この個体差のばらつき s というパラメーターのあつかいです．第 7 章の例題では，最尤推定によって，ひとつの値である $\hat{s}$ を特定しました．これに対して，ベイズ統計モデルでは確率分布である s の事後分布を推定します．

事後分布を推定するためには，事前分布を指定しなければなりません．いま調べている植物集団の中の個体差 $\{r_i\}$ のばらつき s については正の値であれば何であってもかまわないので，事前分布 $p(s)$ を無情報事前分布としてよいでしょう．ここでは，

$$p(s) = (0 \text{ から } 10^4 \text{ までの連続一様分布})$$

とします[*7]．これは $0 < s < 10^4$ の範囲の実数であれば，どの値であっても出現する確率は等しくなる確率分布です．

このように，個体差 r_i の事前分布 $p(r_i \mid s)$ のカタチを決める s という未知パラメーターがあって，さらにこの s についても事前分布 $p(s)$ が設定されているときに，この本では $p(r_i \mid s)$ を**階層事前分布**とよびます[*8]．「階層」とは事前分布のパラメーターにさらに事前分布が設定されていることです．また，事前分布 $p(r_i \mid s)$ のパラメーター s は**超パラメーター**（hyper parameter），事前分布の事前分布である $p(s)$ は**超事前分布**（hyper prior）とよばれる場合もあります．このような階層事前分布を使っているベイズ統計モデルが**階層ベイズモデル**です．

[*6] ここで r_i の確率分布が正規分布であると正当化できる理由はありません．この点については第 7 章も参照してください．
[*7] ここで $p(s)$ を連続一様分布とした理由については，章末にあげている文献を読んでください．
[*8] 「1 段目」の事前分布である $p(r_i \mid s)$ だけでなく，「2 段目」の $p(s)$ も含めた，つまり $p(r_i \mid s)p(s)$ を階層事前分布とよぶ場合もあります．

10.3 階層ベイズモデルの推定・予測

第 7 章の GLMM の推定では，データにもとづいて β や s の最尤推定値(点推定値)をさがしだしました．しかしながら，ベイズモデルでは「推定したいパラメーター」はことごとく事前分布とデータにもとづいて事後分布が推定されます．つまり，この例題の階層ベイズモデルの事後分布は，

$$p(\beta, s, \{r_i\} \mid \boldsymbol{Y}) \propto p(\boldsymbol{Y} \mid \beta, \{r_i\}) \, p(\beta) \, p(s) \prod_i p(r_i \mid s)$$

と書けます．

新しく導入した階層事前分布や超パラメーターが推定におよぼす影響などについては，10.4 節以降で説明することにして，ここではひとまず，この階層ベイズモデルと観測データから事後分布を推定する手順と，その結果を示します．

10.3.1 階層ベイズモデルの MCMC サンプリング

第 9 章と同様に，WinBUGS を使って事後分布 $p(\beta, s, \{r_i\} \mid \boldsymbol{Y})$ から MCMC サンプリングします．この章の例題のモデルを BUGS コードで書くと，たとえば以下のようになります(図 10.2 も参照)．

```
model
{
  for (i in 1:N) {
    Y[i] ~ dbin(q[i], 8)  # 二項分布
    logit(q[i]) <- beta + r[i]  # 生存確率
  }
  beta ~ dnorm(0, 1.0E-4)  # 無情報事前分布
  for (i in 1:N) {
    r[i] ~ dnorm(0, tau)  # 階層事前分布
  }
  tau <- 1 / (s * s)    # tau は分散の逆数
  s ~ dunif(0, 1.0E+4)  # 無情報事前分布
```

10.3 階層ベイズモデルの推定・予測

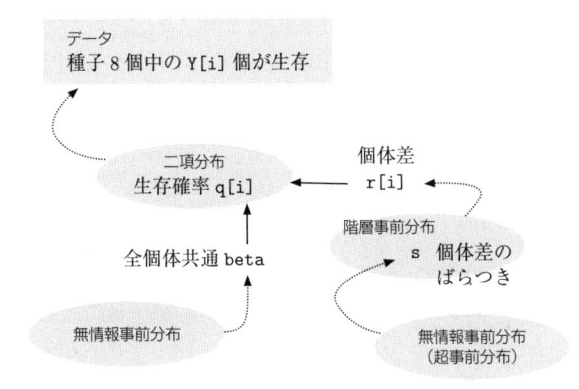

図 10.2 生存種子数の階層ベイズモデルの概要.

}

この BUGS コードと階層ベイズモデルの対応関係を説明します[*9]. まず N 個体ぶんの観測データとの対応づけをしている部分を見てみましょう.

```
for (i in 1:N) {
    Y[i] ~ dbin(q[i], 8) # 二項分布
    logit(q[i]) <- beta + r[i] # 生存確率
}
```

観測された生存数 Y[i] は生存確率 q[i] でサイズ 8 の二項分布 (dbin(q[i], 8)) にしたがいます. 種子の生存確率 q[i] は線形予測子 beta + r[i] とロジットリンク関数 logit(q[i]) で与えられます.

パラメーターの事前分布は, 以下のように指定されています.

```
beta ~ dnorm(0, 1.0E-4) # 無情報事前分布
for (i in 1:N) {
    r[i] ~ dnorm(0, tau) # 階層事前分布
}
tau <- 1 / (s * s)     # tau は分散の逆数
s ~ dunif(0, 1.0E+4) # 無情報事前分布
```

切片 beta の事前分布は平均ゼロで標準偏差 10^2 の正規分布, 個体差 r[i] の

[*9] BUGS コードの読みかたについては, 第 9 章の 9.4.1 項も参照してください.

階層事前分布は平均ゼロで標準偏差が s の正規分布,そしてこの階層事前分布のばらつき s の事前分布は $0<s<10^4$ の一様分布であると指定しています.

10.3.2 階層ベイズモデルの事後分布推定と予測

第 9 章と同じように,R と WinBUGS を使ってパラメーターの事後分布からの MCMC サンプリングをします.得られた MCMC サンプリングの結果を使って[*10],パラメーターごとの(周辺)事後分布を図 10.3 に示しています.

次に,推定された事後分布をくみあわせて,生存種子数ごとの個体数の分布を予測してみましょう.ここでは図 10.4 に示している,生存種子数 y 個の確率分布 $p(y\,|\cdots)$ の計算方法だけを説明します[*11].

生存種子数 y の確率分布は,二項分布 $p(y\,|\,\beta,r)$ と正規分布 $p(r\,|\,s)$ の無限混合分布であり,以下のような式であらわせるとしましょう[*12].

$$p(y\,|\,\beta,s) = \int_{-\infty}^{\infty} p(y\,|\,\beta,r)p(r\,|\,s)dr$$

ここで登場する r についての積分とは,事後分布 $p(r\,|\,s)$ にしたがうような植物を無限個あつめてきて,その平均を評価している——という意味だと考えてください.

生存種子数 y の確率分布を決めるパラメーター β と s はどのような値を与えればよいでしょうか? いろいろな方法が考えられるのですが,たとえば図 10.4 では,$\{\beta,s\}$ のペアのすべての MCMC サンプルごとに $p(y\,|\,\beta,s)$ を評価し,y ごとにその 2.5%,50%,97.5% のパーセンタイル点を示しています[*13].

[*10] 推定に必要なファイルや結果を格納した bugs オブジェクトなどはサポート web サイト(まえがき末尾を参照)からダウンロードしてください.
[*11] 図 10.4 では,$p(y\,|\cdots)$ に標本個体数 100 をかけた値を示しています.作図のための R コードはサポート web サイト(まえがき末尾を参照)を参照してください.
[*12] 第 7 章の図 7.8 に示している「分布を混ぜる」という考えかたです.また,この積分は R などを使って数値積分をするしかありません.
[*13] 第 7 章の図 7.10 では β と s の最尤推定値を使って生存種子数 y を予測しています.

10.3 階層ベイズモデルの推定・予測

(A) β の事後分布
全個体共通

(B) s の事後分布
全個体共通

個体ごとに異なるパラメーター
(C) r_1 の事後分布

全 r_i 共通
の事前分布

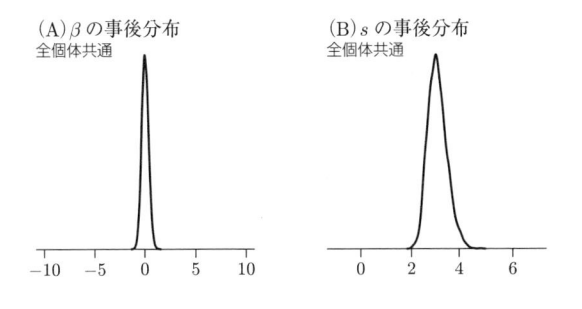

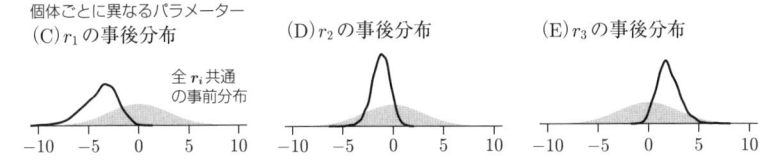

(D) r_2 の事後分布

(E) r_3 の事後分布

図 10.3　MCMC サンプリングによって推定された事後分布，いずれも R の density() 関数による近似的な確率密度の図示．(A) 切片 β と (B) 個体差のばらつき s は全個体に共通するパラメーター．個体差 r_i の事後分布の例を (C)-(E) に示している．ここでは個体差 r_i の例として $\{r_1, r_2, r_3\}$ を示している．これらの事後分布とともに示されているグレイの確率密度関数は，s の値が事後分布の中央値となっている場合の事前分布 $p(r_i \mid s)$ である．

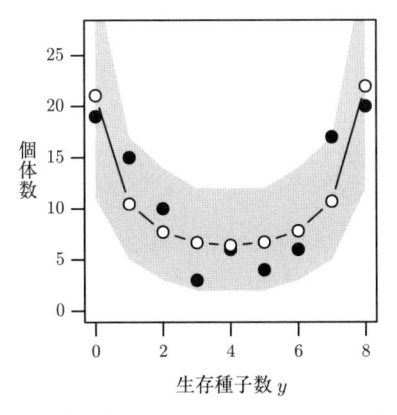

図 10.4　生存種子数 y の予測分布 $p(y \mid \beta, s)$ と観測データ (黒丸)．β と s の MCMC サンプルを使って，各 y における中央値 (白丸) と 95% 区間 (グレイの領域) を予測した．

10.4 ベイズモデルで使うさまざまな事前分布

ベイズ統計モデルの設計で重要になるのは，事前分布の選択です．ベイズ統計モデルでよく使われる3種類の事前分布を図10.5に示しています．この章の例題の個体差のパラメーター r_i の事前分布として，この3種類のそれぞれを指定した場合に統計モデルはどうなるのかを考えてみましょう．

図 10.5(A) の**主観的な事前分布**(subjective prior) を個体差 r_i の事前分布として使うのであれば，データ解析者は「私はパラメーター r_i の分布はこうなっていると思う」と考えていることになります[*14]．

この本では「ベイズ統計モデリングは主観性を重視」といった考えかたはしませんので，このような主観的な事前分布は使用しません．次にあげる無情報事前分布と階層事前分布で多くのベイズ統計モデルが記述できるので，主観的な事前分布が必要とされることは多くないでしょう[*15]．

それでは次に r_i の事前分布として，**無情報事前分布**(non-informative prior; 図 10.5(B)) を指定したとしましょう．このようなモデリングでは，100個の r_i それぞれを自由に決めるので，統計モデルとして望ましいものではありません．なぜかというと，これは「1番目の個体はこうなっていて，2番目は，…」などと「データの読みあげ」みたいなもので[*16]，統計モデリングではありません．

この章の例題の統計モデリングでは，個体差 r_i の事前分布 $p(r_i \mid s)$ を**階層事前分布**[*17]と設定し（図10.5(C)），$p(r_i \mid s)$ が平均ゼロで標準偏差 s の正規

[*14] あるいは，別のデータセット・別の統計モデリングで得られた「r_i の分布」を事前分布として使用する人もいます．私はこれもまた主観的な事前分布の一種だと考えています．

[*15] 主観的事前分布を使わざるをえない場合もあります．たとえば，何か連続値の観測値 x に関する測定時の誤測定（測定誤差）の大きさです．このような測定誤差をデータにもとづいて推定するためには，同じ対象から複数回の観測をしなければならないのですが，そうでない事例も珍しくありません．そのような場合は，「この測定方法による測定誤差はこれぐらいだろう」と決めたり，あるいは測定機器のカタログデータにもとづいて，測定のばらつきをあらわす確率分布を設定することがあります．

[*16] 第4章の4.2節に登場したフルモデル(full model) そのものです．

[*17] 階層事前分布の定義については，p. 227 の[*8]も参照してください．

10.4 ベイズモデルで使うさまざまな事前分布

(A) 主観的な事前分布　　(B) 無情報事前分布　　(C) 階層事前分布

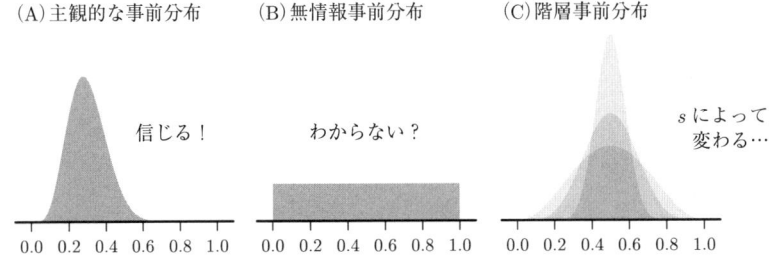

信じる！　　　　　わからない？　　　　　s によって変わる…

図 10.5 ベイズ統計モデルでよく使われる 3 種類の事前分布の例．たいていのベイズ統計モデルでは，ひとつのモデルの中で複数の種類の事前分布を混ぜて使用する．(A) 主観的な事前分布，(B) 無情報事前分布，(C) 階層事前分布．

表 10.1 統計モデルのパラメーターと事前分布

パラメーターの種類	説明する範囲	同じようなパラメーターの個数	事前分布
全体に共通する平均・ばらつき	大域的	少数	無情報事前分布
個体・グループごとのずれ	局所的	多数	階層事前分布

分布であるとしました．そしてこの s の事前分布 $p(s)$ は無情報事前分布であると設定したので，階層はこれ以上は深くなりません．統計モデルをこのように設計しておくと，他のパラメーターと同時に s の事後分布もデータにうまくあてはまるように推定されます．

あるパラメーターの事前分布として，無情報事前分布・階層事前分布のどちらを選ぶべきなのでしょうか？　その選択はそのパラメーターがデータ全体のどの範囲を説明しているかに依存すると考えてよいでしょう（表 10.1）．現実的な統計モデルには 2 種類のパラメーターが含まれています——データ全体を**大域的**(global)に説明する少数のパラメーターと，データのごく一部だけを説明する**局所的**(local)な多数のパラメーターです．

この章の例題でいうと，切片 β はこれひとつでデータ全体を説明している大域的なパラメーターなので，無情報事前分布を用いて推定します．いっぽうで，100 個もある個体差 $\{r_i\}$ は，

- 個々の r_i はデータ全体のごく一部を説明しているだけ

- 全個体の $\{r_i\}$ は「似たような(ある範囲に分布する)」パラメーターのあつまりと考えられる

といった性質をもつ局所的なパラメーターなので，個々の r_i に無情報事前分布を指定するのではなく，$\{r_i\}$ 全体のばらつきを変えられる階層事前分布を指定します[*18]。

階層ベイズモデルは，多数の局所的なパラメーターをまとめてとりあつかうために階層事前分布を設定し，この階層事前分布を少数の大域的パラメーターで支配します．現代の統計モデリングでは，場合によってはデータよりも多くの局所的なパラメーターが使われる場合もあります．そのようなモデルであっても，階層ベイズモデルでは多数の局所的パラメーターを階層事前分布で「拘束」して自由なあてはめを制約し，すべての局所的なパラメーターの事後分布が推定できるようにします．

10.5　個体差＋場所差の階層ベイズモデル

最後に，個体差だけでなく場所差も組みこんだ階層ベイズモデルについて，簡単に説明します．

図 10.6 に示しているような，架空植物を使った実験のデータを調べているとします．ここで知りたいのは，肥料をやる(施肥)処理をしたときの種子数 y_i の変化です．

この実験では，植木鉢(pot)が 10 個(j∈{A, B, C, ..., J})準備されていて，各植木鉢に 10 個体の植物が育てられているとします[*19]．個体番号 i は $\{1, 2, ..., 100\}$ となっていて，これは植木鉢 A では $\{1, 2, ..., 10\}$，植木鉢 B では $\{11, 12, ..., 20\}$ となるように番号づけされています．このように個体番号 i によって植木鉢 j は決まるので，添字を $y_{i,j}$ としないで y_i と書きます．

処理と植木鉢の関係は，j∈{A, B, C, D, E} の植木鉢は無処理(第 3 章で説

[*18]　このようなパラメーターの区別が，一般化線形混合モデル(GLMM)との対応はどうなっているのでしょうか？　固定効果(fixed effects)と個体差のばらつき s は大域的なパラメーター，ランダム効果(random effects)は局所的なパラメーターのことです．

[*19]　図 10.6 では 5 個体のみ示しています．

10.5 個体差＋場所差の階層ベイズモデル ◆ 235

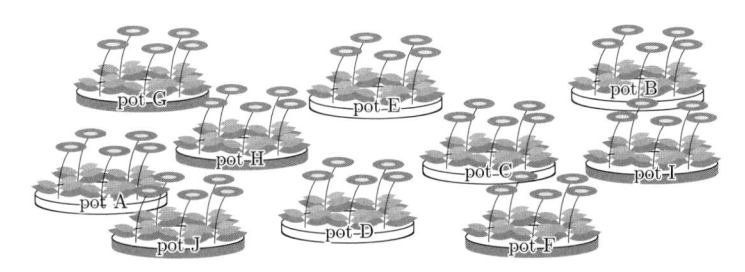

図 10.6 個体差と同時に場所差(植木鉢差)の影響を考慮しなければならない例題．植木鉢(pot)が 10 個あり，{A, …, E}(白)は無処理で {F, …, J}(グレイ)は肥料をやる(施肥)処理をした．各植木鉢には 10 個体の架空植物が植えられていて(植木鉢ごとに 5 個体のみ図示)，種子数 $\{y_i\}$ がデータとして得られた．

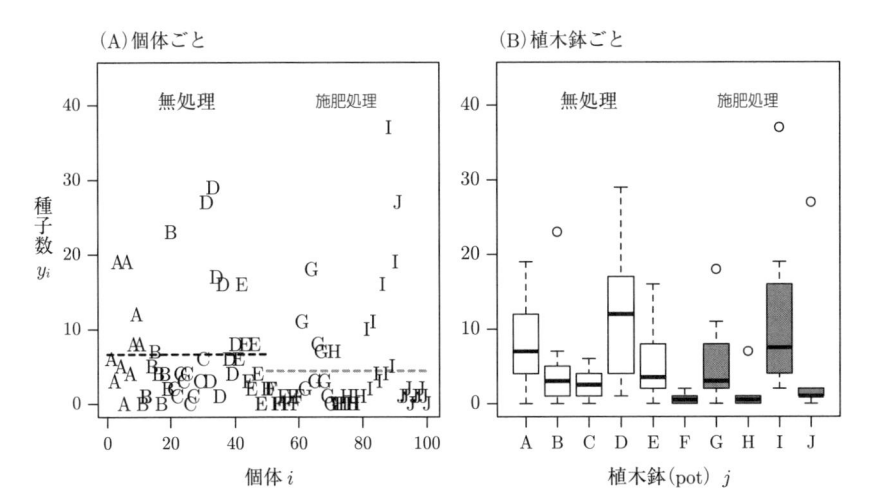

図 10.7 観測された種子数 $\{y_i\}$．(A)個体ごとの表示，$i \in \{1, 2, \cdots, 50\}$ は無処理，その他は施肥処理した個体．{A, …, J} はその個体の植木鉢(図 10.6)．水平な破線は処理ごとの $\{y_i\}$ の標本平均．(B)(A)のデータを植木鉢ごとに箱ひげ図として図示．

明したダミー変数を使って書くと $f_i=0$，そして $j \in \{F, G, H, I, J\}$ の植木鉢では施肥処理をした ($f_i=1$) とします (図 10.6，図 10.7).

観測された個体ごとの種子数 y_i と処理ごとの平均を図 10.7(A) に示しています．たとえば無処理である $i \in \{1, 2, \cdots, 50\}$ (植木鉢 $\{A, \cdots, E\}$) の標本平均は 8 ぐらいであり，y_i がポアソン分布にしたがうなら標本標準偏差は $\sqrt{8}=2.83$ ぐらいになるはずです．しかし図を見るとそれよりも大きいのは明らかなので，ここでも過分散が発生しています．

次に図 10.7(B) をみると，過分散の原因は個体差だけでなく植木鉢の差にもありそうだとわかります[20]．たとえば $\{C,F,H,J\}$ の植木鉢ではどの個体も種子数が少なくなっています．このデータだけを見ていてもこのような植木鉢差が生じる理由はわかりません．もしかしたら，植木鉢を置いた環境や生育期間中のできごとに左右されてばらつきが生じたのかもしれません[21]．

このようなデータ構造の場合，個体も植木鉢もどちらも反復ではなく擬似反復なので[22]，個体差と植木鉢差を同時にあつかう統計モデルを作らなければなりません[23]．これは GLMM 化したポアソン回帰であつかえる問題なので，これまでのように個体 i の種子数 y_i のばらつきを平均 λ_i のポアソン分布

$$p(y_i \mid \lambda_i) = \frac{\lambda_i^{y_i} \exp(-\lambda_i)}{y_i!}$$

で表現します．線形予測子と対数リンク関数を使って平均種子数 λ_i は，

$$\log \lambda_i = \beta_1 + \beta_2 f_i + r_i + r_{j(i)}$$

とします．この線形予測子の構成要素は，切片 β_1，施肥処理の有無をあらわす因子型の説明変数 f_i の係数 β_2，個体 i の効果 r_i と植木鉢 j の効果 $r_{j(i)}$ です．この $r_{j(i)}$ は個体 i がいる植木鉢 j の効果をあらわしていると考えてくだ

---

[20] 個体差と植木鉢差の区別については，第 7 章の 7.5 節も参考にしてください．
[21] 図 10.7 に示されている植木鉢差は極端で，よほど実験のやりかたが下手くそなのだろうと思われるでしょうが，植木鉢を森林内などに配置する野外実験ではこれぐらいのブロック差が生じても不思議ではありません．
[22] 反復・擬似反復については，第 7 章の 7.5 節も参考にしてください．
[23] このように，植木鉢差があってその中に個体差があるとみなせるような構造を「階層」だと考える人もいますが，これはむしろネストしている (nested) 構造とよぶほうが適切でしょう．

10.5 個体差＋場所差の階層ベイズモデル ◆ 237

さい．個体差をあらわす r_i は 100 個，植木鉢の差である $r_{j(i)}$ は 10 個あり，それぞれのばらつきを s と s_p としましょう．

これらのパラメーターの事前分布は

- 大域的な平均パラメーターである β_1 と β_2 は無情報事前分布，平均ゼロの押しつぶされた正規分布[*24](図 9.2)
- 大域的なばらつきパラメーターである s と s_p は無情報事前分布，0 から 10^4 の範囲をとる一様分布
- 局所的パラメーターである r_i と $r_{j(i)}$ は階層事前分布，平均ゼロで標準偏差はそれぞれ s と s_p（図 10.5(C)）

と指定しましょう．

あとは WinBUGS などを使って事後分布を推定できます[*25]．この統計モデルの BUGS コードは以下のようになります（図 10.8）．

```
model
{
  for (i in 1:N.sample) {
    Y[i] ~ dpois(lambda[i])
    log(lambda[i]) <- beta1 + beta2 * F[i] + r[i] + rp[Pot[i]]
  }
  beta1 ~ dnorm(0, 1.0E-4)
  beta2 ~ dnorm(0, 1.0E-4)
  for (i in 1:N.sample) {
    r[i] ~ dnorm(0, tau[1])
  }
  for (j in 1:N.pot) {
    rp[j] ~ dnorm(0, tau[2])
  }
  for (k in 1:N.tau) {
    tau[k] <- 1.0 / (s[k] * s[k])
```

[*24] この例題では処理あり・なしの 2 水準なので β_2 を無情報事前分布にしました．水準数がもっと増えた場合には，階層的な事前分布を設定すべきかもしれません．そもそも，そのような多数の水準の効果を推定しなければならない実験設計に問題があるのかもしれませんが．

[*25] この例題のベイズ推定に必要なファイルなどはサポート web サイト（まえがき末尾を参照）を参照してください．

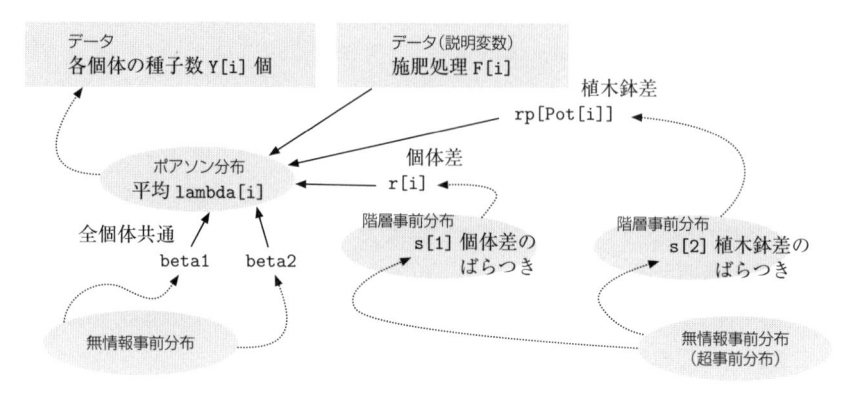

図 10.8 個体差＋植木鉢差の階層ベイズモデルの概要.

```
    s[k] ~ dunif(0, 1.0E+4)
} # s[1], s[2] はそれぞれ個体差・植木鉢差のばらつき
}
```

個体差＋場所差の階層ベイズモデルの場合，個体ごとの平均 λ_i の定義をするところで，BUGS コードの書きかたに多少の工夫が必要になります．

```
for (i in 1:N.sample) {
    Y[i] ~ dpois(lambda[i])
    log(lambda[i]) <- beta1 + beta2 * F[i] + r[i] + rp[Pot[i]]
}
```

ここでまず施肥処理をしなかった・したをあらわす因子型の説明変数を F[i] と書いています．因子型説明変数についてはすでに説明したとおりなのですが，R とは異なり BUGS 言語では因子型変数をそのままではあつかえないので，3.5 節で説明したダミー変数の考えかたを使って数量型にしなければなりません．この場合ですと，無処理の個体ではデータ F[i] をゼロ，施肥処理をした個体では 1 となるように R のコード内で指定します．

もうひとつ注意すべきは植木鉢差の表現です．これは rp[Pot[i]] と表現されています．植木鉢の名前 $\{A, B, \cdots, J\}$ を整数 $\{1, 2, \cdots, 10\}$ になおしたものを j とすると，rp[j] が植木鉢の効果 $r_{j(i)}$ になります．個体 i のいる植木鉢の番号をあらわす Pot[i] は，i が 5 であれば 1，i が 33 であれば 4 となるよ

うなデータです．これも R の中で Pot の値を指定しておき，WinBUGS に渡します[*26]．

このようにして事後分布を推定してみると，たとえば β_2 の（周辺）事後分布の 95% 区間は -2.47 から 0.70 ぐらいとなり，施肥処理は何の効果もなさそうだとわかります．肥料の効果をゼロと設定してこの架空データを生成したので，妥当な推定が得られました．

しかしながら，統計モデリングで手ぬきをすると，あるはずのない「**処理の効果**」が「**推定**」されてしまいます．たとえば，個体差・植木鉢差を無視した GLM や，個体差だけをくみこんだ GLMM の推定では，どちらも「肥料によって平均種子数が低下する」という結果が AIC 最良となってしまいます．

10.6 この章のまとめと参考文献

この章では，この本のとりあえずのゴール（図 1.2）となる階層ベイズモデルが登場しました．これは，データ中の説明変数と応答変数を対応づける「回帰」を目的とした統計モデルとしては，「今どきのデータ解析なら，少なくともここまでは考慮しよう」といった標準になりうる考えかたといえるでしょう．

- GLMM をベイズモデル化すると階層ベイズモデルになる[*27]（10.2 GLMM の階層ベイズモデル化）
- 階層ベイズモデルとは，事前分布となる確率分布のパラメーターにも事前分布が指定されている統計モデルである（10.3 階層ベイズモデルの推定・予測）
- 無情報事前分布と階層事前分布を使うことで，ベイズ統計モデルから主観的な事前分布を排除できる（10.4 ベイズモデルで使うさまざまな事前分

[*26] 得られた結果などについてはサポート web サイト（まえがき末尾を参照）を参照してください．

[*27] この章では GLMM をベイズモデル化したものが階層ベイズモデルであるかのような説明をしていますが，階層ベイズモデルがすべて GLMM のベイズモデル版というわけではありません．階層ベイズモデルとは，階層的な事前分布が使われているベイズモデル全体をさします．ベイズ版 GLMM はその一部です．

布）

- 個体差＋場所差といった複雑な構造のあるデータの統計モデリングでは，階層ベイズモデルと MCMC サンプリングによるパラメーター推定の組み合わせで対処するのが良い（10.5 個体差＋場所差の階層ベイズモデル）

　この本で説明している内容全体に言えることですが，統計モデルと推定方法の区別に注意して下さい．この章で登場した統計モデルは階層ベイズモデルであり，これは GLMM のベイズ版です．一方で，推定方法は MCMC サンプリングです．MCMC はモデルの名前ではありません．

　複数個のランダム効果が含まれる統計モデルのパラメーター推定には，MCMC 法を応用しなければならないでしょう．外部の MCMC サンプリングソフトウェアに依存せず，R だけで GLMM のパラメーターを MCMC サンプリングで推定できる `MCMCglmm` package などもあります．ただし，これを使うときにも，8-10 章で説明されている内容ぐらいは理解しておく必要があります．

◇　　　◇　　　◇

　ベイズ統計モデル・MCMC サンプリング関連の参考文献については，第 9 章の章末を見てください．

　鈴木・国友編『ベイズ統計学とその応用』[37] の第 3 章「事前分布の選択と応用」（赤池）では「情報抽出の仕組みとして見たベイズ的方法」という観点からベイズ統計モデルの利用を整理しています．

　階層事前分布のばらつきパラメーター s の事前分布として一様分布を指定する方法は，Gelman (2006) の論文 [12] を参考にしました．パラメーター s の事前分布として逆ガンマ分布が使われることが多く，$1/s \sim \text{Gamma}(\varepsilon, \varepsilon)$ として ε を 10^{-3} とか 10^{-4} といった値に指定して無情報事前分布とします．しかし，この方式では ε に依存して s の事後分布が変わるので，ここでは s が $[0, 10^4]$ といった正の幅広い区間の連続一様分布にしたがうようにしました．

11

空間構造のある階層ベイズモデル

全体ではばらついているけれど,「近所」では似ているというのが空間相関のある場所差です.事前分布を工夫して,このような場所差をいれた階層ベイズモデルを作ってみましょう.

最後の章では，階層ベイズモデルの応用例のひとつとして，空間構造のあるベイズ統計モデルを紹介します．じつは，これまでの章では「空間構造」はないもの・考えなくてもよいもの——として統計モデルを作ってきました．たとえば，第10章の最後の例題では，原因不明の場所差(植木鉢差)を組みこんだ統計モデルを作ってみましたが，この統計モデルには暗黙の仮定があって，10個の場所差がそれぞれ独立に決まるとしています．これは架空のデータなので，そのように単純化しても何も問題ありません．

しかし，現実では，「データをとる場所の空間配置の影響」を無視できない場合もあります．たとえば，上の実験で10個の植木鉢を用意するのではなく，試験場の中で10個の「わく」を設定して，その「わく」に10個体の植物を育てる実験でデータが得られたとしましょう．その場合は植木鉢のかわりに，「わく」ごとに場所差があると考えて統計モデルを設計すればよいでしょう．しかし，この「わく」がお互いに接するように一列に並べて配置されていたら，どうでしょう？ となりあう2個の「わく」の環境は似ているので，場所差はそれぞれ独立とは言えないかもしれません．

この章では，このような「近所とは似ているかも」などといった心配がある場合に対処するために，場所差の**空間相関**(spatial correlation)[*1]も考慮する統計モデリングについて説明します．空間相関とは距離の遠近に依存して，ふたつの場所の「類似性」みたいなものが弱くなったり強くなったりする傾向のことです．たとえば「ある場所の観測値とその近くの観測値は似ている，しかし遠方の観測値とは似ていない」といった傾向があれば，これは各地点の観測値は独立ではなく，正の空間相関が存在する可能性があります．

11.1 例題：一次元空間上の個体数分布

「全体が均質ではない」と同時に「しかし近所どうしは似ている——たがいに独立ではない」といった効果を統計モデルとして表現する方法を考えるために，この章では図11.1に示している架空データをあつかいます．この観測

[*1] 空間的自己相関(spatial autocorrelation)とよぶこともあります．この本では「空間相関」と書きます．

11.1 例題：一次元空間上の個体数分布

個体数 $y_j=0$　　2　　3　　2　　4　　1　　0

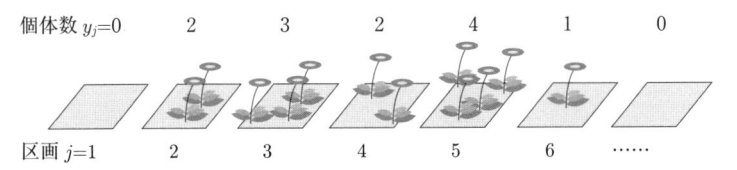

区画 $j=1$　　2　　3　　4　　5　　6　　……

図 11.1　一次元の空間構造をもつ調査地の一例．ある調査ラインにそって 50 個の調査区画（$j \in \{1, 2, \cdots, 50\}$）があり，それぞれにおいて架空植物の個体数 y_j がカウントされた．

データは，どこかの草原や森林で何か生物の個体数を記録したものだと考えてください．ただし，対象生物の数をカウントするために調査区画を 50 個設定し，それが 1 本の直線の上に等間隔に配置されていたとします．

現実の野外調査データの空間構造は二次元・三次元となる場合が多いでしょう．しかし，ここでは空間統計モデリングの説明のために，わかりやすい一次元の空間構造のデータをあつかいます[*2]．

調査区画の番号 j は，図 11.1 に示しているように，「左」から $1, 2, \cdots, 50$ とします．調査区画 j で観察された個体数 y_j を図 11.2 に示しています．

この架空データ $\{y_j\}$ は場所 j ごとに平均の異なるポアソン乱数として発生させたものであり，その平均は図 11.2 の破線の曲線です．これを**局所密度**とよぶことにしましょう．局所密度は何らかの理由でなだらかに変化しているので，近くにある y_j どうしは似てしまいます——つまり空間相関が生じています．

この局所密度は，人間には直接観測できません．しかし，個体数の観測値 y_j を図 11.2 のように図示してみれば，「どうやらこの生物の局所密度は場所ごとに異なるらしい」「局所密度はなだらかに変化しているらしい」といったことは想像できるでしょう[*3]．

[*2]　この章で説明する基本的な考えかたを拡張すれば，二次元以上の空間構造をもつデータも同様に統計モデル化できます．

[*3]　観測値の空間相関の程度を調べる方法はいろいろあります．章末にあげている文献を参照してください．

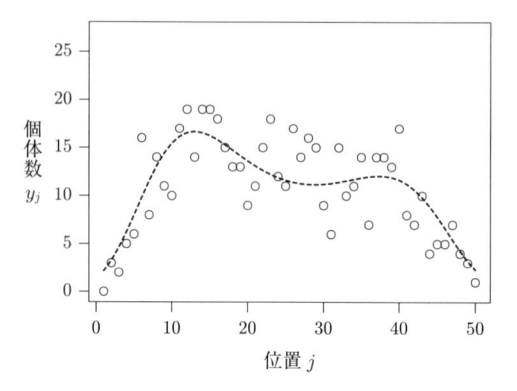

図 11.2 例題の一次元空間上の架空データ．横軸は調査区画の位置 (j)，縦軸は観測された個体数 (y_j)．破線はこのデータをポアソン乱数で生成するときに使った場所ごとに変化する平均値．このようになだらかに変化する平均値をもつポアソン分布から y_j が生成されたので，近くにある y_j どうしは「似て」いる (空間相関がある).

11.2 階層ベイズモデルに空間構造をくみこむ

この章の例題の目的は，観測データ $\{y_j\}$ にもとづいて，位置によって変化する局所密度を構成できるような統計モデルを作ることです．そこでまず最初に，各調査区画で観測された個体数がどんな確率分布で表現できるかを考えなければなりません．

まずとりかかりとして，図 11.2 に示されている個体数 y_j が，すべての区画で共通する平均値 λ のポアソン分布にしたがうとしましょう．

$$p(y_j \mid \lambda) = \frac{\lambda^{y_j} \exp(-\lambda)}{y_j!}$$

このように仮定するのであれば，平均値 λ は標本平均 10.9 と等しいとしてよいでしょう[*4]．すると，分散も平均値と同じ 10.9 ぐらいになると期待されます．しかしながら，y_j の標本分散は 27.4 であり，これは標本平均の 3 倍ちか

[*4] この例題データをダウンロードして R で計算してみてください．

い値になりました．この点から，このデータは過分散であるとわかるので，単純なポアソン分布では統計モデル化できそうにありません．さらに，図11.2を見ると，個体数 y_j は位置によって変化しているので，「λ はどの j でも同じ」といった仮定も成立していないようです．

図11.2のような観測データをうまく表現するためには，なんらかのかたちで場所差を組みこんだ統計モデリングが必要になります．そのためには，どの区画でも平均値は λ であると仮定するのではなく，区画 j ごとに平均 λ_j が異なっているとします．しかしながら，$\{y_1, y_2, \cdots, y_{50}\}$ という50個のデータに見られるパターンを説明するために，調査区画ごとのパラメーター50個 $\{\lambda_1, \lambda_2, \cdots, \lambda_{50}\}$ を最尤推定するのは単なる「データの読みあげ」と同じです．

そこで，全体に共通する大域的な密度と局所的な差異を同時に組みこむために，平均個体数 λ_j を線形予測子と対数リンク関数を使って，以下のようにあらわしてみます*5．

$$\log \lambda_j = \beta + r_j$$

この線形予測子は切片 β と場所差 r_j で構成されています．切片 β は大域的なパラメーターで，すべての場所に同じ影響を与えます．これに対して，場所差 r_j は局所的であり，区画 j のデータだけを説明するパラメーターです．

第10章で示したベイズ統計モデルの設計の方針として，β のような大域的なパラメーターの事前分布には無情報事前分布を，$\{r_j\}$ の事前分布として階層事前分布を指定します．

11.2.1　空間構造のない階層事前分布

さて，場所差 r_j の事前分布は具体的にはどのように設定すればいいのでしょうか？　たとえば，第10章で使ったような階層事前分布，

$$p(r_j \mid s) = \frac{1}{\sqrt{2\pi s^2}} \exp\left(-\frac{r_j^2}{2s^2}\right)$$

を指定したとすると，場所差 r_j はどれも独立に同じ事前分布——平均ゼロで

---

*5　しつこく繰り返し確認しますが，これは j における平均個体数が $\lambda_j = \exp(線形予測子)$ となるようなモデルであって，応答変数 y_j を変数変換しているのではないことに注意してください．

標準偏差 s の正規分布と仮定していることになります．しかし，この例題のように場所差 r_j が「両隣と似ているかもしれない」(空間相関がありそうな) 状況では，「各 r_j は独立」とは仮定しないほうがよいでしょう．

11.2.2 空間構造のある階層事前分布

場所差 r_j が位置によって少しずつ変化する様子をうまく表現するためには，事前分布にもう少し工夫が必要です．まず，以下のように仮定をもうけて，問題を簡単にしてしまいましょう[*6]．

- 区画の場所差は「近傍」区画の場所差にしか影響されない
- 区画 j の近傍の個数 n_j は有限個であり，どの区画が近傍であるかはモデル設計者が指定する
- 近傍の直接の影響はどれも等しく $1/n_j$

さらに，簡単化しましょう．この一次元空間の統計モデルでは，ある区画はそれと接している区画とだけ相互作用すると仮定します．つまり，すぐとなりの区画だけが近傍です．そうすると，近傍数 n_j は 2 となります．ただし，左右の両端 $j \in \{1, 50\}$ では近傍区画はひとつなので，n_1 と n_{50} は 1 です．

このように相互作用の範囲を限定し，r_j の近傍である r_{j-1} と r_{j+1} の値を固定したときに，r_j の条件つき事前分布が，以下のような正規分布であると設定してみましょう．

$$p(r_j \mid \mu_j, s) = \sqrt{\frac{n_j}{2\pi s^2}} \exp\left\{-\frac{(r_j - \mu_j)^2}{2s^2/n_j}\right\}$$

この正規分布の平均 μ_j は近傍である r_{j-1} と r_{j+1} の平均値にひとしいとします．

$$\mu_j = \frac{r_{j-1} + r_{j+1}}{2}$$

ただし，左右の両端 $j=1$ と $j=50$ では近傍区画はひとつなので，それぞれ $\mu_1 = r_2$，$\mu_{50} = r_{49}$ とします．また標準偏差は $s/\sqrt{n_j}$ であると指定します．確率分布 $p(r_j \mid \mu_j, s)$ のばらつきのパラメーター s はどの場所でも同じだと仮定しています．

[*6] もっと複雑な空間構造のモデルも作れますが，この本ではとりあつかいません．

このような事前分布は，**条件つき自己回帰**(conditional auto regressive, CAR)モデルとよばれます．CAR モデルにはさまざまなものがありますが，この例題の $\{r_j\}$ の事前分布のように，さまざまな制約をつけて簡単にしたものは **intrinsic Gaussian CAR** モデルと分類されます．

この場所差 $\{r_j\}=\{r_1, r_2, \cdots, r_{50}\}$ 全体の事前分布である同時分布 $p(\{r_j\}\,|\,s)$ は以下のように書けます[*7]．

$$p(\{r_j\}\,|\,s) \propto \exp\left\{-\frac{1}{2s^2}\sum_{j\sim j'}(r_j-r_{j'})^2\right\}$$

ここに登場する $j\sim j'$ は，ある区画 j と別の区画 j' が近傍であるようなすべての $\{j, j'\}$ の組み合わせという意味です．この同時分布において，r_j を除くすべての $\{r_*\}$ を定数とおくと，先ほど登場した条件つき事前分布 $p(r_j\,|\,\mu_j, s)$ が得られます[*8]．とりあえず，この条件つき事前分布がわかっていれば，この例題の統計モデルの挙動は理解できるでしょう．

例題データとこのような空間モデルの組みあわせによって，空間相関のある場所差 $\{r_j\}$ の事後分布がどうなるかについては，このあとの 11.3 節と 11.4 節で説明します．11.3 節では，とりあえず WinBUGS を使ってこの空間ベイズ統計モデルの推定結果を得る手順を示し，さらにその次の 11.4 節では，局所的なパラメーターの集合である $\{r_j\}$ と大域的なパラメーター s の関係を説明します．

11.3　空間統計モデルをデータにあてはめる

この章の例題を解決するために，空間構造を考慮した階層ベイズモデルの各部の設計は完了しました．事後分布は以下のようになります．

[*7] これは improper prior であり，$p(\{r_j\}\,|\,s)$ は確率でもなければ確率密度でもないのに，$p(\cdots)$ 表記を使うのはおかしいのではないか——というご指摘はそのとおりです．とはいえ，ベイズ統計学の本では，improper prior であっても $p(\cdots)\propto\cdots$ などと表記されている場合もありますので，ここでもそれにならうことにします．

[*8] この統計モデルのように，個々の r_j の条件つき確率が矛盾なく指定されていて，かつ同時分布が存在することはそんなに自明ではありません．章末にあげているような，マルコフ場について説明している空間統計学の教科書を参照してください．

$$p(\beta, s, \{r_j\} \mid \boldsymbol{Y}) \propto p(\{r_j\} \mid s)\, p(s)\, p(\beta) \prod_j p(y_j \mid \lambda_j)$$

データ y_j が得られる確率 $p(y_j \mid \lambda_j)$ は平均 $\lambda_j = \exp(\beta + r_j)$ のポアソン分布としました.この切片 β は大域的なパラメーターなので,事前分布は**無情報事前分布** $p(\beta)$ を指定します.局所的なパラメーターである場所差 r_j の事前分布は,空間相関を考慮した階層事前分布であり,上の式では同時分布 $p(\{r_j\} \mid s)$ を使っています.MCMC サンプリングでは個々の r_j の条件つき事前分布 $p(r_j \mid \mu_j, s)$ を使用し,これは平均 μ_j で標準偏差 $s/\sqrt{n_j}$ の正規分布です.この s の事前分布 $p(s)$ は無情報事前分布であるとします.

このようなモデルを BUGS コードで記述してみましょう(図 11.3[*9]も参照してください).

```
model
{
  for (j in 1:N.site) {
    Y[j] ~ dpois(mean[j])       # ポアソン分布
    log(mean[j]) <- beta + r[j] # (切片)+(場所差)
  }
  # 場所差 r[j] を CAR model で生成
  r[1:N.site] ~ car.normal(Adj[], Weights[], Num[], tau)
  beta ~ dnorm(0, 1.0E-4)
  tau <- 1 / (s * s) # tau は分散の逆数
  s ~ dunif(0, 1.0E+4)
}
```

この BUGS コードで注意してほしいのは,場所差 r_j の事前分布の指定が

```
r[1:N.site] ~ car.normal(Adj[], Weights[], Num[], tau)
```

となっているところです.car.normal() は intrinsic Gaussian CAR モデルから $\{r_j\}$ の MCMC サンプルを発生させる関数です[*10].

[*9] このグラフは「矢印のループ」が含まれているので有向非巡回グラフ(directed acyclic graph, DAG)とはいえないんでしょうねぇ——このループが「自己回帰」です.章末の文献紹介も参照してください.

[*10] 詳細は章末にあげている文献を参照してください.

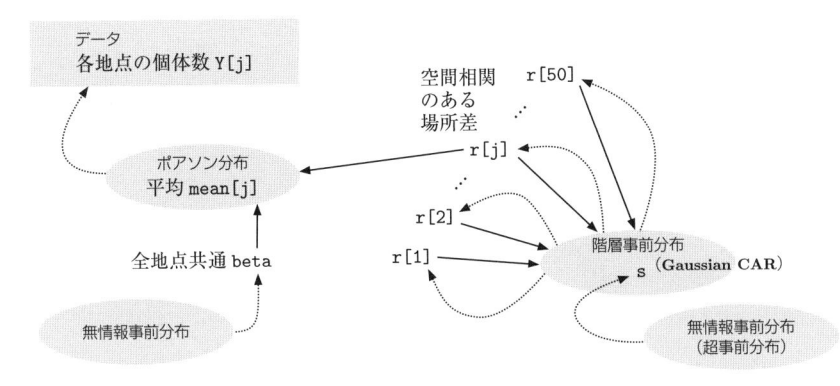

図 **11.3** 空間相関のある場所差の階層ベイズモデルの概要.

この car.normal() の引数の概要だけを説明します．Adj[] は隣接する場所の番号 j，Weights[] は Adj[] に対応する重み[*11]，Num[] はそれぞれの区画に隣接する場所の数 n_j です．これらの引数を変更することによって，この例題のような一次元空間だけでなく，二次元またはそれより次元の高い空間構造も指定できます．また最後の引数である tau は分散の逆数つまり $1/s^2$ を指定します．

さて，R と WinBUGS を使って事後分布 $p(\beta, s, \{r_j\} \mid \boldsymbol{Y})$ を推定できるような MCMC サンプルが得られたとしましょう．R を使ってこれを調べてみましょう[*12]．図 11.2 の観測データに，場所ごとに変わる平均個体数 $\lambda_j = \exp(\beta + r_j)$ の予測を追加したものを図 11.4 に示しています．大域的なパラメーターの事後分布の $\{2.5\%, 50\%, 97.5\%\}$ パーセンタイル値は，β では $\{2.167, 2.270, 2.364\}$，s では $\{0.144, 0.229, 0.353\}$ となりました．

11.4　空間統計モデルが作りだす確率場

この章の統計モデルから事後分布を推定できたので，この結果を利用して統

[*11] じつはこれはどの場所も 1 という重みしか指定できません．
[*12] 作図の方法などについてはサポート web サイト（まえがき末尾を参照）を参考にしてください．

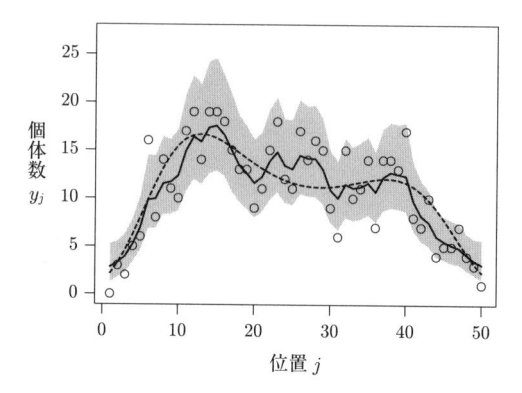

図 11.4 図 11.2 にモデルによる予測を追加した．切片 β と場所差 r_j の事後分布から予測された場所ごとの平均 λ_j の分布の中央値(黒線)と 80% 区間(グレイの領域)．

計モデルの挙動を理解してみましょう．

この統計モデルでは，隣どうしと相互作用をする r_j たちの一次元の並びである $\{r_1, r_2, \cdots, r_{50}\}$ の関係を決めるために，intrinsic Gaussian CAR モデルを部品として使っています．一般に相互作用する確率変数たちでうめつくされた空間は**確率場**(random field)とよばれ，ここに登場する $\{r_j\}$ も確率場の一種です[*13]．

ここでは，ばらつきパラメーター s の大小が確率場 $\{r_j\}$ にあたえる影響を図示してみましょう．図 11.5 では，この章の例題データとその統計モデルで定義される $\{r_j\}$ の事後分布からのサンプリング例を示しています．ただし，局所的なパラメーター $\{r_j\}$ の挙動だけを見たいので，大域的なパラメーター β と s には，てきとうな定数を与えて固定しています．図 11.5 のすべてで $\beta=2.27$ とおき，s については(A)-(C)それぞれで 0.0316, 0.224, 10.0 としました[*14]．

図中の $\lambda_j = \exp(\beta + r_j)$ をみてわかる傾向としては，(A)のように s が小さ

[*13] CAR モデルや確率場は一次元空間に限定されるものではなく，二次元あるいはもっと高次の空間もあつかえます．また，有限の近傍からの影響で決まる確率場を一般に**マルコフ確率場**(Markov random field)とよびます．いまの例題の場合，$\{r_j\}$ は正規分布にしたがっているので**ガウス確率場**(Gaussian random field)ともよばれます．

[*14] $s^2 \in \{0.001, 0.05, 100\}$ となります．

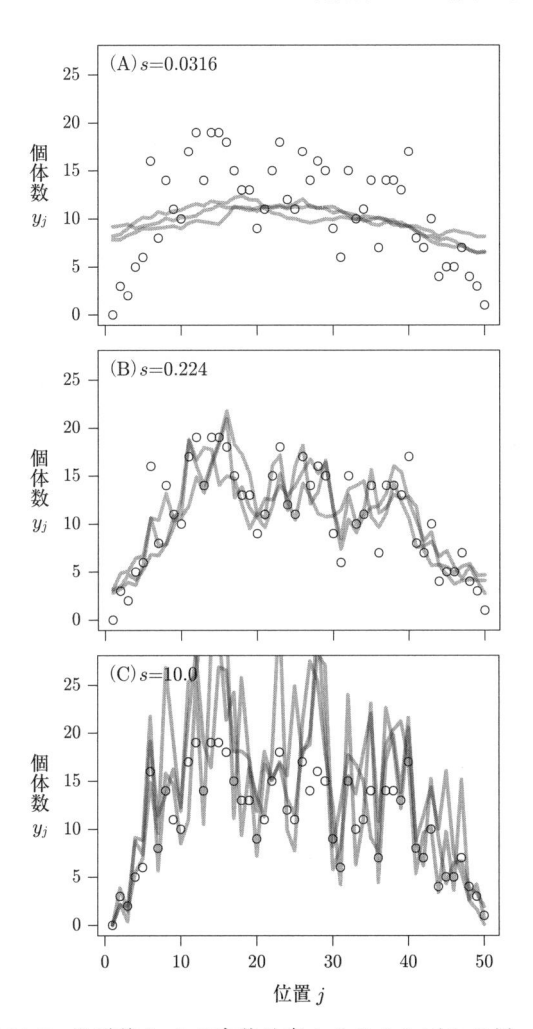

11.4 空間統計モデルが作りだす確率場 ◆ 251

図 11.5 場所差 $\{r_j\}$ の事後分布からのサンプルの例．図 11.2 のデータに対して，切片 $\beta = 2.27$ と固定した条件のもとで，場所差のパラメーター $\{r_1, r_2, \cdots, r_{50}\}$ の事後分布から 3 セットの MCMC サンプルを得た(グレイの折れ線は $\lambda_j = \exp(\beta + r_j)$)．$s$ が小さければ全体のばらつきも小さくなる．

いときは,「両隣の平均と似ている」傾向が強くなり r_j 全体のばらつきは小さくなります.それに対して,(C)のように s が大きいときには各 r_j は隣とは無関係に値を選べるようになり,各 j ごとにデータにあわせようとするので全体にぎざぎざした,ばらつきの大きい確率場になります.これはデータ $\{y_j\}$ 全体のばらつきが大きいためです.

上のように,この確率場は少数の大域的パラメーター——この例題の場合は s だけ——にコントロールされていて,これが局所的なパラメーター r_j の階層的な事前分布となっています.それぞれの r_j は独立した確率変数ではなく,隣にいる $\{r_{j\pm1}\}$ と s で決められています.このような確率場をくみこんだ統計モデルを使うことによって,パラメーターの推定が正確になるだけでなく,次の節で述べるように予測をするときにも利点があります.

11.5　空間相関モデルと欠測のある観測データ

空間相関をくみこんだ階層ベイズモデルの強みのひとつとして「欠測のあるデータ」に対してより良い予測が得られることがあります.これを例示するために,まず図 11.2 の架空データから何点かのデータを取りのぞいたデータセット(図 11.6)を作ります.つまり調査区画は一直線上にならんでいるのだけれど,そのうちいくつかでは**欠測データ**(missing data)が生じた,つまり何らかの理由で個体数データが得られなかったとします[*15].

一部に欠測をふくむこの観測データに対して,まずは 11.2 節の空間統計モデルと,空間相関を無視している階層ベイズモデルをあてはめてみて,これらの結果を比較してみます.

WinBUGS は欠測データをうまくあつかえるしくみがくみこまれているので,前の節で説明したモデルをとくに変更することなく,データを変更するだけで[*16]このデータを使った推定計算にそのまま使えます.推定結果を図 11.7

[*15] 調査区画が等間隔に並んでいるのではなく,調査区画間の距離がばらばらの場合もここで紹介するような欠測データを使った統計モデリングが可能です.

[*16] 応答変数 Y[j] としてわたすデータのうち,該当する箇所を NA と変更するだけです.R 内では NA は欠測値をあらわす論理定数です.

11.5 空間相関モデルと欠測のある観測データ ◆ 253

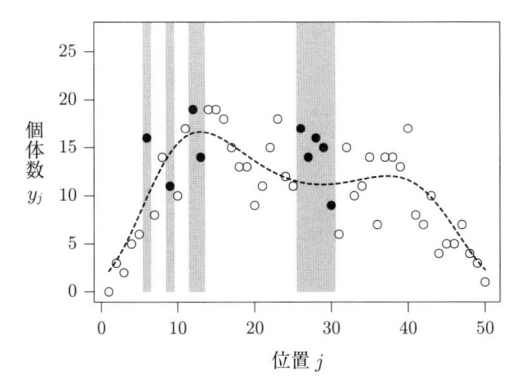

図 11.6 例題の架空データ(一部欠測版). 図 11.2 に示されているデータのうち, いくつかが欠測であった場合. グレイの帯が「観測できなかった」場所であり, 黒丸が観測されなかった個体数.

(A) に示しています. これは欠測データがないときの結果(図 11.4)とあまり変わりませんでした. これは空間相関をくみこんだ階層事前分布の中で, 隣どうしの r_j の相互作用があるので, 「近所の情報」をうまく利用できたからです.

さて, 今度は空間相関を考慮しないモデルによる推定も試みてみましょう. これは区画 j ごとに独立な場所差 r_j を仮定することになり, すべての r_j の共通の事前分布は

$$p(r_j \mid s) = \sqrt{\frac{1}{2\pi s^2}} \exp\left(-\frac{r_j^2}{2s^2}\right)$$

と設定されていることになります. 前の章であつかった階層ベイズモデルと同じです.

このモデルをあてはめて得られた予測を図 11.7(B) に示しています. 空間相関を考慮していないモデルで予測された局所密度は, 各区画のデータ y_j にあわせようとするのでぎざぎざしていて, 欠測の調査区画(灰色)では平均 λ_j の 80% 区間が大きくひろがっています. 空間相関のあるモデルとは異なり, このモデルではそれぞれの r_j が孤立しているので, データがない区画では r_j を決めようがなく, そのために予測区間の幅が大きくなります.

現実のデータ解析では, 「隣」とどれぐらい似ているかは空間スケールなど

(A) 空間相関を考慮しているモデル　　(B) 空間相関を考慮していないモデル

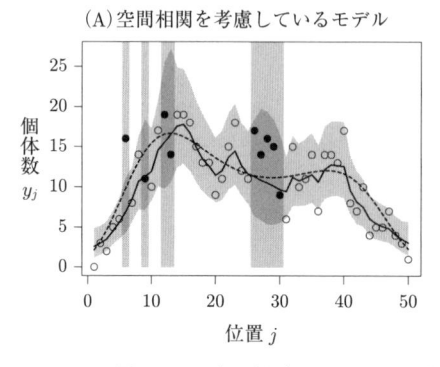

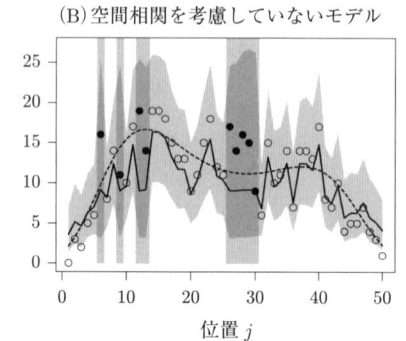

図 **11.7** 空間統計モデルによる欠測データの予測．図示されている内容については図 11.4 と図 11.6 を参照．(A) 空間相関を考慮して推定された統計モデルの予測．(B) 各調査区画独立な (つまり空間相関を無視した) 場所差を仮定して推定した統計モデルの予測．

にも依存します．しかし，データを見ているだけでは空間相関は読みとれません．ひとつの方法として，空間構造のあるベイズ統計モデルをあてはめてみて，その中の「隣との類似」をあらわすパラメーター (この例題の場合は s) を推定してみたらいいのではないでしょうか．

11.6　この章のまとめと参考文献

この章では，階層ベイズモデル応用の一例として，空間構造のあるデータのモデリングにとりくみました．

- 空間構造のあるデータを統計モデル化する場合，近傍とは似ているけれど遠方とは似ていない，といった空間相関を考慮しなければならない (11.2 階層ベイズモデルに空間構造をくみこむ)
- 空間相関のある場所差を生成する intrinsic Gaussian CAR モデルは WinBUGS で簡単にあつかえる (11.3 空間統計モデルをデータにあてはめる)
- 空間相関のある場所差は確率場を使って表現できる (11.4 空間統計モデルが作りだす確率場)
- 空間相関を考慮した階層ベイズモデルは観測データの欠測部分を予測するような用途にも使える (11.5 空間相関モデルと欠測のある観測データ)

階層ベイズモデルは柔軟で表現力があるので，現実の観測データ，とくに野外調査データでしばしば見られる空間相関のモデリングを可能とする潜在力があります．この章で紹介した例題とその解決はしごく単純なものですが，より複雑な状況にも対応できるでしょう．

◇　　◇　　◇

　空間統計学は幅ひろい内容をあつかう分野なのですが，この章ではかなり限定された範囲だけを説明しました．空間構造のあるデータを調べる方法にはさまざまなものがあるので，他の教科書などを参照して勉強してください．日本語で書かれた空間統計モデリングの本として，谷村『地理空間データ分析』[38]，古谷『Rによる空間データ統計分析』[9]などがあります．

　この章に登場したCARモデルなど空間統計モデルについては，Banerjeeら "Hierarchical Modeling and Analysis for Spatial Data" [5]に詳しい説明があります．

　局所的なパラメーターの条件つき確率分布だけで構成される複雑なモデル——図11.3で示しているようなループが存在するモデルを組みたてたときに，全体が整合性のある多変数の確率分布になっているかどうかが気になる人もいるかもしれません．こうしたことを含めて，この本では触れていないマルコフ確率場の詳細，あるいはそれに関連するHammersley-Cliffordの定理については空間統計モデルの数理的な側面をあつかった文献を参照してください．たとえば，間瀬・武田『空間データモデリング』[26]やGelfandらが編集した "Handbook of Spatial Statistics" [10]では，証明は省略されていますが，この定理とマルコフ確率場を使った統計モデルとの関連などが紹介されています．

　WinBUGSのcar.normal()の詳細については，Thomasらの "GeoBUGS User Manual (Version 1.2)" も参考にしてください．このマニュアルはインターネットで検索すれば，すぐに発見できるでしょう．car.normal()はもともとはGeoBUGSというWinBUGS拡張モジュールに含まれていました．最新のWinBUGSにはGeoBUGSがあらかじめ組みこまれているので，自分でインストールする必要はありません．

この本ではとりあつかいませんでしたが，空間構造ではなく時間構造のあるデータ——たとえば，ある個体の状態の経時変化を記録した縦断的データ(longitudinal data)も階層ベイズモデルでうまくあつかえます．時間構造や時間相関を考慮しなければならない時系列データモデリングについては，さまざまな文献が出版されていますので(たとえば北川[22]・樋口[14]など)，そちらを参考にしてください．ただし，WinBUGS は時系列のような構造をもつデータの統計モデルをあつかうときに，あまり効率よく推定してくれない場合もあります．

あとがきと謝辞

　この本の始まりは，大学院生たちのデータ解析の手つだいだった．もう 10 年前になるだろうか．じつは当時はこの本に書いてあるようなことはほとんど何も知らず，R なんかもぜんぜん使えなかった．

　もっともこの大学院生たちが使うよう「指導」されていたデータ解析法なるものは，さらにめちゃくちゃだった．この本の最初の章にでてくる，ブラックボックス的というか呪術のごときもので，「なぜこんなふうに解析するのかわかりません」と質問されても僕にもまったく理解できない．こんな理不尽な作法ではなく，もっとマシなやりかたがあるはずだと思った．我流で統計モデリングについて勉強する一方で R 使いとしての修行をつみ，大学院生たちといっしょにデータ解析の改善にとりくんだ．

　そうやって勉強したことをインターネット上で公開するようにしてみた．それだけでなく，日本生態学会の年次大会でデータ解析について議論する集会を，毎年のように粕谷英一さんと企画するようになった．「生態学研究者の統計学誤用」問題にくわしい粕谷さんには，今までとても多くのことを教えていただいている．

　ネットと生態学会のおかげで，よその大学の人たちとも「理不尽ではないデータ解析」の議論ができる機会が得られた．僕のまわりにいた大学院生たち，そして議論してくれた皆さんにまずは感謝したい．

　統計モデリングの授業を担当することになったので，その投影資料や「講義のーと」なんかも公開してみた．こういったことがきっかけとなって，この本の執筆の話をいただいたのではないかと思う．

　完成までにはたいへん多くのかたに助けていただいた．シリーズ「確率と情報の科学」の編者のかたがたにはさまざまな助言をいただいた．とくに伊庭幸人さんには，全体の構成から用語の詳細にいたるまで何もかも指導していただいた．書きなおしと伊庭さんによる修正を何度もくりかえして，最初の原稿とはまったく別なものとして完成した．この本にきちんとした部分があるとした

ら，伊庭さんのおかげでしょう．

　この本の執筆を助けてくださった多くの人たちにも感謝している．とくに，松浦健太郎さん・立森久照さん・坂口健司さんは原稿全体のあちこちにあったまちがいを指摘していただいた．この本がまだまだ完成にはほど遠い原稿の段階で，北海道大学・京都大学霊長類研究所・九州大学などでの講義の教材として使い，参加した大学院生の皆さんからまちがいの指摘や意見をいただいた．とくに中村祥子さん・三浦桃子さん・橋口惠さんは丁寧に見てくれた．僕はとにかく不注意な人間なので，皆さんのご指摘はいつもたいへんありがたいし，おかげさまで内容も改善された．

　この本を書くこと，とくに書きなおしのくりかえしには長い時間が必要だった．岩波書店の吉田宇一さんには何度もご心配をおかけし，たびたび励ましのメイルをいただいた．この期間は他の仕事もとどこおってしまい，とくに共同研究者の皆さんにはもうしわけない状況だった．おもしろいデータ解析のハナシなどを持ちこまれてしまうと，ますますこの本の完成が遠のいてしまうので，大学院生たちが近づいてきたら何かヘンだなあと感じながらも，すばやく逃げるようにしていた．

　朝から夕方まで誰とも口をきかずに研究室にとじこもる日々がつづき，そのまま無言の行を継続していれば何やら高邁なる天上のサトリにでも到達したかもしれない．しかしながら，自宅に帰れば妻のまゆみがいて，雑談したりいっしょにラジオ体操をやってくれたので，心身がまあまともなうちに作業が終わって俗な下界にとどまることになった．ということで，最後の謝意は彼女に表明したい．

　　　2012 年 4 月　札幌

久保拓弥

参考文献

[1] A. Agresti. *An introduction to categorical data analysis, 2nd edition.* Wiley-Interscience. 邦訳：渡邉裕之，菅波秀規，吉田光宏，角野修司，寒水孝司，松永信人（訳）．カテゴリカルデータ解析入門（1st edition の翻訳）．サイエンティスト社，2003.
[2] 赤池弘次，北川源四郎（編）．時系列解析の実際 II．朝倉書店，1995.
[3] J. Albert. *Bayesian Computation with R.* Springer, 2007. 邦訳：石田基広，石田和枝（訳）．R で学ぶベイズ統計入門．シュプリンガー・ジャパン，2010.
[4] 安道知寛．ベイズ統計モデリング．朝倉書店，2010.
[5] S. Banerjee, B. P. Carlin and A. E. Gelfand. *Hierarchical Modeling and Analysis for Spatial Data.* Chapman & Hall/CRC, 2004.
[6] M. J. Crawley. *Statistics: an introduction using R.* Wiley, 2005. 邦訳：野間口謙太郎，菊池泰樹（訳）．統計学：R を用いた入門書．共立出版，2008.
[7] A. J. Dobson and A. G. Barnett. *An introduction to generalized linear models.* CRC Press, 2008. 邦訳：田中豊，森川敏彦，山中竹春，冨田誠（訳）．一般化線形モデル入門 原著第 2 版．共立出版，2008.
[8] J. F. Faraway. *Extending the linear model with R.* CRC Press, 2006.
[9] 古谷知之．R による空間データ統計分析．朝倉書店，2011.
[10] A. E. Gelfand, P. J. Diggle, M. Fuentes and P. Guttorp (eds.). *Handbook of Spatial Statistics.* CRC Press, 2011.
[11] A. Gelman, J. B. Carlin, H. S. Stern and D. B. Rubin. *Bayesian Data Analysis, 2nd edition.* Chapman and Hall/CRC, 2003.
[12] A. Gelman. Prior distributions for variance parameters in hierarchical models. *Bayesian analysis* 1: 515-533, 2006.
[13] W. R. Gilks, S. Richardson and D. Spiegelhalter. *Markov Chain Monte Carlo in Practice.* Chapman and Hall/CRC, 1996.
[14] 樋口知之．予測にいかす統計モデリングの基本．講談社，2011.
[15] 平岡和幸，堀玄．プログラミングのための確率統計．オーム社，2009.
[16] P. G. Hoel, S. C. Port and C.J. Stone. *Introduction to statistical theory.* Houghton Mifflin Company, 1971. 邦訳：柳川堯，大和元（訳）．統計理論入門．東京図書，1973.
[17] P. G. Hoel. *Introduction to mathematical statistics, 4th edition.* Wiley & Sons Inc., 1971. 邦訳：浅井晃，村上正康（訳）．入門数理統計学．培風館，1978.
[18] 伊庭幸人．ベイズ統計と統計物理．岩波書店，2003.
[19] 伊庭幸人，種村正美，大森裕浩，和合肇，佐藤整尚，高橋明彦．計算統計 II——

マルコフ連鎖モンテカルロ法とその周辺. 岩波書店, 2005.
[20] 岩崎学. カウントデータの統計解析. 朝倉書店, 2010.
[21] 粕谷英一. 生物学を学ぶ人のための統計のはなし——きみにも出せる有意差. 文一総合出版, 1998.
[22] 北川源四郎. 時系列解析入門. 岩波書店, 2005.
[23] 小西貞則, 北川源四郎. 情報量規準. 朝倉書店, 2004.
[24] 小西貞則, 越智義道, 大森裕浩. 計算統計学の方法——ブートストラップ・EM アルゴリズム・MCMC. 朝倉書店, 2008.
[25] P. M. Lee. *Bayesian statistics: an introduction*. Arnold, 2004.
[26] 間瀬茂, 武田純. 空間データモデリング——空間統計学の応用. 共立出版, 2001.
[27] 間瀬茂. Rプログラミングマニュアル. 数理工学社, 2007.
[28] 蓑谷千凰彦. これからはじめる統計学. 東京図書, 2009.
[29] 蓑谷千凰彦. 統計分布ハンドブック(増補版). 朝倉書店, 2010.
[30] P. Murrell. *R Graphics*, CRC Press, 2005. 邦訳：久保拓弥(訳). Rグラフィックス——Rで思いどおりのグラフを作図するために. 共立出版, 2009.
[31] P. Murrell. *R graphics, 2nd edition*. CRC Press, 2011.
[32] D. A. Roff. *Introduction to computer-intensive methods of data analysis in biology*. Cambridge Unversity Press, 2006. 邦訳：野間口眞太郎(訳). 生物学のための計算統計学——最尤法, ブートストラップ, 無作為化法. 共立出版, 2011.
[33] 坂元慶行, 石黒真木夫, 北川源四郎. 情報量統計学. 共立出版, 1983.
[34] D. Sarker. *Lattice —— multivariate data visualization with R*. Springer, 2008. 邦訳：石田基広, 石田和枝(訳). Rグラフィックス自由自在. シュプリンガー・ジャパン, 2009.
[35] P. Spector. *Data manipulation with R*. Springer, 2008. 邦訳：石田基広, 石田和枝(訳). Rデータ自由自在. シュプリンガー・ジャパン, 2008.
[36] S. Sturtz, U. Ligges and A. Gelman. R2WinBUGS: A Package for Running WinBUGS from R. *Journal of Statistical Software* 12: 1-16, 2005.
[37] 鈴木雪夫, 国友直人(編). ベイズ統計学とその応用. 東京大学出版会, 1989.
[38] 谷村晋. 地理空間データ分析(Rで学ぶデータサイエンス7). 共立出版, 2010.
[39] 東京大学教養学部統計学教室(編). 統計学入門——基礎統計学I. 東京大学出版会, 1991.
[40] 東京大学教養学部統計学教室(編). 自然科学の統計学——基礎統計学III. 東京大学出版会, 1992.
[41] W. N. Venables and B. D. Ripley. *Modern applied statistics with S. 4th edition*. Springer, 2002.
[42] H. Wickham. *ggplot2 —— elegant graphics for data analysis*. Springer, 2009. 邦訳：石田基広, 石田和枝(訳). グラフィックスのためのRプログラミング—— ggplot2入門. シュプリンガー・ジャパン, 2011.

索　引

BUGS の関数
　car.normal()　248
　dbin()　229
　dnorm()　201, 248
　dpois()　200, 248
　dunif()　248
　log()　248
　logit()　229
BUGS コード　198, 228, 248
GeoBUGS　255
JAGS　220
OpenBUGS　220
R　vi, 14, 41
R の package
　glmmML　159
　lme4　165
　MASS　114, 126, 165
　MCMCglmm　240
　R2WinBUGS　198, 202
R の関数
　()　15, 51, 53
　==　148
　anova()　107
　call.bugs()　202, 203, 207
　car.normal()　249
　cbind()　20, 122, 123
　class()　43
　clear.data.param()　202
　density()　85, 210, 231
　dgamma()　138
　dnorm()　136
　dpois()　19, 73
　function()　27, 120
　glm()　48-52, 55, 58-60, 62, 64,
　　65, 69, 71, 72, 74, 102, 103, 114,
　　122, 123, 126, 133, 139, 140, 147,
　　159, 173, 176, 194
　glm.nb()　114, 165, 167
　glmer()　165
　glmmML()　159, 165
　head()　42
　help()　49
　hist()　16, 17, 21
　install.packages()　159
　legend()　45
　length()　15
　library()　126, 159
　lines()　21, 53
　load()　14, 202
　logLik()　53, 56
　mean()　103, 149
　names()　50
　optim()　138
　options()　51
　pb()　104
　plot()　19, 20, 44-46, 208, 211
　pnorm()　136
　predict()　53, 123
　print()　14, 42, 211
　print.bugs()　211
　quantile()　106
　rbinom()　114
　read.csv()　43
　rgamma()　114
　rnbinom()　114
　rnorm()　114
　rpois()　29, 30, 103, 114
　sapply()　27
　sd()　17
　seq()　16
　set.param()　208
　set.seed()　29

source()　104, 202
sqrt()　17
stepAIC()　76, 126, 129
str()　50
sum()　27, 73
summary()　15, 16, 44, 50, 104, 116
table()　16, 148
to.list()　208
to.mcmc()　208
update.packages()　159
var()　17, 149
write.model()　198
WinBUGS　vi, 194, 198

χ^2 distribution　107
χ^2 分布　107

AICc　91
Akaike's infromation criterion (AIC)　7, 76, 126, 137, 160
alternative hypothesis　95
analysis of deviance　107
ANCOVA　62
ANOVA　62, 107
argument　15, 49
Bayes' theorem　190
Bayesian statistical model　8, 170
Bernoulli distribution　118
bias correction　79
binomial distribution　34, 118
body size　40
bootstrap method　104
box-whisker plot　45
canonical link function　48, 114
centralization　200
coefficient　47
conditional auto regressive (CAR)　247
conditional probability　11
confidence interval　52
conjugate prior　218

contrasts　54
convergence assessment　206
count data　6, 14
covariate　47
CRAN サイト　159
cross validation　91, 220
degrees of freedom　53
detailed balance　189
deterministic relationship　200
deviance　9, 50, 71, 212
deviance information criterion (DIC)　212, 220
directed acyclic graph (DAG)　199, 248
dummy variable　54
effect size　110
error　23
estimation　31
explanatory variable　9
exponential distribution　138
fitting　31, 49
fixed effects　9, 154, 234
factor　43
fail to reject　108
frequentism　185
full conditional distribution (FCD)　214
full model　72, 155, 232
F 分布　108
gamma distribution　34, 138
Gaussian distribution　134
Gaussian random field　250
general linear model　6, 61
generalized linear mixed model (GLMM)　8, 144, 151, 170, 224, 225, 234, 239
generalized linear model (GLM)　v, 5, 40, 68, 97, 114, 115, 138, 141, 144, 146, 194
Gibbs sampling　214
GLMM　154

goodness of fit 52, 76
goodness of prediction 32, 76
Hammersley-Clifford の定理 255
hierarchical Bayesian model 8, 224
hierarchical model 224
hierarchical prior 224
histogram 16
hyper parameter 227
hyper prior 227
identity link function 59
improper prior 197, 247
infinite mixture distribution 156
interaction 127
intercept 9, 47
intrinsic Gaussian CAR 247
inverse link function 114
joint probability 11
level 43
likelihood ratio 98
likelihood ratio test 7, 94
linear mixed model 165
linear model (LM) 6, 61
linear predictor 9, 47
linear regression 61
link function 9, 47
log likelihood function 26
log linear model 141
log link function 48
logistic function 120
logistic regression 8, 119
logit function 121
logit link function 119
longitudinal data 256
marginal posterior distribution 209
Markov chain 177
Markov chain Monte Carlo method (MCMC method) 8, 170
Markov random field 250
maximum likelihood estimate 27
maximum likelihood estimation 7, 24

maximum likelihood estimator 27
maximum log likelihood 7, 52, 71
MCMC アルゴリズム 170
MCMC サンプリング 170
mean log likelihood 78
measurement error 23
Metropolis method 176
Metropolis-Hastings method 216
missing data 32, 252
mixed effects model 154
model selection 7, 68
model selection criterion 76
Monte Carlo method 177
most powerful test 94
multilevel model 224
multinomial distribution 118
multiple regression 57
negative binomial distribution 165
nested 78, 236
Neyman-Pearson の検定のわくぐみ 96
non-informative prior 196, 232
normal distribution 34, 134
null deviance 9
null hypothesis 74, 95
null model 74
odds 124
odds ratio 125
offset 132
overdispersion 148, 225
P value 101
parameter 7, 18, 47
parametric 94
parametric bootstrap, PB 102
Poisson distribution 7, 18
Poisson regression 7, 40
posterior 185
posterior distribution 185
posterior probability 186
power 109
prediction 31, 53

prediction interval 32
prior 186
prior distribution 186
prior probability 186
probability density function 22
probability distribution 7, 14
pseudo random number 29
pseudo replication 163
P 値 101
quasi likelihood 159
$\hat{R}$ 206, 213
random field 250
random effects 9, 154, 234
random number 31
random variable 18
regression 40
replication 163
residual deviance 9, 72
response variable 9
sample mean 16
sample sequence 204
sample standard deviation 17
sample variance 17
sampling 31, 180
scatter plot 45
semitransparent color 211
significant level 96
significantly different 106
slope 9, 47
spatial autocorrelation 242
spatial correlation 242
standard error (SE) 29, 51
standardization 201
stationary distribution 180
statistical model 2
statistical test 52, 94
stochastic relationship 200
subjective prior 232
test statistic 96
transparent color 211
type I error 99

type II error 100
t 分布 107, 154
underdispersion 148
uniform distribution 35
validation 33
variability 17
Wald statistics 51
Wald 信頼区間 51
Wald 統計量 51
z value 51
zero-inflated 142
zero-truncated 142
z 値 51

ア 行

あてはまりの良さ 52, 76
あてはめ 31, 40, 49
一様分布 35
逸脱度 9, 50, 71, 98, 137, 212
逸脱度の差 98
一般化線形混合モデル 8, 144, 151, 154, 234
一般化線形モデル v, 5, 40
一般線形モデル 6, 61
因子 43
因子型 43, 54, 238
応答変数 9
オッズ 124
オッズ比 125
オフセット 8, 132, 133

カ 行

回帰 40
階層事前分布 224, 227, 232, 248
階層ベイズモデル 8, 224, 227, 244
階層モデル 224
ガウス確率場 250
ガウス分布 134
カウントデータ 6, 14
確率関数 22
確率質量関数 22, 135

確率場 250
確率分布 2, 3, 7, 14, 18, 21, 114
確率変数 18
確率密度関数 22, 135, 138
確率論的な関係 200
過小分散 148
過大分散 148
片側検定 106
傾き 9, 47
カテゴリ型変数 54
過分散 148, 156, 225, 236, 245
ガンマ分布 34, 138
(帰無仮説を)棄却できない 108
擬似科学 4
擬似反復 163, 236
擬似乱数 29
ギブスサンプリング 214
帰無仮説 74, 95, 99
共分散分析 62
共変量 47
共役事前分布 218
局所的 155, 233
空間相関 242
空間的自己相関 242
係数 47
計数データ 6
欠測データ 32, 252
決定論的な関係 200
検出力 109
検証 33
検定統計量 96, 98
検定の誤用 108
検定の非対称性 101, 108
検定力 109
効果の大きさ 110
交互作用 127, 141
交叉検証法 81, 91, 220
恒等リンク関数 →リンク関数
誤差 23
個体差 35, 144
固定効果 9, 154, 234

混合効果モデル 154

サ　行

最強力検定 94
最小二乗法 6, 25, 137
最大逸脱度 9
最大対数尤度 7, 52, 71, 109
最尤推定 7, 24, 136, 155
最尤推定値 27, 79
最尤推定量 27
作図の重要性 12, 16, 33, 44, 117, 129, 147, 224, 236, 243
残差逸脱度 9, 72, 74
散布図 45
サンプリング 31, 180
サンプル列 181, 204
時間相関 256
事後確率 186
事後分布 185, 194, 196, 228, 247
指数分布 138
事前確率 186
事前分布 186, 196, 226, 232, 245
重回帰 57, 62
収束診断 206
従属変数 9
縦断的データ 256
自由度 53
周辺事後分布 209
主観的な事前分布 232
順序統計量 36, 94
準尤度 159
条件つき確率 11, 191
条件つき自己回帰 247
詳細釣り合いの条件 189
信頼区間 52
水準 43, 54
推定 31, 155, 170, 198
推定値 51
数値型 44
生起確率 130
正規分布 34, 134

266 ◆ 索　引

正準リンク関数　114
切片　9, 47, 74
説明変数　9, 35, 40
説明力　80
施肥処理　40
ゼロ過剰　142
ゼロ除去　142
線形混合モデル　165
線形モデル　6, 61
線形予測子　9, 47, 114, 120, 245
全条件つき分布　214
添字　10
測定誤差　23

タ　行

大域的　155, 233, 245
第一種の過誤　99
体サイズ　40
対数線形モデル　141
対数尤度　71
対数尤度関数　26
対数リンク関数　→リンク関数
第二種の過誤　100, 108
対比　54
対立仮説　95, 99
多項分布　118
ダミー変数　54, 238
単位時間あたり　134
単位面積　132
中央化　78, 200
超事前分布　227
超パラメーター　227
直線回帰　61, 137
定常分布　180
ノンパラメトリック　94
透過色　211
統計学的な検定　52, 94
統計学的な有意差　109
統計モデル　2
統計モデルの検定　94
同時確率　11, 191

同時分布　247
等分散性の検定　108
独立変数　9
度数分布図　16

ナ　行

二項分布　34, 118
ネストしている　78, 94, 236
ノンパラメトリック検定　36, 94

ハ　行

バイアス補正　79, 85
箱ひげ図　45
場所差　144, 151
ばらつき　17, 23
パラメーター　7, 18, 47, 194
パラメトリック　94
パラメトリックブートストラップ　102
半透過色　211
反復　163
引数　15, 49
ヒストグラム　16
標準化　201
標準誤差　29, 51
標準正規分布　136
標本標準偏差　17
標本分散　17
標本平均　16
頻度主義　185
ブートストラップ情報量規準　91
ブートストラップ法　104
負の二項分布　165
ブラックボックス統計学　4
フルモデル　72, 155, 232
ブロック差　151
分散分析　62
平均対数尤度　78, 79, 81, 109
平均バイアス　85
ベイズ統計モデル　v, 8, 170, 185
ベイズの定理　190
ベルヌーイ分布　118

変数変換　63, 114, 130, 245
変量効果　9
ポアソン回帰　7, 40
ポアソン分布　7, 18, 21, 34, 236
母数効果　9

マ 行

マルコフ確率場　250, 255
マルコフ連鎖　177, 180
マルコフ連鎖モンテカルロ法　8, 170
マルチレヴェルモデル　224
無限混合分布　156, 230
無情報事前分布　196, 232, 248
メトロポリス-ヘイスティングス法　216
メトロポリス法　176, 216
モデル選択　7, 68, 76, 95, 126, 220
モデル選択規準　76
モンテカルロ法　177

ヤ 行

有意差　106
有意水準　96, 101
有向非巡回グラフ　199, 248
尤度　25, 136, 155, 171
尤度関数　195
尤度比　98, 177

尤度比検定　7, 94
予測　10, 31, 52, 53, 68, 109, 230, 249
予測区間　31, 139, 140, 253
予測の良さ　32, 76, 80

ラ 行

乱数　31
ランダム効果　9, 154, 234
リンク関数　7, 9, 47, 114
　complementary log-log——　119, 134
　probit——　119
　逆数——　114
　恒等——　59-61, 137, 154, 165, 201
　正準——　48
　対数——　48, 58, 62, 63, 195, 200, 201, 219, 236, 245
　ロジット——　119, 146, 226, 229
連結関数　9
ロジスティック回帰　8, 119
ロジスティック関数　120, 226
ロジット関数　121
ロジットリンク関数　→リンク関数

ワ 行

割算値　8, 130

久保拓弥

1969年生まれ．1998年九州大学大学院理学研究科生物学専攻博士後期課程修了．博士（理学）．現在，北海道大学地球環境科学研究院環境生物科学部門助教．専門は，生態学のデータ解析に関する統計学的方法の研究と実際への応用．

シリーズ　確率と情報の科学

データ解析のための統計モデリング入門
——一般化線形モデル・階層ベイズモデル・MCMC

2012年5月18日　第1刷発行
2016年10月5日　第13刷発行

著　者　久保拓弥

発行者　岡本　厚

発行所　〒101-8002　東京都千代田区一ツ橋2-5-5　株式会社　岩波書店　電話案内 03-5210-4000
http://www.iwanami.co.jp/

印刷・法令印刷　カバー・半七印刷　製本・松岳社

© Takuya Kubo 2012　Printed in Japan　ISBN 978-4-00-006973-1

R〈日本複製権センター委託出版物〉　本書を無断で複写複製（コピー）することは，著作権法上の例外を除き，禁じられています．本書をコピーされる場合は，事前に日本複製権センター（JRRC）の許諾を受けてください．
JRRC　Tel 03-3401-2382　http://www.jrrc.or.jp/　E-mail jrrc_info@jrrc.or.jp

確率と情報の科学

編集：甘利俊一，麻生英樹，伊庭幸人
A5判，上製，平均240ページ

確率・情報の「応用基礎」にあたる部分を多変量解析，機械学習，社会調査，符号，乱数，ゲノム解析，生態系モデリング，統計物理などの具体例に即して，ひとつのまとまった領域として提示する．また，その背景にある数理の基礎概念についてもユーザの立場に立って説明し，未知の課題にも拡張できるように配慮する．好評シリーズ「統計科学のフロンティア」につづく新企画．

《特徴》
◎定型的・抽象的に「確率」「情報」を論じるのではなく具体的に扱う．
◎背後にある概念や考え方を重視し大きな流れの中に位置づける．

＊赤穂昭太郎：カーネル多変量解析──非線形データ解析の新しい展開	本体 3500 円
＊星野崇宏：調査観察データの統計科学 ──因果推論・選択バイアス・データ融合	本体 3800 円
＊久保拓弥：データ解析のための統計モデリング入門 ──一般化線形モデル・階層ベイズモデル・MCMC	本体 3800 円
＊岡野原大輔：高速文字列解析の世界 ──データ圧縮・全文検索・テキストマイニング	本体 3000 円
＊小柴健史：乱数生成と計算量理論	本体 3000 円
三中信宏：生命のかたちをはかる──生物形態の数理と統計学	
持橋大地：テキストモデリング──階層ベイズによるアプローチ	
鹿島久嗣：機械学習入門──統計モデルによる発見と予測	
小原敦美・土谷隆：正定値行列の情報幾何 ──多変量解析・数理計画・制御理論を貫く視点	
池田思朗：確率モデルのグラフ表現とアルゴリズム	
田中利幸：符号理論と統計物理	
狩野裕：多変量解析と因果推論──「統計入門」の新しいかたち	
田邉国士：帰納推論機械──確率モデルと計算アルゴリズム	
石井信：強化学習──理論と実践	
伊藤陽一：マイクロアレイ解析で探る遺伝子の世界	
江口真透：情報幾何入門──エントロピーとダイバージェンス	
佐藤泰介・亀谷由隆：確率モデルと知識処理	

＊は既刊

岩波書店刊

定価は表示価格に消費税が加算されます
2016年9月現在